工学结合·基于工作过程导向的项目化创新系列教材
国家示范性高等职业教育电子信息大类“十三五”规划教材

JavaScript与jQuery程序设计

主　编　杨　烨　姜东洋　孙　颖
副主编　彭　莉　肖　念　李胡媛　张吉力　刘　辉
参　编　关婷婷　张新华　綦志勇　顾家铭　曹　廷　秦培煜

华中科技大学出版社
http://www.hustp.com
中国·武汉

内容简介

本书系统全面地介绍了JavaScript和jQuery知识，内容涵盖了JavaScript基本语法、常用对象、表单验证、DOM操作、事件方法、jQuery选择器、jQuery中的DOM操作、jQuery动画、jQuery插件等。本书以工作任务为核心，精心选择和组织专业知识体系，按照工作过程设计学习任务，内容循序渐进、深入浅出、步骤详尽，而且含有大量适合动手练习的实例，可以帮助读者在短时间内掌握JavaScript和jQuery的相关知识，以提高读者的应用开发技能，学会开发具有极佳用户体验的界面。本书结构合理，内容丰富，实用性强，可以作为计算机类专业、商务类专业等教学用书，可以作为培训教材，也可以作为对JavaScript、jQuery等感兴趣的前端开发人员及移动应用开发人员的自学用书。

为了方便教学，本书还配有电子课件等教学资源包，任课教师和学生可以登录“我们爱读书”网(www.ibook4us.com)免费注册并浏览，或者发邮件至hustpeiit@163.com免费索取。

图书在版编目(CIP)数据

JavaScript与jQuery程序设计/杨烨，姜东洋，孙颖主编. —武汉：华中科技大学出版社，2018.2（2023.8重印）
国家示范性高等职业教育电子信息大类“十三五”规划教材
ISBN 978-7-5680-3559-0

Ⅰ.①J… Ⅱ.①杨… ②姜… ③孙… Ⅲ.①JAVA语言-程序设计-高等职业教育-教材 Ⅳ.①TP312.8

中国版本图书馆CIP数据核字(2018)第041465号

JavaScript与jQuery程序设计
JavaScript yu jQuery Chengxu Sheji

杨 烨 姜东洋 孙 颖 主编

策划编辑：康 序
责任编辑：史永霞
封面设计：孢 子
责任监印：朱 玢
出版发行：华中科技大学出版社(中国·武汉) 电话：(027)81321913
武汉市东湖新技术开发区华工科技园 邮编：430223
录 排：武汉楚海文化传播有限公司
印 刷：武汉邮科印务有限公司
开 本：787mm×1092mm 1/16
印 张：18
字 数：483千字
版 次：2023年8月第1版第6次印刷
定 价：38.00元

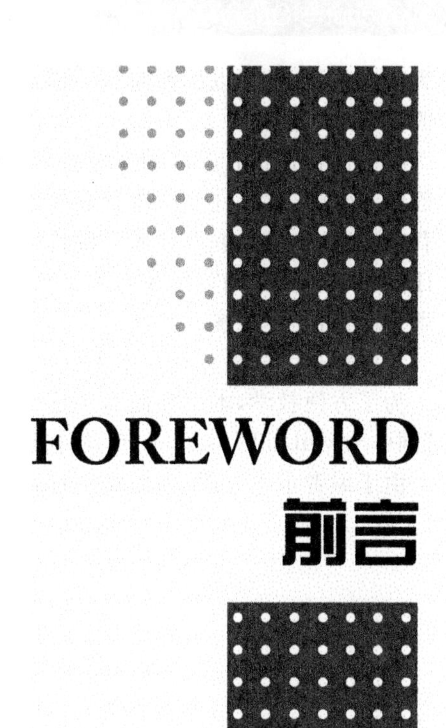

FOREWORD 前言

Web 标准中网页由三部分组成，即结构、表现和行为，它们对应的三个方面是 HTML、CSS 和 JavaScript。HTML 定义了网页结构，决定了网页内容；CSS 控制网页样式，实现了网页结构与表现样式完全分离；JavaScript 则主要实现实时、动态、交互性效果，对用户的操作进行响应，使页面更加实用、友好、人性化，是目前运用最广泛的脚本语言。jQuery 是一个优秀的 JavaScript 框架，它凭借简洁的语法和跨平台的兼容性，极大地简化了 JavaScript 开发人员遍历 HTML 文档 、操作 DOM、处理事件、执行动画等开发操作。

本书所选的项目和任务，均以实际网站中流行的网页特效为主，强化 Web 前端工程师所需要掌握的实用技能。以工作任务为核心，精心选择和组织专业知识体系，按照工作过程设计学习任务，是一本注重培养动手能力的教材。仔细阅读本书并动手实践，读者可以在较短的时间内学会基本的 Web 开发技能。

本书具有以下五大特点：

◇ 教学内容完全根据真实任务来确定，强化 Web 前端工程师所需要掌握的实用技能，提高动手能力。

◇ 循序渐进地带领读者学习 JavaScript 编程，并辅以大量的实例，通过学习每一个项目、任务、实例和练习，最大限度地帮助读者获取 JavaScript 编程知识。

◇ 每一个任务中都安排了“能力提升”，紧跟当前实际应用，其代码简洁，功能实用，更接近实际应用项目，可以提高读者的应用开发技能。

◇ jQuery 部分选用 jQuery 最新版本 jQuery 3.2.1 进行介绍，让读者学习到最新的技术。

◇ 所有实例代码均在 IE 11、Firefox、Chrome 等主流浏览器中测试并通过，以适应读者用不同的浏览器进行学习的状况。

本书结构合理，内容丰富，实用性强，可以作为计算机类专业、商务类专业等教学用书，可以作为培训教材，也可以作为对 JavaScript、jQuery 等感兴趣的前端开发人员及移动应用开发人员的自学用书。

本书作者是具有丰富的高校教学经验和项目开发经验的“双师型”教师。其中，由武汉软件工程职业学院杨烨、辽宁机电职业技术学院姜东洋和孙颖担任主编，由武汉工程职业技术学院彭莉、武汉信息传播职业技术学院肖念和李胡媛、武汉城市职业学院张吉力、济南职业学院刘辉担任副主编。参加编写的还有武汉软件工程职业学院关婷婷、张新华、綦志勇、顾家铭、曹廷、秦培煜，全书由杨烨审核并统稿。

华中科技大学出版社对本书的出版给予了大力支持，在此表示深深的谢意。

为了方便教学，本书还配有电子课件等教学资源包，任课教师和学生可以登录“我们爱读书”网(www.ibook4us.com)免费注册并浏览，或者发邮件至 hustpeiit@163.com 免费索取。

由于编者水平有限，书中难免存在疏漏之处，敬请各位专家和读者批评、指正。

编者

2018 年 1 月

CONTENTS

目录

项目 1　认识 JavaScript …… (1)

任务 1.1　了解 JavaScript …… (1)

任务 1.2　在页面中显示 Hello World …… (3)

项目 2　JavaScript 基础 …… (14)

任务 2.1　输入两个数完成加法运算 …… (14)

任务 2.2　将学生成绩分数转换成考评等级 …… (24)

任务 2.3　设计猜数字游戏 …… (29)

任务 2.4　设计简易计算器 …… (33)

项目 3　JavaScript 中的对象 …… (46)

任务 3.1　设计显示客户端当前日期 …… (46)

任务 3.2　设计随机选号页面 …… (54)

任务 3.3　设计带左右箭头的幻灯片效果 …… (59)

任务 3.4　验证注册信息 …… (66)

任务 3.5　用正则表达式验证注册信息 …… (76)

任务 3.6　制作弹出窗口 …… (90)

项目 4　DOM 编程 …… (106)

任务 4.1　设计网页相册管理效果 …… (106)

任务 4.2　设计管理订单效果 …… (115)

项目 5　JavaScript 动态设置 CSS …… (131)

任务 5.1　设置主页动态菜单 …… (131)

任务 5.2　制作随鼠标滚动的广告图片 …… (142)

项目 6　jQuery 基础 …… (158)

任务 6.1　使用 jQuery 弹出"Hello jQuery!"消息框 …… (158)

任务 6.2　读取单元格的数据 …… (164)

项目 7　jQuery 的事件 …… (185)

任务 7.1　鼠标经过切换图片 …… (185)

任务 7.2　设计网站登录框特效 …… (193)

项目8 jQuery 操作 DOM ······ (206)
任务8.1 设计节点移动操作效果 ······ (206)
任务8.2 设计邮件删除效果 ······ (213)
任务8.3 带数字导航的幻灯片效果 ······ (222)
项目9 jQuery 动画设计 ······ (241)
任务9.1 问题答案的隐藏与显示 ······ (241)
任务9.2 动画效果图片轮播 ······ (250)
项目10 jQuery 插件应用 ······ (266)
任务10.1 使用 EasyZoom 图片放大插件 ······ (266)
任务10.2 EasySlider 轮播图片插件应用 ······ (271)
参考文献 ······ (281)

项目1 认识JavaScript

学习目标

◇ 了解 JavaScript 的发展
◇ 了解 JavaScript 的特点
◇ 掌握 JavaScript 的引入方法

在万维网发展的早期，HTML 相对简单，是设计网页所需的技术。随着 Web 的发展，设计人员还希望页面能够与用户进行交互，这时 HTML 就显得力不从心，不能满足需求了。JavaScript 是开发 Web 应用程序不可或缺的一种语言，能够作为控制浏览器和给网页添加活力及交互性的方法，是网页设计人员的不二之选。

本项目将介绍 JavaScript 的发展、JavaScript 的组成特点和编写 JavaScript 所需的工具，以及 JavaScript 的引入方法。

任务 1.1 了解 JavaScript

任务描述

了解 Web 前端开发技术 JavaScript，了解 JavaScript 的发展，了解 JavaScript 的组成，了解 JavaScript 的作用与特点。

知识梳理

1.1.1 JavaScript 的发展

JavaScript 是在 20 世纪 90 年代由 Netscape 开发出来的一种跨平台的、面向对象的脚本语言。JavaScript 用在 Navigator Web 浏览器中，添加了一些基本脚本功能，最初被称为 LiveScript。与此同时，Java 开始广泛流行，被认为是计算机行业中下一项伟大的革新。当 Netscape 在 Navigator 2 中支持运行 Java Applet 时，LiveScript 被改名为 JavaScript，希望借用 Java 的声势。尽管 JavaScript 和 Java 是非常不同的编程语言，但这一事实并没有阻止 Netscape 采用这种市场营销手段。

随着上网的普及，Web 日益流行的同时，人们对于客户端脚本语言的需求也越来越强烈。为了抢占浏览器市场，微软公司在其 Internet Explorer 3 浏览器里加入了对 JavaScript 的支持。

这个举措标志着 JavaScript 作为一种脚本语言，其开发向前迈进了一大步。ECMAScript 是 JavaScript 语言标准，浏览器开发商致力于将 ECMAScript 作为各自 JavaScript 实现的基础。JavaScript 得到了广泛的支持，目前几乎所有的主流浏览器都支持 JavaScript。

1.1.2 JavaScript 的组成

一个完整的 JavaScript 由三个部分组成，即 ECMAScript、文档对象模型(DOM)、浏览器对象模型(BOM)，如图 1-1 所示。

1. ECMAScript

ECMAScript 是 JavaScript 的核心部分，主要描述语法、类型、语句、关键字、保留字、操作符等内容，定义了脚本语言的所有属性、方法和对象。因此，在使用 Web 客户端脚本语言编码时一定要遵循 ECMAScript 标准。

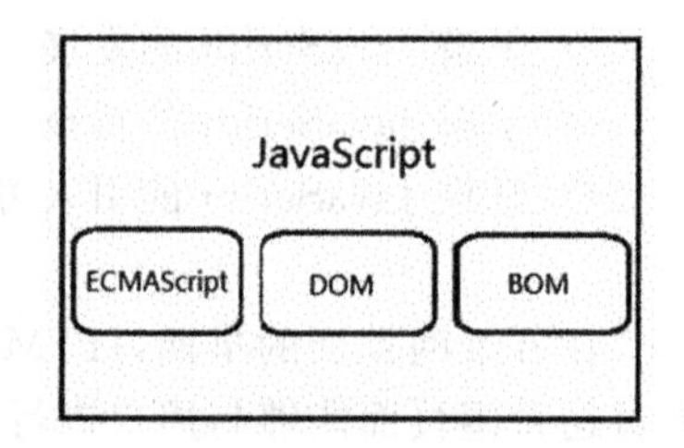

图 1-1 JavaScript 由三个部分组成

2. 文档对象模型

文档对象模型(document object model，DOM)：在网页上，把整个组成页面(或文档)的对象映射为一个多层节点结构，即一个树形结构。树中的每个对象称为树的节点(node)。HTML 页面中的每个组成部分都是某种类型的节点，这些节点又包含着不同类型的数据。

3. 浏览器对象模型

浏览器对象模型(browser object model，BOM)提供了很多对象，用于访问浏览器的功能，这些功能与任何网页内容无关。由于 BOM 缺少规范，没有 BOM 标准可以遵循，开发人员使用 BOM 可以控制浏览器显示的页面以外的部分，每个浏览器提供商都按照自己的想法去扩展它，因此浏览器共有对象就成了事实的标准。

1.1.3 JavaScript 的应用与特点

万维网联盟(W3C)制定的 Web 标准使得 Web 开发更加容易。Web 标准简单来说可以分为结构、表现和行为三部分。只有这三个部分完美结合，Web 页才算是好的网页。JavaScript 是负责网页的行为的。

1. JavaScript 的主要应用

JavaScript 主要应用于以下几个方面：

(1)在网页中加入 JavaScript 脚本代码，可以使网页具有动态交互的功能，便于网站与用户间的沟通，及时响应用户的操作，对提交的表单做即时检查，如验证表单元素是否为空，检测表单元素输入是否合法等。

(2)制作网页特效，如动态的菜单、浮动的广告等，为页面增添绚丽的动态效果，使网页内容更加丰富、活泼。

(3)建立复杂的网页内容，如打开新窗口来载入网页。

(4)可以对用户的不同事件产生不同的响应。

(5)设计各种各样的图片、文字、鼠标动画和页面的效果。

(6)应用 JavaScript 制作一些小游戏。

2. JavaScript 的特点

JavaScript 具有以下主要特点：

(1)解释性语言。JavaScript 是一种解释性脚本语言。它的代码设计不需要经过编译,可以直接在浏览器中解释运行。它不同于一些编译性的程序语言,如 C、C++等,需要专门的编译器进行编译。

(2)简单性。JavaScript 是一种基于 Java 基本语句和控制流之上的简化语言,变量并未使用严格的 数据类型。

(3)基于对象。JavaScript 能运用自己已创建的对象,许多功能来自于对脚本环境中对象的方法和属性的调用。

(4)动态性。JavaScript 可以直接对用户或客户的输入做出响应,无须经过 Web 服务程序。它对用户的响应是采用以事件驱动的方式进行的。当事件发生后,可能会引起相应的事件响应。

(5)安全性。JavaScript 不允许直接访问本地硬盘,不能将数据存入服务器,不允许对网络文档进行修改和删除,只能通过浏览器实现信息浏览或动态交互,从而有效地防止了数据丢失。

(6)跨平台。JavaScript 依赖于浏览器中的 JavaScript 的解释器来运行,与操作环境无关,只要计算机上装有支持 JavaScript 的浏览器就可正常执行。

1.1.4 JavaScript 与 Java 的区别

(1)两种语言是两个公司开发的不同的两个产品。Java 是 Sun 公司推出的新一代面向对象的程序设计语言,特别适合于 Internet 应用程序开发;而 JavaScript 是 Netscape 公司的产品,它是为了扩展 Netscape Navigator 的功能而开发的一种可以嵌入 Web 页面中的基于对象和事件驱动的解释性语言。

(2)JavaScript 是基于对象的,而 Java 是面向对象的。Java 是一种真正的面向对象的语言,即使是开发简单的程序,也必须设计对象。JavaScript 是一种脚本语言,它可以用来制作与服务无关的、与用户交互的复杂软件,它是一种基于对象和事件驱动的编程语言,因而它本身提供了非常丰富的内部对象供设计人员使用。

(3)两种语言在其浏览器中所执行的方式不一样。Java 的代码设计在传递到客户端执行之前,必须经过编译,因而客户端上必须具有相应平台上的仿真器或解释器,它可以通过编译器或解释器实现独立于某个特定的平台编译代码的束缚。JavaScript 是一种解释性编程语言,其代码设计在发往客户端执行之前不需经过编译,而是将文本格式的字符代码发送给客户,由浏览器解释执行。

任务 1.2 在页面中显示 Hello World

任务描述

在页面中使用 JavaScript 语言输出 Hello World 信息。

任务分析

(1)在 HTML 文档中引入脚本代码。

(2)使用 document. write 语句在页面中输出信息。

(3)在浏览器中浏览该文档。

知识梳理

1.2.1 选择编辑器

由于 JavaScript 不是一种编译型语言,所以编写和部署 JavaScript 应用程序不需要任何特殊工具或者开发环境。同样地,运行该应用程序也不需要特殊的服务器软件。因此,创建 JavaScript 程序的选择是不受限制的。

编写 JavaScript 代码可以使用任何文本编辑器,如记事本,也可以使用任何网页开发工具,如 Dreamweaver,或者使用 Visual Studio 这样强大的集成开发环境。

本书推荐使用 Dreamweaver CS6 进行 JavaScript 的编写。

1.2.2 在页面中引用 JavaScript 代码

无论使用什么脚本语言,最常用的一种方式是在网页中使用<script>标记符将脚本语句包含起来,方法是:把 JavaScript 代码放在脚本标记符<script> </ script>之间。基本结构如下:

```
<script type="text/javascript">
//JavaScript 代码
</script>
```

其中:

<script>:JavaScript 代码的开始标签。

type="text/javascript":指定脚本的类型为 javascript。

</script>:JavaScript 代码的结束标签。

目前,绝大多数的浏览器的默认脚本语言是 JavaScript,因此,在开始标签中的 type=" text/javascript" 部分可以省略。

在网页中引用 JavaScript 脚本的方式主要有三种:内嵌式、外链式和行内式。

1. 内嵌式

内嵌式就是用标签<script> </script>引入脚本,通常写在<head>标签内。

使用标签<script> </script>引入 JavaScript 脚本是最常用的方法。

例 1-1 利用 JavaScript 脚本在网页中输出“这是我编写的第一个带脚本的网页”。

学习任何一门编程语言几乎都要做的一个练习就是编写一个“Hello World”程序,不过这个实例是输出别的内容。

用记事本新建一个文本文件,输入如下代码:

```
<!DOCTYPE html>
<html>
<head>
<title> 第一个带脚本的网页< /title>
<script>
document.write("这是我编写的第一个带脚本的网页")
</script>
```

```
</head>
<body>
</body>
</html>
```

将该文档另存为“例 1-1. html”文件，注意文件的扩展名是“. html”。此类型的文件显示为浏览器的图标，双击该文件，浏览器就会打开该文件，在页面的下面会出现提示，如图 1-2 所示，这是用 IE 打开的。因为页面中包含脚本，此时要单击“允许阻止的内容(A)”按钮，运行脚本。脚本运行了，可是页面中出现了乱码，如图 1-3 所示。这是因为在页面代码中没指明所使用的字符集。用记事本打开“例 1-1. html”文件，在<head> 标签后面加上一行代码：

```
<meta charset= "utf-8">
```

并保存文件，把刚才打开的网页刷新一下，乱码问题就会解决，如图 1-4 所示。

图 1-2 用 IE 打开文档

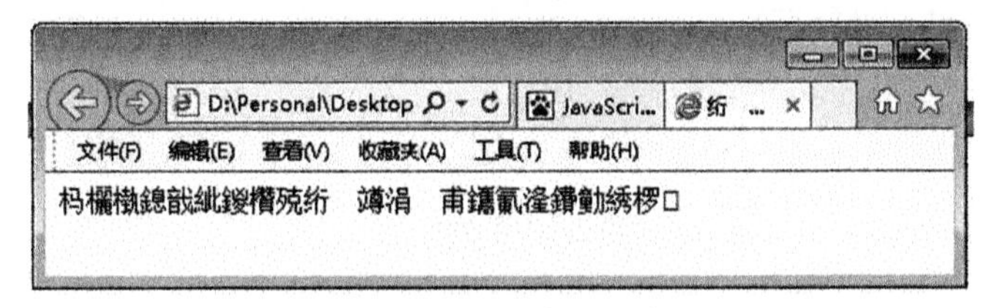

图 1-3 页面中出现了乱码

图 1-4 页面正常显示

2. 外链式

外链式就是链接外部 JavaScript 文件。

例 1-2 将 JavaScript 脚本代码写入一个单独的文件中，文件的扩展名为“. js”。打开记事本，新建一个文件，写入如下代码：

```
document.write("这是我编写的第一个带脚本的网页")
```

将文件保存为“hello. js”，主文件名可以自己命名，但扩展名必须是“. js”。

在记事本中，再新建一个文件，输入如下代码：

```
<! DOCTYPE html>
<html>
<head>
<meta charset= "utf-8">
<title> 带脚本的网页</title>
</head>
```

```
<body>
<script src="hello.js"></script>
</body>
</html>
```

说明：

src="hello.js"表示的就是引用外部文件，src 用于指明所引用的外部文件的 URL。

将文件保存为“例 1-2. html”，并且必须与前面的“hello. js”文件位于同一文件夹下。运行该文件，效果与“例 1-1. html”相同。

3. 行内式

行内式是将 JavaScript 代码写在标签里，常与事件关联。行内式引入脚本的格式为：

```
avascript: JavaScript 代码
```

例 1-3 通过行内式引入 JavaScript 代码。

```
<!DOCTYPE html>
<html>
<head>
<meta charset="utf-8">
<title> 行内式引入</title>
</head>
<body>
<input type="button"  value="单击调用 JS"
onClick="javascript:alert('JavaScript 行内式引入')">
</body>
</html>
```

说明：

onClick="javascript:alert('JavaScript 行内式引入')"，是行内式引入方式，它由事件“onClick”来调用。

在浏览器中浏览，单击，弹出图 1-5 所示的警告消息框。

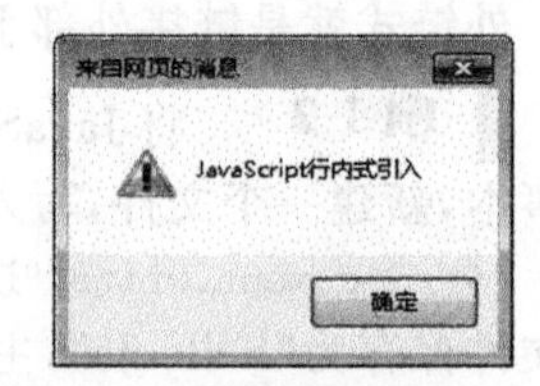

图 1-5　弹出的警告消息框

1.2.3　基本输入/输出语句

在 JavaScript 中常用的输入/输出语句有 document. write()、alert()、prompt()、confirm()。

1. document. write()

document. write()控制浏览器在页面中输出一些内容。document 是 JavaScript 中的一个对象，在它中封装许多有用的方法，其中 write()就是用于将文本信息直接输出到浏览器窗口中的方法。

document. write()方法的基本语法格式为：

```
document.write(输出参数);
```

说明：
document. write()中的输出参数可以是字符串、变量、表达式、HTML 标签。

(1)参数是字符串：

```
document.write("大家好")。
```

在页面中输出：大家好。

(2)参数是变量：

```
var str="hello";
document.write("大家好"+str );
```

在页面中输出：大家好 hello。

(3)参数是表达式：

```
document.write("3+2="+(3+2)) ;
```

在页面中输出：3＋2＝5。

(4)参数是 HTML 标签：

```
document.write("<font color=red>大家好</font>");
```

在页面中输出的是红色的字：大家好。

2. alert()

alert()是警告消息框。其语法格式为：

```
window.alert("文本字符串");
```

其中“window.”可以省略。alert()方法有一个参数，即希望显示的文本字符串。该消息框提供了一个“确定”按钮让用户关闭该消息框，并且该消息框是模式对话框，也就是说，用户必须先关闭该消息框，然后才能继续进行操作。例如：

```
alert("欢迎！请按“确定”继续。");
```

3. prompt()

prompt()是提示消息框，常用于提示用户输入数据。其语法格式为：

```
prompt("文本字符串","默认值");
```

prompt()有两个参数：一个是文本字符串；另一个是一个辅助字符串参数，作为默认值。该消息框有一个“确定”按钮和一个“取消”按钮。提示框出现后，用户需要输入数据，然后单击“确定”按钮或“取消”按钮才能继续操作。如果用户单击“确定”按钮，那么返回值为输入的值。如果用户单击“取消”按钮，那么返回值为 null。

4. confirm()

confirm()是确认消息框，用于使用户可以验证或者接受某些信息。其语法格式为：

```
confirm("文本字符串");
```

当确认消息框出现后，用户需要单击“确定”按钮或者“取消”按钮，才能继续进行操作。

如果用户单击“确定”按钮，那么返回值为 true；如果用户单击“取消”按钮，那么返回值为 false。

例 1-4 常用基本输入/输出语句实例。

```
<!DOCTYPE html>
<html>
<head>
<meta charset="utf-8">
<title>常用基本输入/输出语句</title>
<script>
document.write("<font color=red>大家好</font>")
alert("3+2="+(3+2));
prompt("请输入一个数",0)
confirm("单击"确定"继续。单击"取消"停止。");
</script>
</head>
<body>
</body>
</html>
```

执行代码,效果如图 1-6 至图 1-8 所示。

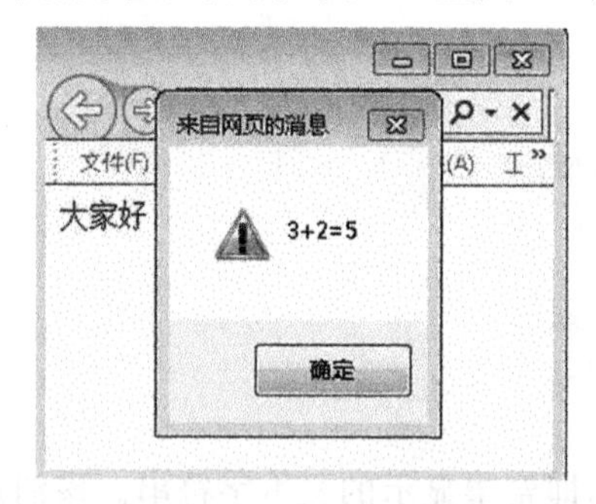

图 1-6 document.write()与 alert()效果

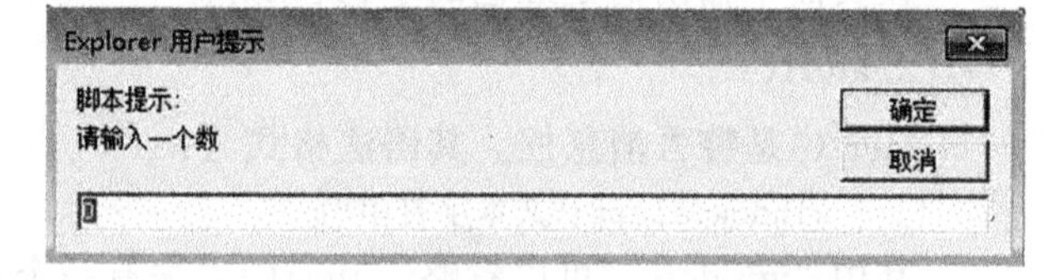

图 1-7 prompt()提示消息框

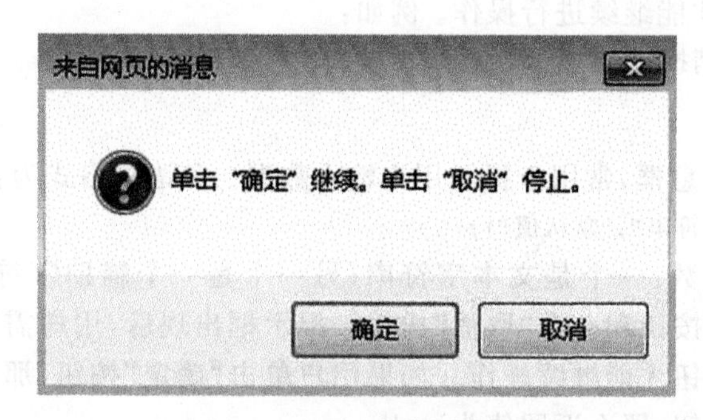

图 1-8 confirm()确认消息框

1.2.4 任务实现

参考代码:

```
<!DOCTYPE html>
<html>
<head>
```

```
<meta charset="utf-8">
<title>Hello World</title>
<script>
document.write("Hello World")
</script>
</head>
<body>
</body>
</html>
```

1.2.5 能力提升:提高 JavaScript 的性能

随着 Web 2.0 技术的不断推广,越来越多的应用使用 JavaScript 技术在客户端进行处理,从而使 JavaScript 在浏览器中的性能问题成为开发者所面临的最重要的问题。

1. 关闭 IE 运行脚本提示

用 IE 调试本地含 JavaScript 脚本的网页时,每次都会弹出图 1-2 所示的限制脚本运行的提示,每次都要单击“允许阻止的内容(A)”按钮来运行脚本。虽然 IE 出于安全考虑阻止本地脚本运行这个做法并没有错,但程序开发者每次都要重复操作,非常麻烦,能否去掉这个提示呢?

【方法】:

打开 IE,通过“工具”菜单,打开“Internet 选项”对话框,切换到“高级”标签,向下滚动滚动条,在“安全”分类下面,有一项“允许活动内容在“我的电脑”的文件中运行 * ”,勾选该项,如图 1-9 所示,单击“确定”按钮,关闭对话框。重启 IE,以后在本地运行包含 JavaScript 脚本的网页就不会出现限制脚本运行提示了。

2. 网页的执行过程

网页的执行过程如图 1-10 所示。

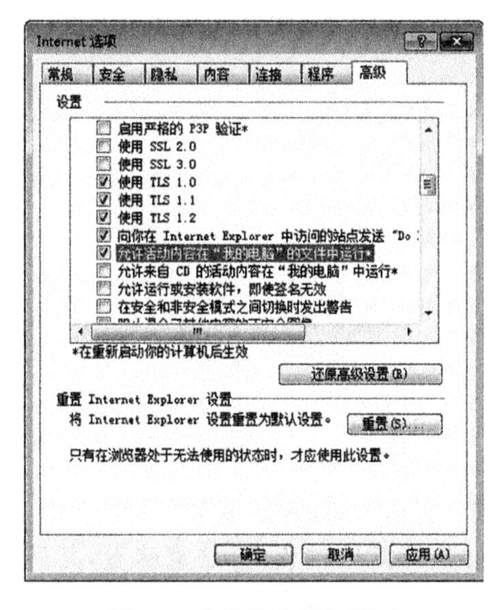

图 1-9 允许脚本运行设置

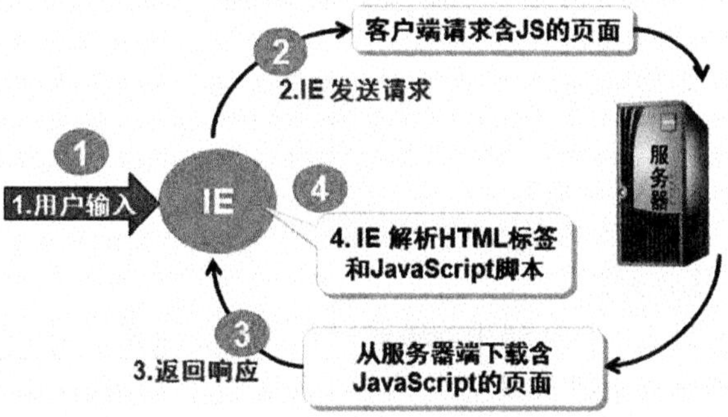

图 1-10 网页的执行过程

3. 浏览器的解析方式

浏览器的主要功能就是向服务器发出请求,在浏览器窗口中展示用户想要访问的网络资源。

浏览器解析HTML页,浏览器先下载HTML,然后在内存中把HTML代码转化成DOM树,浏览器再根据DOM树上的节点分析CSS和Images。解析器遇到<script>标记时立即解析并执行脚本。文档的解析将停止,直到脚本执行完毕。如果脚本是外部的,那么解析过程会停止,直到从网络同步抓取资源完成后再继续。

4.代码的优化

HTML 4规范指出,<script>标签可以放在HTML文档的<head>或<body>中,并允许出现多次。实际上,可以将JavaScript代码放置在HTML文档的任何地方。但放置的位置不同,会对JavaScript代码的正常执行有一定影响。

JavaScript是一门解释性的语言,是直接下载到用户的客户端进行执行的。因此,代码本身的质量直接决定了代码下载的速度及执行的效率。

下面介绍几个常用的JavaScript优化方法。

1)尽量将JavaScript代码放在页面最底部

尽量把不重要的JavaScript代码放在页面最底部,而把重要的JavaScript代码放在页面的前面。

把不重要的JavaScript代码放到页面的最下面</body>的前面,这是最简单也是效果最好的优化方法,就是等网页都加载完了,最后再加载这些不重要的JavaScript代码,这样就不影响网页显示速度了。

Web开发人员一般习惯在<head>中加载JavaScript代码(包括外链代码),他们认为:由于HTML文档是由浏览器从上到下依次载入的,将JavaScript代码放置于<head></head>标签之间,可以确保在需要使用脚本之前,它已经被载入了。这种做法合理吗?先来看看以下示例代码:

```
<!DOCTYPE html>
<html>
<head>
<meta charset="utf-8">
<title>Source Example</title>
<script type="text/javascript" src="script1.js"></script>
<script type="text/javascript" src="script2.js"></script>
<script type="text/javascript" src="script3.js"></script>
<link rel="stylesheet" type="text/css" href="styles.css">
</head>
<body>
    <p>Hello world! </p>
</body>
</html>
```

【分析】:

以上示例代码中隐藏着严重的性能问题。当浏览器解析到<script>标签(第6行)时,浏览器会停止解析其后的内容,而优先下载脚本文件,并执行其中的代码,这意味着,其后的styles.css样式文件和<body>标签都无法被加载,由于<body>标签无法被加载,那么页面自然就无法渲染了。因此,在该JavaScript代码完全执行完之前,页面是一片空白的,这将明显降低用户访问网络的体验。

因此,JavaScript代码全部置于<head></head>之间不利于性能的提高。

2)引用外部 JavaScript 代码

对特别长的 JavaScript 脚本或者经常重复使用的脚本来说，可以将这些代码存放到一个单独的文件中，然后再从任何需要该文件的 Web 页中引用该文件。

引用外部 JavaScript 代码的优势如下：

(1)公共的 JavaScript 代码可以被复用于其他 HTML 文档，也利于 JavaScript 代码的统一维护。

(2)HTML 文档更小，利于搜索引擎收录。

(3)可以压缩、加密单个 JavaScript 文件。

(4)浏览器可以缓存 JavaScript 文件，减少宽带使用(当多个页面同时使用一个 JavaScript 文件的时候，通常只需下载一次)。

(5)实现了前台页面和程序的分离，使得页面结构更清晰，符合 Web 标准的要求。

3)尽量合并 JavaScript 文件

由于每个<script>标签初始下载时都会阻塞页面渲染，所以减少页面包含的<script>标签数量有助于改善这一情况。这不仅针对外链脚本，内嵌脚本的数量同样也要限制。浏览器在解析 HTML 页面的过程中每遇到一个<script>标签，都会因执行脚本而导致一定的延时，因此最小化延迟时间将会明显改善页面的总体性能。

考虑到 HTTP 请求会带来额外的性能开销，下载单个 100KB 的文件比下载 5 个 20KB 的文件更快，也就是说，减少页面中外链脚本的数量将会改善性能。

通常一个大型网站或应用需要依赖数个 JavaScript 文件。可以把多个文件尽量合并成一个，这样只需要引用少量的<script>标签，就可以减少性能消耗。

4)使用扩展属性 defer

扩展属性 defer 使得浏览器能延迟脚本的执行，在文档完成解析生成了 HTML 文档后执行，不包括图片的资源下载，按照它们在文档中出现的顺序再去下载解析。如果脚本不会改变文档的内容，可将 defer 属性加入到 <script> 标签中，以便加快处理文档的速度。如：

```
< script src = "file1.js" defer> < /script>
```

注意：

之所以用 defer 属性，是要把外部的 JavaScript 文件在页头引入，但是，要是放在了页尾引入，那就没有必要再使用这个属性了。

5)尽量不要把内嵌脚本紧跟在<link>标签后面

把一段内嵌脚本放在引用外链样式表<link>标签之后，会导致页面阻塞，等待样式表的下载。

6)尽量使用内置函数来缩短解释时间

通常情况下，应当尽量使用 JavaScript 的内置函数。因为这些内置的属性、方法都是用类似 C、C++的语言编译过的，运行起来比实时解释的 JavaScript 快很多。

7)尽量最小化语句数量

脚本中的语句越少，执行的时间就越短，而且代码的体积也会相应减小。例如，用 var 语句定义变量时就可以一次定义多个，代码如下：

```
var myName="张平";
var myAge=20;
var color="red";
var myDate=new Date();
```

上面的多个定义可以用 var 关键字一次性定义，代码如下：

```
var myName="张平", myAge=20, color="red", myDate=new Date();
```

总　结

本项目主要介绍了 JavaScript 的起源，说明了什么是 JavaScript、JavaScript 有何应用及 JavaScript 的特点，同时还介绍了 JavaScript 的组成，如何在页面中引入 JavaScript 脚本，常用的输入/输出语句有 alert()、prompt()和 write()。

实　训

实训 1.1　使用行内方式引入 JavaScript 代码

实训目的：

(1)使用行内方式引入 JavaScript 代码。

(2)掌握 alert 方法的应用。

实训要求：

(1)在 Web 页面包含一个按钮。

(2)单击按钮时弹出警告信息框。

实现思路：

(1)建立新页面。

(2)为按钮添加 onClick 事件。

(3)用记事本建立网页文件。

参考代码：

```
<!DOCTYPE html>
<html>
<head>
<meta  charset="utf-8" />
<title>欢迎你访问本站</title>
</head>
<body>
<input type="button"  id="btn1" value="按钮"  onClick="alert('你单击了按钮')">
</body>
</html>
```

实训 1.2　将用户输入的信息输出到页面中

实训目的：

(1)学会引入 JavaScript 代码。

(2)掌握 prompt()和 write()方法的应用。

实训要求：

(1)在 Web 页面打开时弹出一提示框，让用户输入自己喜欢的运动。

(2)将用户的输入信息输出到页面。

实现思路：

(1)建立新页面。

(2)使用 prompt()方法，提示用户输入信息。

(3)通过 write()方法将用户输入信息输出到页面。

参考代码(部分):

```
<script >
var x=prompt("请输入你最喜欢的运动","");
document.write("你最喜欢的运动是:"+x) ;
</script>
```

练　　习

一、选择题

1. 下列关于 HTML 嵌入 JavaScript 脚本的说法正确的是(　　)。

A. JavaScript 脚本只能放在<head></head>中

B. JavaScript 脚本可以放在页面中的任何地方

C. JavaScript 脚本必须被<script></script>标签对所包含

D. JavaScript 脚本必须被<javascript>与</script>标签对所包含

2. 向页面输出“Hello world”的正确 JavaScript 语句是(　　)。

A. response. write("Hello world")　　B. "Hello world"

C. document. write("Hello world")　　D. ("Hello world")

3. 用户可以在下列(　　)HTML 元素中放置 JavaScript 脚本代码。

A. <script>　　B. <Javascript>　　C. <js>　　D. <scripting>

4. 引用名为"hello. js"的外部脚本的正确语法是(　　)。

A. <script src = "hello. js">　　B. <script href = "hello. js">

C. <script name = "hello. js">　　D. hello. js

5. 插入 JavaScript 的正确位置是(　　)。

A. <head>部分　　B. <body>部分

C. <body>部分和< head >部分均可　　D. 都不行

6. 在 HTML 页面中使用外部 JavaScript 文件的正确语法是(　　)。

A. <language = "JavaScript" src="scriptfile. js">

B. <script language="JavaScript" src="scriptfile. js"</script>

C. <script language= "JavaScript"=scriptfile. js></script>

D. <language src= "scriptfile. js">

7. 以下(　　)不是 JavaScript 的基本特点。

A. 基于对象　　B. 跨平台　　C. 编译执行　　D. 脚本语言

8. 要使用 JavaScript 语言,必须了解下列(　　)内容。

A. Perl　　B. C++　　C. HTML　　D. VBScript

9. 单独存放 JavaScript 程序的文件扩展名是(　　)。

A. java　　B. js　　C. script　　D. prg

10. 如果在<script>块中没有指定 language 属性,那么 IE 浏览器将以(　　)语言处理其中的程序代码。

A. JavaScript　　B. Perl　　C. VBScript　　D. Java

二、操作题

1. 使用 JavaScript 语句,弹出“JavaScript 真奇妙”信息框。

2. 使用 JavaScript 语句在页面输出用户输入的信息。

项目2 JavaScript基础

学习目标

◇ 掌握 JavaScript 的常量与变量
◇ 掌握 JavaScript 的数据类型
◇ 掌握 JavaScript 的条件语句
◇ 掌握 JavaScript 的循环语句
◇ 掌握 JavaScript 的函数的定义与调用方法

JavaScript 是一种广泛用于客户端网页开发的脚本语言，它可以用来给 HTML 网页添加动态功能，实现与用户的交互。它是一种动态、弱类型、基于原型的语言，也包含变量的声明、赋值、逻辑控制、函数等基本语法。

任务 2.1 输入两个数完成加法运算

任务描述

程序运行时弹出 prompt 提示框，输入第一个数，确定后，再弹出 prompt 提示框，输入第二个数，确定后，弹出两个数的加法运算结果，如图 2-1 所示。

图 2-1 加法运算结果

任务分析

(1)输入数值要用到 prompt()。
(2)进行加法运算，要用 parseFloat()进行类型转换。
(3)加法运算用到“+”，字符串运算也要用到“+”。
(4)用 alert()输出结果。

知识梳理

2.1.1 常量与变量

1. 常量

固定不变的量称为常量。使用常量一方面可以提高代码的可读性，另一方面可以使代码易于维护。比如一段代码中，经常用到字符串“hello”，可以使用如下声明：

```
const myConst= "hello";
```

声明后，常量 myConst 可以代替字符串“hello”，一方面防止反复输入时出现输入错误，另一方面当想改变字符串值时，只要改变常量声明处的值即可。

这里有一点需要注意，低版本 IE 浏览器不支持 const，因此需要慎用常量。

2. 变量

值可以变化的量称为变量，变量是一个已命名的容器。变量名代表其存储空间。

1)变量命名规则

选择变量名称时，尽量选择友好、易读、有具体意义的名称，这样可以增强程序的可读性。变量命名必须遵守如下规则。

(1)变量名可以是数字、字母、下划线或符号。第一个字符必须是字母、下划线或符号 $ 。

(2)变量名不能包含空格和加号、减号等符号。

(3)变量名严格区分大小写，如 myString 与 mystring 代表两个不同的变量。

(4)变量名不能使用 JavaScript 中的关键字。

2)变量声明和赋值

在 JavaScript 中，变量由关键字 var 声明，JavaScript 是一种对数据类型要求不太严格的语言，所以在变量声明时不必声明变量类型。语法如下：

```
var  record, total;
var  str= "hello";
```

2.1.2 数据类型

1. 数据类型

数据类型是一个值的集合以及定义在这个值集上的一组操作。JavaScript 支持 6 种基本数据类型：数值型(number)、字符串型(string)、布尔型(Boolean)、空值(null)、未定义型(undefined)、对象(object)。

1)数值型

在 JavaScript 中，整数和浮点数都没有专门的或者单独的类型，所有数字都用浮点型表示，不区分整型和浮点型。

除了常用数字之外，还有两个特殊值 NaN 和 Infinity。

(1)NaN。NaN 代表了“not a number”(不是数字)。运算无法返回正确的数值时，就会返回“NaN”。NaN 值非常特殊，因为它“不是数字”，所以任何数跟它都不相等，甚至 NaN 本身也不等于 NaN。

isNaN()：检查传递过来的参数是否为数值。

在支持 NaN 的平台上，parseFloat() 和 parseInt() 函数将在计算并不是数值的值时返回

"NaN"。isNaN() 在传递过来的参数不是数字时返回真，否则返回假。

(2)Infinity。Infinity 表示无穷大，当除数为 0 时，结果为无穷大。

2)字符串型

字符串型是用单引号或双引号引起来的一个或多个字符、数字和标点符号的序列。

3)布尔型

布尔型只有两个值：真(true)和假(false)。布尔型代表一种状态或标志，用来作为判断依据控制操作流程。通常，非 0 值表示"真"，0 值表示"假"。

4)空值

空值是一个特殊的数据类型，用关键字 null 表示什么都没有。创建一个对象失败时返回空值，也可以直接将 null 赋值给变量。

5)未定义型

未定义型也是一个特殊的数据类型，用关键字 undefined 表示，当使用一个没有被赋值的变量或使用一个不存在对象的属性时，JavaScript 会返回 undefined。比如 var i，这时这个 i 的值就是 undefined，而 i 是实实在在声明了的，只是未初始化。如果从未在代码中出现过的变量被使用，这时的未定义的概念就不是 undefined 所描述的未初始化了，而是说明该变量完全未被登记到脚本引擎的上下文中。

6)对象

对象是一种复杂的数据类型，它是数据项和函数的集合。

2. 类型转换

如果要查看某数据的类型，可用操作符 typeof。typeof 用于返回操作数的数据类型。如：

```
typeof(123);//返回 "number"
typeof("123");//返回 "string"
```

typeof 语法中的圆括号是可选项。如：

```
typeof  "123" ;//返回 "string"
```

JavaScript 是一种松散的、动态的类型，对类型没有严格的要求，但还是有一些要求的。因此，有的时候要进行类型转换，JavaScript 为数据类型的转换提供了灵活的处理方式。

JavaScript 的类型转换可分为隐式转换和显式转换。

1)隐式转换

如果某个类型的值需要用于其他类型的值的环境中，JavaScript 就自动将这个值转换成所需要的类型。这种转换方式被称为隐式转换。例如，声明一个变量 record，并给它赋值 86，表示 record 是一个数值类型的变量。也可以将字符串类型的值"86"赋给它，record 就是字符串型变量。

例 2-1 隐式转换实例。

```
<!DOCTYPE html>
<html>
<head>
<meta charset="utf-8">
<title>字符转换数字</title>
<script>
var str='012.345';
var x =str-0; //x 的值为 12.345。要进行减法运算，就自动进行了类型转换
var y =str*1;  //y 的值为 12.345
```

```
document.write("str: "+str+"</br>");
document.write("x: "+x+"</br>");
document.write("y: "+y+"</br>");
</script> </head>
<body>
</body>
</html>
```

运行代码的效果,如图 2-2 所示。

本例只进行了算术运算,实现了字符串到数字的类型转换。

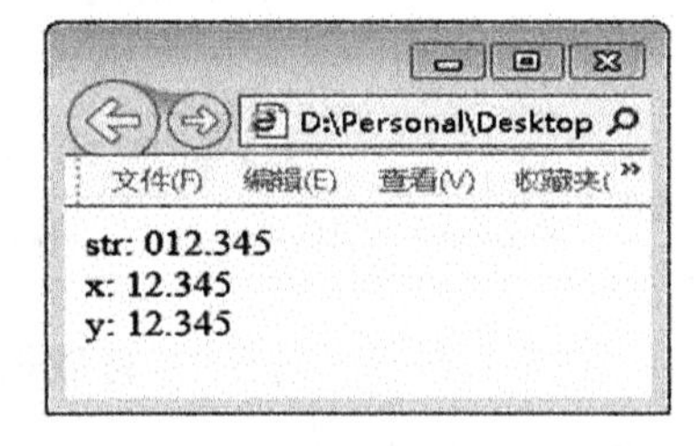

图 2-2 隐式转换实例的运行结果

2)显式转换

数据类型的显式转换主要通过 JavaScript 的转换函数转换。主要的转换函数有 parseInt()、parseFloat()、Number()、String()和 Boolean()。

(1)把非数值转换为数值。

把非数值转换为数值,主要使用 parseInt()、parseFloat()、Number()。

➢ parseInt():提取字符串中的整数,从第一个字符开始,直到非数字字符。parseInt()函数在转换字符串时,更多的是看其是否符合数值模式。它会忽略字符串前面的空格,直至找到第一个非空格字符。如果第一个字符不是数字字符或者负号,parseInt()就会返回 NaN(不是数),也就是说,用 parseInt()转换空字符串会返回 NaN (Number()对空字符返回 0) 。如果第一个字符是数字字符,parseInt()会继续解析第二个字符,直至解析完所有后续的字符或者遇到了一个非数字字符。

parseInt()方法还有基模式,可以按二进制、八进制、十六进制的字符串转换成十进制整数。第二个参数指定按哪一种进制来转换。例如:

```
parseInt("10",8); //结果是 8。将前面的字符"10"按八进制来转换
```

➢ parseFloat():提取字符串中的浮点数。

由于 Number()函数在转换字符串时比较复杂而且不够合理,因此在处理字符串的时候更常用的是 parseInt()函数。转换示例如表 2-1 所示。

(2)其他数据类型转换。

String():转换为字符串型,例如,String(678)的结果为"678"。

Boolean():转换为布尔型,例如,Boolean("aaa")的结果为 true。

转换示例如表 2-1 所示。

表 2-1 转换示例

例　句	结　果
parseInt('1234')	1234
parseInt('123. 400')	123
parseInt('1234abc')	1234
parseInt('abc1234')	NaN
parseInt('12',16)	18
parseFloat('1234. 123')	1234. 123

续表

例　　句	结　　果
parseFloat('1234.123a')	1234.123
parseFloat('a1234.123')	NaN
Number('1234.123')	1234.123
Number('1234.123aa')	NaN
String(12)	12
Boolean('0'),Boolean('567')	true
Boolean(0),Boolean(null), Boolean(false),Boolean('')	false

在 JavaScript 运算中，将数据转换成布尔值时，只有 0、""、null、false、undefined、NaN 会转换成 false，其他都转换成 true。

2.1.3 运算符

要进行各种各样的运算，就要使用不同的运算符号。

1. 算术运算符

算术运算符如表 2-2 所示。

表 2-2　算术运算符

运 算 符	说　　明	例　　子	运 算 结 果
+	加	y = 2+1	y = 3
−	减	y = 2−1	y = 1
*	乘	y = 2*3	y = 6
/	除	y = 6/3	y = 2
%	求余	y = 6%4	y = 2
++	自加 1，分为前加和后加	y = 2 ++y(前加) y++(后加) a=++y b=y++	y = 3 y = 3 a=3 b=2
−−	自减 1，分为前减和后减	y = 2 −−y(前减) y−−(后减) a=−−y b=y−−	y = 1 y = 1 a=1 b=2

对于前加和后加，执行后的结果都是变量加 1，但两者还是有区别的：如果不赋值的话，i++和++i 的结果是一样的；如果要赋值的话，i++和++i 的结果就不一样了，++x 将返回 x 自加运算后的值，x++ 将返回 x 自加运算前的值。

参考下面的例子：执行时返回结果不一样。

例 2-2 前加与后加示例。

```
<!DOCTYPE html>
<html>
<head>
<meta charset="utf-8">
<title>前加/后加</title>
<script>
var x =2;
document.write("++x: "+  ++x  +"</br>"); //输出:3
document.write("x: "+x +"</br>"); //输出:3
var y =2;
document.write("y++ : "+y++  +"</br>"); //输出:2,表达式 y++的值为 2,y 为 3
document.write("y: "+y +"</br>"); //输出:3
</script>
</head>
<body>
</body>
</html>
```

运行效果如图 2-3 所示。

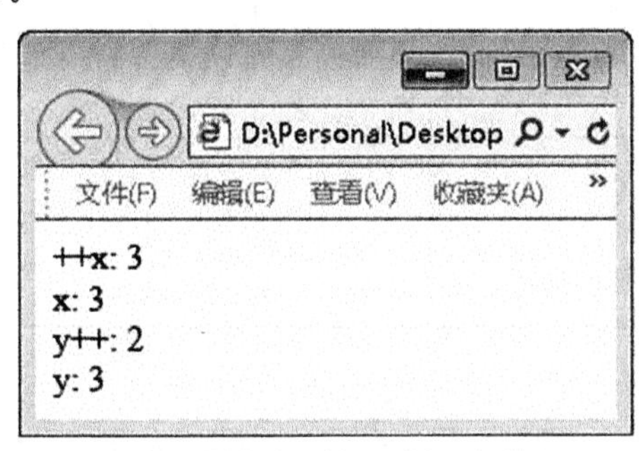

图 2-3 前加与后加示例运行效果

前减与后减同理。

2. 赋值运算符

赋值运算符“=”用于赋值运算,它的作用在于把右边的值赋给左边变量。设定 y = 6,赋值运算符如表 2-3 所示。

表 2-3 赋值运算符

运算符	例子	等价于	运算结果
=	y = 6		y = 6
+=	y += 2	y = y+2	y =8
-=	y -=2	y = y-2	y = 4
*=	y *= 2	y = y*2	y = 12
/=	y /= 2	y = y/2	y = 3
%=	y %= 4	y = y%4	y = 2

3. 关系运算符

关系运算符如表 2-4 所示。

表 2-4 关系运算符

运算符	说明	例子	运算结果
==	等于	2 == 3	false
===	恒等于(值和类型都要做比较)	2 === 2	true
		2 === "2"	false
!=	不等于	2 != 3	true
>	大于	2 > 3	false
<	小于	2 < 3	true
>=	大于等于	2 >= 3	false
<=	小于等于	2 <= 3	true

4. 逻辑运算符

逻辑运算符如表 2-5 所示。

表 2-5 逻辑运算符

运算符	说明	例子	运算结果
&&	逻辑与(and)	x = 2;y = 6; x>3 && y > 5	false
||	逻辑或(or)	x = 2;y = 6; x >3|| y > 5	true
!	逻辑非,取逻辑的反面	x = 2; !(x >3)	true

5. 三目运算符

三目运算符“?:”(也叫三元运算符),需要三个操作数,可以看作是特殊的比较运算符,其语法格式为:

```
expr1 ? expr2 : expr3
```

语法解释:整个表达的返回值将依据“?”前面的表达式 expr1 的逻辑值,如果 expr1 的值为 true,则返回冒号前的表达式 expr2 的值,否则返回冒号后的表达式 expr3 的值。

例 2-3 三目运算符示例。

```
<!DOCTYPE html>
<html>
<head>
<meta charset="utf-8">
<title> 三目运算符</title>
<script>
x =2;
y = (x ==2) ? x : 1;
alert(y); //输出:2
</script>
```

```
</head>
<body>
</body>
</html>
```

为了避免错误，将三目运算符各表达式用括号括起来是一个不错的方法。

6. 字符串连接运算符

字符串连接运算符“+”，主要用于连接两个字符串或字符串变量。因此，在对字符串或字符串变量使用该运算符时，并不是对它们做加法计算。

7. 位运算符

位运算符工作于32位的数字上。任何数字操作都将转换为32位。结果会转换为JavaScript数字。位运算符如表2-6所示。

表 2-6 位运算符

运算符	描述	例子	类似于	结果	十进制
&	AND	x = 5 & 1	0101 & 0001	0001	1
|	OR	x = 5 | 1	0101 | 0001	0101	5
~	取反	x = ~ 5	~0101		-6
^	异或	x = 5 ^ 1	0101 ^ 0001	0100	4
<<	左移	x = 5 << 1	0101 << 1	1010	10
>>	右移	x = 5 >> 1	0101 >> 1	0010	2

x = ~ 5 的结果为-6：

5的二进制是101，补满32位：00000000000000000000000000000101

按位取反：11111111111111111111111111111010

由于32位开头第一个是1，所以这是一个负数，将二进制转换成负数，需要先反码00000000000000000000000000000101，之后，再+10000000000000000000000000000110，转换成十进制为6，加上符号变成负数 -6。

8. 其他运算符

其他运算符如表2-7所示。

表 2-7 其他运算符

运算符	说明
.	成员运算，用于对象的属性和方法
()	函数调用运算符
new	创建对象
typeof	返回操作数的数据类型
!!	转换成布尔值
delete	删除以前定义的对象属性或方法

2.1.4 任务实现

参考代码：

```
<!DOCTYPE html>
<html>
<head>
<meta charset="utf-8">
<title></title>
<script>
var x,y,z;
x=prompt("输入第一个数",0);  //prompt函数返回输入的字符串
y=prompt("输入第二个数",0);
z=parseFloat(x)+ parseFloat(y);//将输入的字符串类型转换成数
alert(x+"+" +y +"=" +z);  //注意+的用法
</script>
</head>
<body>
</body>
</html>
```

2.1.5 能力提升：代码调试方法

编写 JavaScript 程序时或多或少地会遇到各种各样的错误，有语法错误、逻辑错误等，如何能快速地修正错误呢？

1. 语法错误

语法错误是指编程过程中出现的不符合编程语言规范的错误，当输入的代码出现语法错误时，在 Dreamweaver 中马上会出现错误提示，如图 2-4 所示。提示在第 10 行有语法错误，parseInt()的参数中，引号不完整。补上不完整的引号，即 parseInt('12',16)，语法错误就可排除。

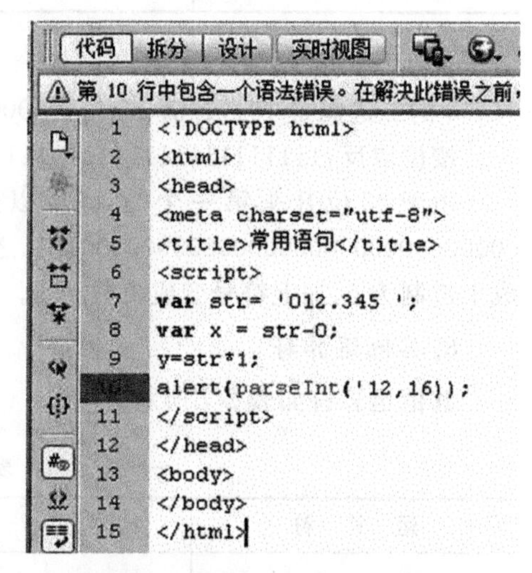

图 2-4 Dreamweaver 提示错误

注意，因为错误是多种多样的，可能有的错误，所给出的行号不一定准确。

2. 逻辑错误

逻辑错误主要表现在程序运行后，得到的结果与预期设想的不一致。通常出现逻辑错误的程序都能正常运行，系统不会给出提示信息，所以逻辑错误比较难发现。对于逻辑错误，一般情况下可以使用调试工具和 alert()方法两种方式来调试程序。常用的调试工具有 Firefox 浏览器的 Firebug 工具、Google 浏览器自带的调试工具、IE 浏览器自带的 IE 开发人员工具。这些调试工具采用主动的调试方式：设计人员通过设置断点及跟踪等方式，比较容易找出错误，对具有一定的编程能力的人员来说，是很好的工具。但对于初学的人员来说，它们显得有点复杂，不太容易上手。不过没关系，可以用被动调试方式(也称为自动调试方式)来调试程序。下面以 IE 浏览器为例，介绍这种简单的调试方法。

先看看图 2-5 所示的代码。

在 Dreamweaver 中提示“无语法错误”，这段代码是通过类型转换后，弹出消息框，显示 x、y 的值。当在浏览器中运行时，并没有弹出任何消息框。这说明代码中存在错误，是 Dreamweaver 发现不了的错误，也就是逻辑错误。

在 IE 浏览器中调试 JavaScript 程序的方法如下：

(1)打开 IE 浏览器，通过“工具”菜单打开“Internet 选项”对话框，切换到“高级”选项卡(也称为标签)，向下移动滚动条到“浏览”项，取消勾选“禁用脚本调试(Internet Explorer)”和“禁用脚本调试(其他)”，如图 2-6 所示。

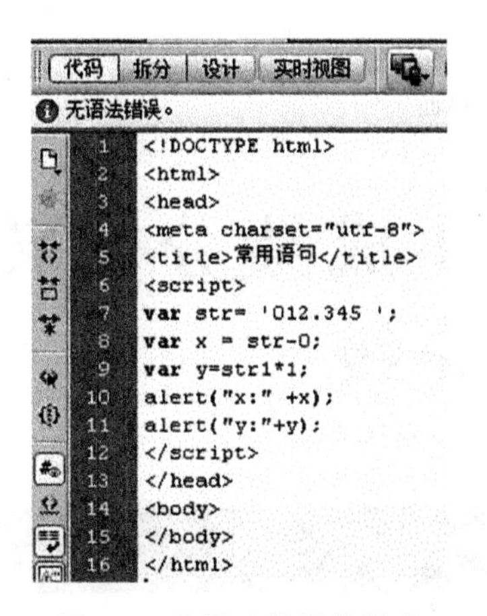

图 2-5　无语法错误的代码

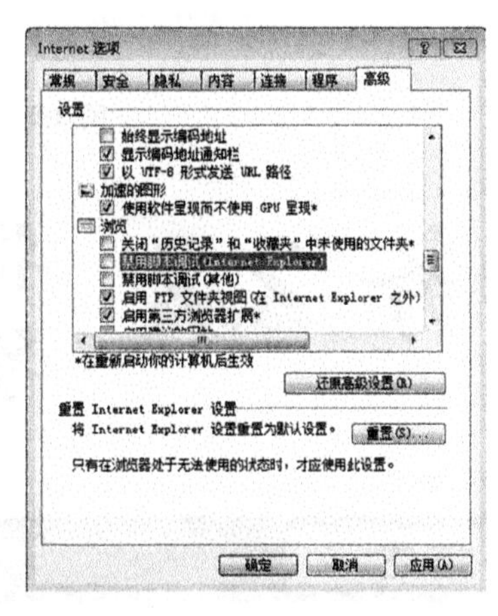

图 2-6　取消勾选禁用脚本调试

(2)再向下移动滚动条，取消勾选“显示友好 HTTP 错误消息”项，如图 2-7 所示，单击“确定”按钮。

(3)再运行代码，当要执行的 JavaScript 程序出现错误时，浏览器会给出提示，弹出图2-8所示的对话框：第 9 行发现错误。此时，可以直接去 Dreamweaver 中修改源代码，或者继续下面的操作。

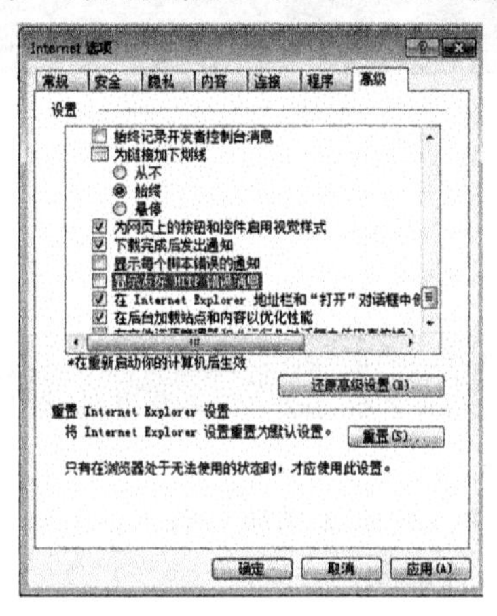

图 2-7　取消勾选“显示友好 HTTP 错误消息”项

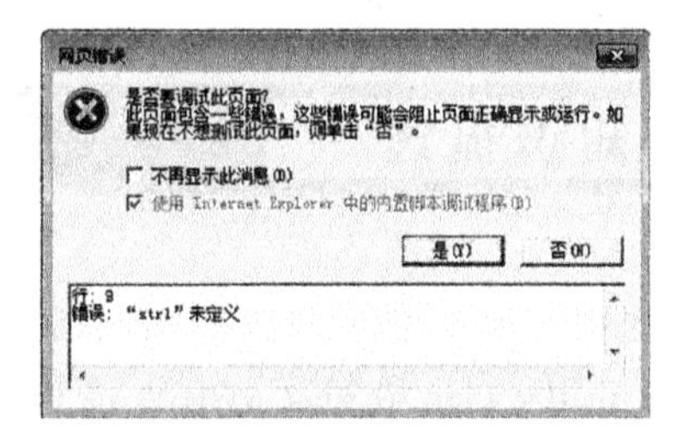

图 2-8　错误提示对话框

(4)在弹出的错误提示对话框中，选择“是(Y)”按钮，进入 IE 浏览器自带的开发人员工具脚本调试界面，并给出相关信息，如图 2-9 所示。

(5)根据 JavaScript 调试信息可以知道，当前 JavaScript 报错是由于没有找到指定对象“str1”而导致的。切换到代码编辑器，将“str1”修改为“str”并保存。

(6)再进行测试，程序得以正常执行。

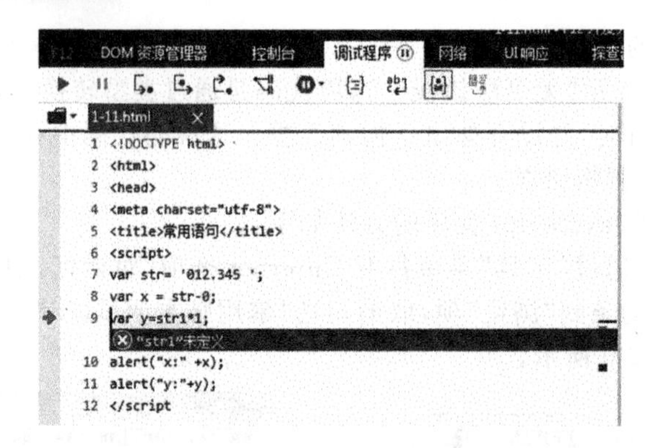

图 2-9 调试程序界面

任务 2.2 将学生成绩分数转换成考评等级

任务描述

提示用户输入成绩，根据成绩给出学生的考评等级：如果成绩在 90～100 分之间，考评为“优”；如果成绩在 80～89 分之间，考评为“良”；成绩如果在 70～79 分之间，考评为“中”；成绩如果在 60～69 分之间，考评为“及格”；否则为“不及格”。

任务分析

(1)提示用户输入成绩。

(2)使用判断语句判断成绩所在的区间。

(3)输出考评等级。

知识梳理

条件语句可以使程序按照预先指定的条件进行判断，从而选择执行任务。JavaScript 提供了 if 语句、if…else 语句及 switch 语句等三种常用的条件语句。

2.2.1 if 语句

if 语句是最基本的条件语句，它的语法格式为：

```
if (条件)
{
    //JavaScript 代码;
}
```

也就是说，如果括号里的条件表达式为真，则执行大括号里面的语句，否则就跳过该语句。如果要执行的语句只有一条，那么可以与 if 写在同一行，也可以省略大括号，例如：

```
if (a==1)   a ++;
```

如果要执行的语句有多条，则应使用大括号将这些语句括起来，例如：

```
if (a==1)   {a++;b++;}
```

说明：如果要在同一行中书写多个语句，语句之间应用分号分隔。不过，为了易于阅读，建议尽量使用一行一条语句。

2.2.2 if…else 语句

如果需要在表达式为假时执行另外的语句，则可以使用 else 关键字扩展 if 语句。if…else 语句的语法格式为：

```
if (条件)
{
  //条件为真时，执行的 JavaScript 代码
}
else
{
  //条件为假时，执行的 JavaScript 代码
}
```

例 2-4 用户输入一时间整数，如果小于 10，则将发送问候“Good morning”；如果时间小于 20，则发送问候“Good day”；否则，发送问候“Good evening”。

参考代码：

```
<script>
var time=prompt("输入一时间",8);
if (time<10)
  {
  x="Good morning";
  }
else if (time<20)
  {
  x="Good day";
  }
else
  {
  x="Good evening";
  }
alert(x);
</script>
```

2.2.3 switch 语句

switch 语句用于基于不同的条件来执行不同的动作。其语法格式为：

```
switch(n)
{
```

```
case 1:
  //执行代码块 1
  break;
case 2:
  //执行代码块 2
  break;
default:
// n与 case 1 和 case 2 都不匹配时执行的代码
}
```

这里 n 和 case 列表从上而下逐一做比较，如果匹配就执行 case 中的代码，若有 break 则跳出，无 break 则继续往下匹配，直到新的匹配和 break 或 switch 代码块结束。关键字 default 用于表达式的结果不匹配任何 case 时的操作。

例 2-5 输入 1～7 中的任何一个数字，输出相应的星期。

```
<script>
var day=parseInt(prompt("输入 1～7 中的任何一个数字",1));
switch(day){
case 1:
  day='星期一';
  break;
case 2:
  day='星期二';
  break;
case 3:
  day='星期三';
  break;
case 4:
  day='星期四';
  break;
case 5:
  day='星期五';
  break;
case 6:
  day='星期六';
  break;
case 7:
  day='星期日';
  break;
default:
day='输入有误！';
break;
}
alert("今天是:"+day);
</script>
```

2.2.4 任务实现

(1)提示用户输入成绩,prompt("请输入成绩:","")。

(2)使用判断语句判断成绩所在的区间。

(3)输出考评等级。

参考代码:

```
<!DOCTYPE html >
<html>
<head>
<meta  charset="utf-8" />
<title> 条件语句,成绩评定</title>
<script>
var leval, score=prompt("请输入成绩:","");
if(score<60)
    leval="不及格";
    else if(score<70)
        leval="及格";
    else if(score<80)
        leval="中";
    else if(score<90)
        leval="良";
    else if(score<=100)
        leval="优";
else
   leval="分数无效";
alert("你输入的成绩是:"+score+"  等级是:"+leval); </script>
</head>
<body>
</body>
</html>
```

2.2.5 能力提升:三目运算符与 if…else

使用三目运算符来实现“任务 2.2 将学生成绩分数转换成考评等级”。

三目运算符相当于 if…else,但是三目运算符是有返回值的。

若要表达“如果 n>1,则 n=0,否则,n=2”,可用 if…else 来实现,也可以用三目运算符来实现,比较下面两段代码。

➤ if…else 实现:

```
var  n=1;
  if(n>1){
    n=0;
}else{
    n=2;
}
alert(n);  //输出 2
```

➤ 三目运算符实现：

```
var n=1;
n =n>1 ? 0 : 2;   //有返回值 2,并赋值给 n
alert(n);  //输出 2
```

可见，三目运算符比 if…else 的代码更简洁。

如果有多个 if…else，三目运算符能实现吗？

实际上，在逻辑多次判断的时候，可以用三目运算符嵌套来实现，并且逻辑更简洁。三目运算嵌套语法格式为：

```
逻辑表达式 1 ? 语句 1 :
逻辑表达式 2 ? 语句 2 :
逻辑表达式 3 ? 语句 3 :
……
```

只要任意一个逻辑表达式的判断为真，那么对应的语句就立即执行，这个判断结束，后面的任何判断都不再执行。

例 2-6 使用三目运算符来判断年龄：让用户输入一年龄，18 岁以下显示未成年，35 岁以下显示年轻，35 岁以上就显示要注意身体了。

参考代码：

```
<!DOCTYPE html>
<html>
<head>
<meta charset="utf-8">
<title> </title>
<script>
var str,age=parseInt(prompt("请输入年龄",""));
str=age<18 ? "你还未成年!" :
     age<=35 ? "你还年轻,未来属于你!" :
               "35 岁以后,就要注意身体了! " ;
alert(str);
</script>
</head>
<body>
</body>
</html>
```

使用三目运算符来实现“任务 2.2 将学生成绩分数转换成考评等级”。

参考代码：

```
<!DOCTYPE html >
<html >
<head>
<meta  charset="utf-8" />
<title> 三目运算符< /title>
<script type="text/javascript">
var result, sc=parseInt(prompt("请输入你的成绩:",""));
result = (sc<0 || sc>100 ) ? "分数无效":
sc>=90? "优":
```

```
sc>=80? "良":
sc>=70? "中":
sc>=60? "及格":"不及格";
alert("你输入的成绩是:"+sc +"  等级是:" +result);
</script>
</head>
<body>
</body>
</html>
```

总结:

(1)三目运算符的执行效率比 if…else 的效率高。

(2)三目运算符有返回值,可以给变量赋值。

(3)三目运算符主要应用于表达式,也可以用于语句块,但用于语句块时没有返回值。

(4)三目运算符精简了代码,同时可读性会降低,对读代码的人要求会高些,最好的办法就是写注释。

(5)追求代码简练,用三目运算符;追求代码清晰,用 if…else。一般情况下,表达式不是很长时,建议使用三目运算符,代码既简洁又很清晰。

任务 2.3 设计猜数字游戏

任务描述

程序运行时随机生成一个 1～90 的整数,然后让玩家猜该数。若玩家猜对该数,游戏则结束;若玩家猜得不对,则告知玩家,数字猜大了还是小了;并提示玩家是否继续游戏,玩家单击"确定"按钮则继续游戏,否则退出游戏。

任务分析

(1)程序运行时随机生成一个 1～90 的整数。

(2)提示用户输入一个数字。

(3)用户输入的数字与随机数比较是否相等,若不相等,提示用户是否继续猜。直到用户单击"取消"按钮,退出游戏。

知识梳理

默认情况下,JavaScript 解释器依照语句的编写顺序依次执行。而 JavaScript 中的很多语句可以改变语句的默认执行顺序,如条件语句、循环语句和跳转语句。

JavaScript 有 4 种循环语句,即 while、do…while、for、for in,它们的工作原理几乎一样:只

要给定条件仍能得到满足,包含在循环语句里的代码就将重复地执行下去;一旦给定条件的求值结果不再是 true,循环也就到此为止。

2.3.1 while 循环

while 循环由两个代码块组成,分别是条件语句和循环体。

语法格式:

```
while (条件) {
//循环体
}
```

while 循环首先判断条件,根据判断结果决定是否执行循环体。while 循环将不断地执行循环体直到条件值为 false 为止。

例 2-7 输出 0～9,每行输出一个数字。

```
<script>
var i=0;
while ( i<10 ) {
document.write(i+"<br>");//这里的代码将执行 10 次
i++;  // i 加 1
}
</script>
```

2.3.2 do…while 循环

do…while 循环是与 while 循环类似的,不同的是 do…while 循环在判断条件之前先执行循环体,也就是说至少会执行一次循环体。

语法格式:

```
do {
//循环体
} while (条件)
```

2.3.3 for 循环

一个 for 循环由四个代码块组成,分别是初始化语句、条件语句、迭代语句和循环体。

for 循环的语法格式:

```
for (初始化语句; 条件语句; 迭代语句){
  //循环体;
}
```

说明:

初始化语句用于初始化参数,设置循环初始值,在循环执行前执行并且只执行一次;条件语句用于设置循环是否终止的条件,每次循环之前先执行条件语句,若条件满足则继续执行循环语句,否则退出循环;迭代语句用于改变循环变量。3 个表达式之间用分号隔开。循环体是每次循环都要执行的代码块,里面可以包含多行代码和数据,所有的循环体代码需要写在{}中。

例 2-8 用 for 循环实现例 2-7。

参考代码:

```
<script>
for ( var i=0; i<10; i++) {
document.write(i+"<br>");//这里的代码将执行 10 次
}
</script>
```

2.3.4 for…in 循环

for…in 语句是一种特殊的循环语句，用于遍历一个对象的所有属性(或子对象)，对于每一个属性，循环体内的语句被执行一次。

for…in 循环的效果与 for 循环的效果类似，它可以更方便地对未知的循环次数进行循环操作。

for…in 循环的语法格式：

```
for(变量  in 属性集合)
{
//语句集；
}
```

对于对象属性集合中的每一个属性，执行一次循环体。

2.3.5 循环控制语句

如果循环中条件表达式永远为 true，就是无限循环，称为死循环。为了避免死循环，JavaScript 提供了两个循环控制语句：break 和 continue。

1. break 语句

在循环中可以使用 break 语句跳出循环。

2. continue 语句

在循环中使用 continue 语句可以结束当前循环而直接进入下一次的循环。

本任务中要用到 Math. random()，它是用来生成随机数的，返回大于等于 0 小于 1 的一个随机数。

例如，要产生 1～10 的随机整数：

```
var rand1 =Math.floor( Math.random() *10 +1);
```

说明：
Math. floor(n)返回小于等于 n 的最大整数，用于向下取整。

例 2-9 输出 5 个 1～10 的随机整数。

参考代码：

```
<script>
for ( var i=0; i<5; i++) {
var rand1 =Math.floor(Math.random() *10 +1);
document.write( rand1 +"<br>");
}
</script>
```

运行程序，每次刷新页面，页面中显示的 5 个数是不一样的。

例 2-10 用 for 循环语句打出九九乘法表。

九九乘法表有 9 行，每一行有不同的列，可用循环嵌套来实现。外层循环控制行数，每次循环都要换行，内层循环控制列数，并输出相应的表达式。

参考代码：

```
<!DOCTYPE html>
<html>
<head>
<meta charset="utf-8">
<title> 九九乘法表</title>
<script >
for(var i=1;i<10 ;i++){
  for(var j=1;j<=i;j++){
   document.write(i+"*"+j+"=" +(i*j) +"  ");
}
document.write("<br>")
}
</script>
</head>
<body>
</body>
</html>
```

程序运行效果如图 2-10 所示。

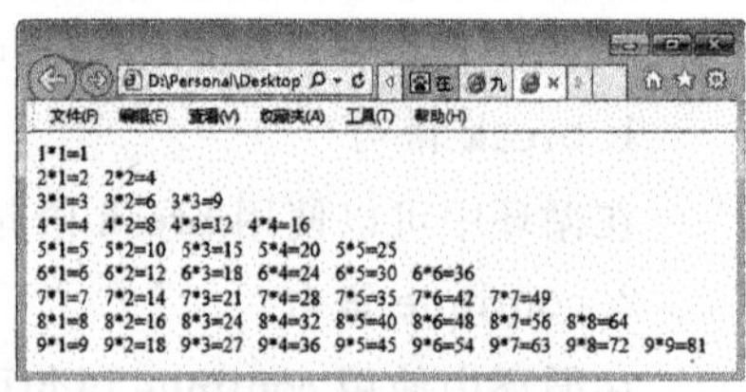

图 2-10　九九乘法表

2.3.6　任务实现

参考代码：

```
<!DOCTYPE html>
<html>
<head>
<meta charset="utf-8">
<title>猜数游戏</title>
<script >
var num =Math.floor(Math.random()*90+1);   //产生 1~90 的随机整数
var flag=false;
do{
  var guess =parseInt(prompt("猜数游戏\n 请输入 1~90 之间的整数:",""));
  if(guess >num){
     flag =confirm("你猜的数字大了,是否继续游戏?");
}
else if(guess <num){
flag =confirm("你猜的数字小了,是否继续游戏?");
}
else {
```

```
        alert("恭喜你,猜对了,幸运数字是:"+num);
       break;}
    }while(flag);
    </script>
    </head>
    <body>
    </body>
    </html>
```

2.3.7 能力提升:记录用户猜数的次数

要求:对任务 2.3 进行改进,当用户猜中时,记录用户猜了多少次。

任务 2.3 中使用了 if 嵌套,可以用三目运算符重新实现本次任务。

参考代码:

```
<script>
var num =Math.floor(Math.random()*90+1);   //产生 1～90 的随机整数
var i=0,flag=false;
do{
  i++;//计数
  var guess =parseInt(prompt("猜数游戏\n 请输入 1～90 的整数:",""));
  flag = (guess>num)? confirm("你猜的数字大了,是否继续游戏?"):
     (guess<num)? confirm("你猜的数字小了,是否继续游戏?"):
alert("猜对了。共猜了 "+i+" 次,幸运数字是:"+num);
}while(flag);
</script>
```

任务 2.4 设计简易计算器

任务描述

在页面中实现简易计算器,用户在页面中输入第一个数和第二个数,单击相应操作符将操作结果显示在计算结果文本框中,如图 2-11 所示。

图 2-11 简易计算器

任务分析

(1)设计静态页面。
(2)获取文本框的值,运用函数进行运算。
(3)将运算结果输出。

知识梳理

JavaScript 中的函数是语句的集合,代码块中的语句作为一个整体被引用和执行。无论有名或无名(匿名),都可以在 JavaScript 程序中的任何位置调用它。函数可以接受参数,即传递给函数的输入值。在函数内,可以操作传递给函数的那些参数,如果要返回结果,通过 return 返回给函数的调用者,也可以不返回任何值。

JavaScript 中的函数有两种,一种是系统自带的函数,另一种是用户自定义的函数。

2.4.1 自定义函数

1.函数的定义

函数定义也称为函数声明。在使用函数之前,必须先定义函数,即先定义后使用。

定义函数的语法格式:

```
function 函数名 ( 参数 ){
//JavaScript 语句
}
```

函数名是调用函数时引用的名称,参数是调用函数时接收传入数值的变量名。大括号中的语句是函数的执行语句,当函数被调用时执行。

如果需要函数返回值,可以使用 return 语句,需要返回的值应放在 return 之后。

函数可以带多个参数,如参数 1,参数 2,…。例如:

```
function abc(x,y){
        return x+y;  //返回两个参数的和
}
```

2.函数的调用

定义一个函数后,该函数并不会自动执行。定义了函数仅仅是赋予函数以名称并明确函数被调用时该做些什么。调用函数才会以给定的参数真正执行这些动作。

函数调用就是声明函数后,直接用函数名进行调用即可。例如,一旦定义了函数 abc,就可以这样调用它:

```
var a =abc(4,6);  //调用函数, a=10
```

3.匿名函数

匿名函数就是没有实际名字的函数。如何去调用一个没有名字的函数?

要调用一个函数,必须要有方法定位它、引用它,所以需要帮它找一个名字。例如:

```
var abc= function(x,y){
  return x+y;
}
alert(abc(2,3)); // "5"
```

这其实就等于换个方式去定义函数,也称为函数表达式。

例 2-11 用匿名函数实现计算一个数的平方。

首先定义匿名函数：

```
var show=function (){
count=prompt('请输一个数:','')
alert( count +"的平方: "+count *count);
}
```

其次是调用匿名函数，在本例中使用按钮的单击事件来调用：

```
<input type="button"  id="btn" value="计算一个数的平方" onclick="show()"/>
```

参考代码：

```
<!DOCTYPE >
<html>
<head>
<meta charset="utf-8" />
<title> 算一个数的平方</title>
<script>
var show=function (){
count=prompt('请输一个数:','')
alert( count +"的平方: "+count *count);
}
</script>
</head>
<body>
<input type="button"  id="btn" value="计算一个数的平方" onclick="show()"/>
</body>
</html>
```

在后续的学习中，可能会经常用到匿名函数，本例是在标签里定义事件调用，可以称之为行内调用，但这不符合 Web 标准的要求，下面用另外一种方法来实现。

例 2-12 用匿名函数实现计算一个数的平方。

参考代码：

```
<!DOCTYPE >
<html >
<head>
<meta  charset="utf-8" />
<title> 匿名函数</title>
<script>
window.onload=function(){
document.getElementById("btn").onclick=function(){
    var count=prompt("请输一个数:","")
    alert( count+"的平方: "+count*count);
}
}
</script>
</head>
<body>
<input type="button"  id="btn" value="计算一个数的平方"/>
</body>
</html>
```

此例中，按钮标签中并没有任何与函数有关的设置，但是该按钮能调用匿名函数。

说明：

window. onload：window. onload 是一个事件，当文档加载完成之后就会触发该事件，可以为此事件注册事件处理函数，并将要执行的脚本代码放在事件处理函数中。

window. onload=function(){…}：定义匿名函数，当文档加载完成之后自动调用该匿名函数。

document. getElementById("btn")：表示通过元素的 id 获取元素，访问到 id="btn"的按钮元素。

document. getElementById("btn"). onclick=function(){…}：表示为 id="btn"按钮元素绑定单击事件(onClick)，该单击事件调用等号后的匿名函数。

4. 函数的递归

函数可以被递归，就是说函数可以调用其自身。

例 2-13 使用函数的递归计算 4 的阶乘。

首先定义一个简单的阶乘函数，函数里面含有递归调用。

再用 alert(fact(4))输出计算 4 的阶乘的结果。

参考代码：

```
<!DOCTYPE html>
<html>
<head>
<meta charset="utf-8">
<title> 函数的递归</title>
<script>
function fact(n){  //定义一个简单的计算阶乘的函数
  if((n==0)||(n==1))  //0 和 1 的阶乘都是 1
    return 1;
  else
    return (n*fact(n-1));//递归调用
}
alert(fact(4)); //计算 4 的阶乘，输出 24
</script>
</head>
<body>
</body>
</html>
```

2.4.2 eval()函数

eval()函数是系统自带的函数，计算 JavaScript 字符串，并把它作为脚本代码来执行。如果参数是一个表达式，eval()函数将执行表达式，求该表达式的值。如果参数是 JavaScript 语句，eval()将执行 JavaScript 语句。如：

```
a=eval("2+3");
```

则 a 的值为 5。

2.4.3 任务实现

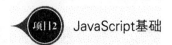

(1)设计静态页面,通过按钮的单击事件传递操作符参数。

参考代码:

```
<!DOCTYPE html >
<html >
<head>
<meta charset="utf-8" />
<title> 简易计算器</title>
<style>
table{
margin:0 auto;
border:1 outset;
background-color:#CCC}
.inputClass{
width:180px;
height:20px;
}
.right{
text-align:right;;}
input:focus{
background:#fcc;
}
</style>
</head>
<body>
<table width="277" height="147" >
  <tr>
    <td colspan="4" align="center"><h3>简易计算器</h3></td>
  </tr>
  <tr>
    <td width="77" class="right"> 第一个数</td>
    <td colspan="3"><input  id="txtNum1" class="inputClass" type="text"/> </td>
  </tr>
  <tr>
    <td class="right"> 第二个数</td>
    <td colspan="3"><input id="txtNum2"  class="inputClass" type="text"/></td>
  </tr>
  <tr>
    <td class="right"><input  type="button" id="+" value="+" onclick="cal('+')" ></
td>
    <td width= "59" ><input  type="button" id="-" value="一" onclick="cal('-')" />
</td>
    <td width="59" ><input  type="button" id="*" value="×" onclick="cal('*')" />
</td>
```

```
        <td width="59"  ><input  type="button" id="/" value="÷" onclick="cal('/')" />
</td>
      </tr>
      <tr>
        <td class="right">计算结果</td>
        <td colspan="3"><input type="text"  id="txtResult"  class="inputClass"
readonly/></td>
      </tr>
    </table>
    </body>
    </html>
```

(2)自定义函数。

在自定义函数中,要根据用户选择不同的运算符进行运算。通常的做法是利用分支结构进行操作。函数调用通过单击事件实现。

(3)将运算结果输出。

参考代码:

```
<script>
function cal(obj){  //obj 为形式参数,它代表运算符号
var reObj=document.getElementById("txtResult");
var num1,num2,result;
num1 =parseFloat(document.getElementById("txtNum1").value);
num2 =parseFloat(document.getElementById("txtNum2").value);
switch(obj){
case "+":
result=num1+num2;
break;
case "-":
result=num1-num2;
break;
case "*":
result=num1*num2;
break;
case "/":
result=(num2!=0) ? num1 / num2 :"无穷大";
break;
}
   reObj.value=result;
}
</script>
```

2.4.4 能力提升:优化计算器

优化要求:

(1)输出时,计算式和结果一起输出。

(2)用 switch 进行处理比较烦琐,进行改进。

(3)改进行内调用方式(即不使用标签内的 onClick),使用匿名函数实现。

(4)对用户输入的错误数据进行处理。

分析：

静态部分只需要修改按钮标签，去掉 onClick 事件，加上 name 属性，其值都一样即“btn”，便于获取四个按钮，给四个按钮绑定 onClick 事件。

下面是四个按钮所在的行的 HTML 结构：

```
<tr>
    <td class="right"><input type="button" name="btn" id="+" value="+">
</td>
    <td width="59"><input type="button" name="btn" id="-" value="-"/>
</td>
    <td width="59"><input type="button" name="btn" id="*" value="×" />
</td>
    <td width="59"><input type="button" name="btn" id="/" value="÷"/>
</td>
  </tr>
```

1.计算式和结果一起输出

```
reObj.value=num1+this.id+num2+"="+result
```

说明：

num1 和 num2 是用户输入的两个数。

this.id 表示取按钮的 id 值，作为操作符进行计算。因为这是四个按钮的通用函数，因此，不能具体地写成某个具体操作符。具体操作的操作符由标签的 id 值提供。

result：计算结果。

2.不用分支结构处理，改用 eval()实现计算

原代码中 switch 语句块，可以用下面的一行代码来替换：

```
eval(num1+this.id+num2);
```

说明：

eval()：计算表达式 num1＋this.id＋num2 的值。

3.使用匿名函数实现

window.onload＝function(){…}：当文档加载完成之后调用匿名函数。

var btns＝document.getElementsByName("btn")：通过标签的 name 属性获取 name＝"btn"的四个按钮(结果是一集合)，并赋值给 btns，然后用循环给四个按钮绑定 onClick 事件。

4.对用户输入的错误数据进行处理

(num2＝＝0 && this.id＝＝"/") ? "无穷大" : eval(num1＋this.id＋num2)：这是三目运算，当用户输入的第二个数是 0，并且用户单击了“÷”号，即除数为 0，返回值为“无穷大”，否则，返回表达式 eval(num1＋this.id＋num2)的值。

reObj.value＝(isNaN(num1)‖isNaN(num2))?"数据有误"：num1＋this.id＋num2＋"＝"＋result：用于判断用户输入的两个数是否有误，若输入有误，则 parseFloat 函数返回“NaN”。isNaN 用于判断是否返回“NaN”，若是，则报错；否则，返回正常结果。

参考代码：

```
<!DOCTYPE html >
<html >
<head>
```

```
<meta charset="utf-8"/>
<title> 简易计算器</title>
<style>
table{
margin:0 auto;
border:1 outset;
background-color:#CCC}
.inputClass{
width:180px;
height:20px;
}
.right{
text-align:right;;}
input:focus{
background:#fcc;
}
</style>
<script>
window.onload=function(){
var reObj=document.getElementById("txtResult");
var num1,num2,result;
var btns=document.getElementsByName("btn");
for (var i=0;i<btn.length;i++){
btns[i].onclick=function(){
num1 =parseFloat(document.getElementById("txtNum1").value);
num2 =parseFloat(document.getElementById("txtNum2").value);
result=(num2==0 && this.id=="/") ? "无穷大" : eval(num1+this.id+num2);
    reObj.value=(isNaN(num1) || isNaN(num2)) ? "数据有误": num1+this.id+num2+"="+
result;
        }
}
}
</script>
</head>
<body>
<table width="277" height="147" >
  <tr>
    <td colspan="4" align="center"><h3>简易计算器</h3></td>
  </tr>
  <tr>
    <td width="77" class="right">第一个数</td>
    <td colspan="3"><input  id="txtNum1" class= "inputClass" type="text"/></td>
  </tr>
  <tr>
    <td class="right">第二个数</td>
    <td colspan="3"><input id="txtNum2"  class="inputClass" type="text"/></td>
```

```
        </tr>
        <tr>
          <td class="right"><input type="button" name="btn" id="+" value="+">
</td>
          <td width="59" ><input   type="button" name="btn"   id="-" value="-"/>
</td>
          <td width="59" ><input   type="button" name="btn"   id="*" value="×"/>
</td>
          <td width="59"   ><input   type="button" name="btn"  id="/" value="÷"/>
</td>
        </tr>
        <tr>
          <td class="right">计算结果</td>
          <td colspan="3"><input type="text"  id="txtResult"   class="inputClass"
readonly/></td>
        </tr>
      </table>
      </body>
      </html>
```

优化后，代码更简洁，功能更完善。

总　　结

本项目通过实例介绍了 JavaScript 变量的使用、JavaScript 中常见的数据类型。JavaScript 的条件语句和循环语句、函数的定义与调用。它是一种动态、弱类型、基于原型的语言。主要内容有：

（1）使用关键字 var 声明变量，JavaScript 是弱类型语言，声明变量时不需要指定变量类型。

（2）JavaScript 常用的数据类型主要包括 string（字符串类型）、number（数值类型）、Boolean（布尔类型）、undefined（未定义类型）、null（空类型）和 object（对象类型）。

（3）条件语句有 if 语句和 switch 语句。

（4）循环语句有 for 语句、while 语句、do…while 语句和 for…in 语句，跳出循环语句有 break 和 continue 语句。break 是跳出整个循环，continue 是跳出单次循环。

（5）函数分为系统函数和自定义函数。

实　　训

实训 2.1　输入两个数，输出加、减、乘、除运算结果

实训目的：

（1）熟悉 JavaScript 基本语句。

（2）掌握 prompt()、parseFloat()的用法。

（3）掌握“+”号的用法。

实训要求：

用户输入两个数，输出加、减、乘、除运算结果，如图 2-12 所示。

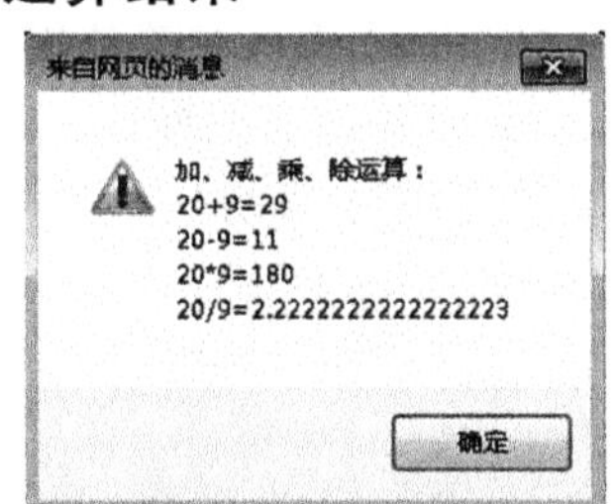

图2-12　输出加、减、乘、除运算结果

实现思路：

(1)通过 prompt()输入数据。

(2)通过 parseFloat()转换成数。

参考代码(部分)：

```
<script>
var x,y,a,b,z="加、减、乘、除运算:\n";
x=prompt("输入第一个数",0);  //prompt返回输入的字符串
y=prompt("输入第二个数",0);
a=parseFloat(x);//类型转换
b=parseFloat(y);
z +=x+"+"+y +"="+ (a+b)+"\n"; //注意+的用法
z +=x+"-"+y +"="+ (a-b)+"\n"; //\n:换行
z +=x+"*"+y +"="+ (a*b)+"\n";
z +=x+"/"+y +"="+ (a/b);
alert(z);
</script>
```

实训 2.2　判断文本框是否为空

实训目的：

(1)熟悉 JavaScript 基本语句。

(2)掌握 confirm()的用法。

(3)掌握 if 的用法。

(4)学会使用 document. getElementById()。

实训要求：

如图 2-13 所示，有一个文本框和一个按钮，判断文本框是否为空，并弹出提示信息。如果不为空，提示用户是否清空文本框，如图 2-14 所示。

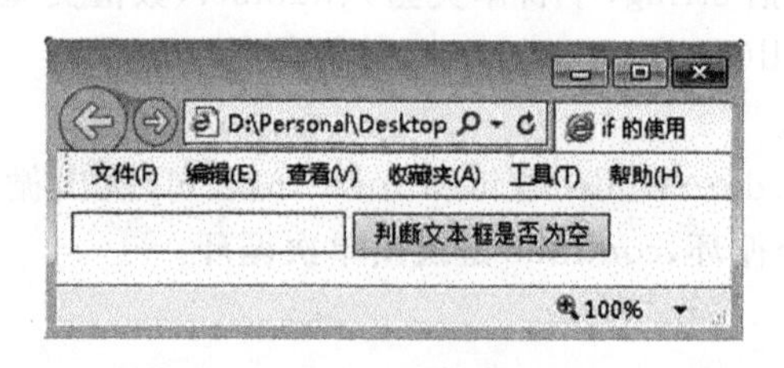

图 2-13　初始状态

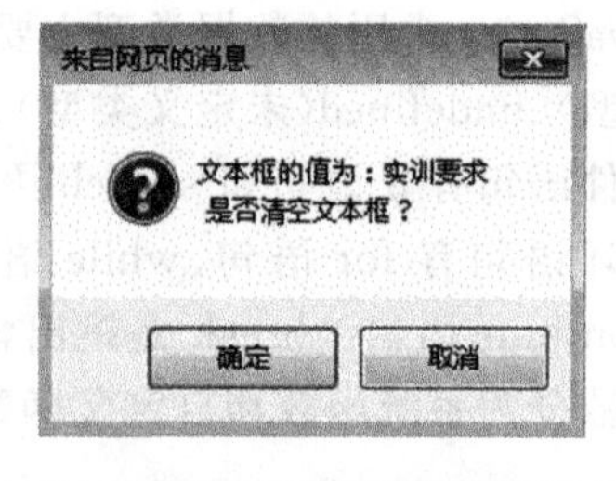

图 2-14　提示信息

实现思路：

(1)用 document. getElementById()获取文本框。

(2)用 confirm()确认用户的选择。

(3)用 if 进行判断。

参考代码(部分)：

```
<script >
function isnull()
{
var flag,reObj=document.getElementById("text1");
if(reObj.value=="") {
```

```
    alert("文本框为空")
    }
    else {
     flag=confirm("文本框的值为:"+reObj.value+"\n 是否清空文本框?");
if (flag) {reObj.value="";}
}
}
</script>
</head>
<body>
<input type="text" name="text1" id="text1"/>
<input type="button"  value="判断文本框是否为空" onClick="isnull()"/>
</body>
```

实训 2.3　输出三角形

实训目的：

掌握循环语句的用法。

实训要求：

如图 2-15 所示，输出由 * 组成的三角形，三角形中的行数由用户输入。

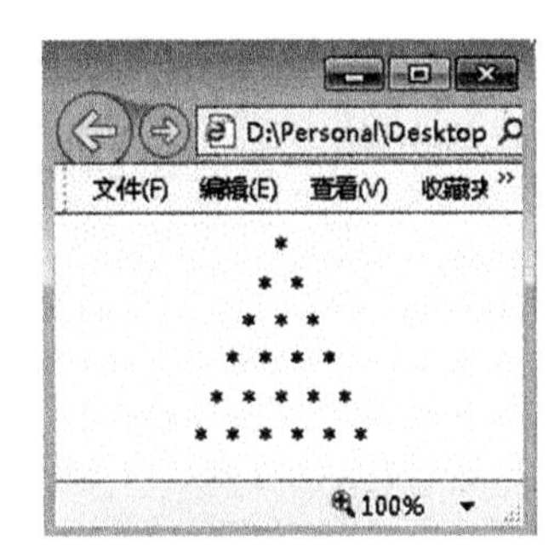

图 2-15　输出三角形

实现思路：

(1)prompt()用于输入行数。

(2)用两层循环实现，里层控制每行中 * 的个数，外层控制行数。

参考代码(部分)：

```
<script >
document.write("<center>");
var t=prompt("请输入一个整数","5");
for(var n=1;n<=t;n++){
for(var h=0;h<n;h++){
document.write("*   ");
}
document.write("<br/>");
}
document.write("</center>");
</script>
```

实训 2.4　制作简易计算器

实训目的：

(1)学会设计简易计算器。

(2)掌握 eval()的用法。

实训要求：

如图 2-16 所示，用户输入简单的计算式，单击“计算”按钮，输出结果。

图 2-16　简易计算器

实现思路：

(1)设计静态页面。

(2)用 eval()计算结果。

参考代码：

```
<!DOCTYPE html >
<html >
<head>
<meta charset="utf-8" />
<title> 简易计算器</title>
<style>
table{
  margin:0 auto;
  border:1 outset;
  background-color:#CCC}
.inputClass{
  width:180px;
  height:20px;
}
td{text-align:center;;}
input:focus{background:#fcc;}
</style>
<script>
function cal(){
var reObj=document.getElementById("txtResult");
var num1,num2,result;
num =document.getElementById("txtNum1").value;
result=eval(num);
reObj.value=num+"="+result;
   }
</script>
</head>
<body>
<table width="277" height="192" >
  <tr><td ><h3> 简易计算器</h3></td></tr>
  <tr><td > 请输入计算表达式</td></tr>
  <tr>
    <td><input  id="txtNum1" class="inputClass" type="text"/></td></tr>
  <tr>
    <td ><input type="button" name="btn"  value="计  算" onClick="cal()"/ ></td>
  </tr>
  <tr>
    <td >结果<input type="text"  id="txtResult"  class="inputClass" readonly/> </td>
  </tr>
</table>
</body>
</html>
```

练　习

一、选择题

1. 下列 JavaScript 的判断语句中(　　)是正确的。

A. if(i==0)　　B. if(i=0)　　C. if i==0 then　　D. if i=0 then

2. 下列语句中,(　　)语句是根据表达式的值进行匹配,然后执行其中的一个语句，如果找不到匹配项,则执行默认的语句块。

A. if…else　　B. switch　　C. for　　D. 字符串运算符

3. JavaScript 的表达式 parseInt("8")+parseFloat("8")的结果是(　　)。

A. 8+8　　B. 88　　C. 16　　D. "8"+'8'

4. 以下(　　)变量名是非法的。

A. numb_1　　B. 2numb　　C. sum　　D. de2 $ f

5. 在 JavaScript 中,运行下面代码后的返回值是(　　)。

```
var flag =true;
document.write(typeOf(flag));
```

A. undefined　　B. null　　C. number　　D. boolean

6. 下列 JavaScript 的循环语句中(　　)是正确的。

A. if(i<10;i++)　　B. for(i=0;i<10)

C. for i=1 to 10　　D. for(i=0;i<=10;i++)

7. 在 JavaScript 中,运行下面的代码后,sum 的值是(　　)。

```
var sum =0; for(i=1;i<10; i++){ if(i%5==0) break;
sum =sum +i;
```

A. 40　　B. 50　　C. 5　　D. 10

8. 下列 JavaScript 语句中,(　　)能实现单击一个按钮时弹出一个消息框。

A. <button value ="鼠标响应" onClick==alert("确定")></button>

B. <input type="button" value ="鼠标响应" onClick=alert("确定")>

C. <input type="button" value="鼠标响应" onChange=alert("确定")

D. < button value ="鼠标响应" onChange=alert("确定")></button>

9. 分析下面的 JavaScript 代码,m 的值为(　　)。

```
x=11;
y ="number"; m =x +y ;
```

A. 11number　　B. number　　C. 11　　D. 程序报错

10. 求一个表达式的值,可以使用的函数有(　　)。

A. eval()　　B. isNaN()　　C. parseInt()　　D. parseFloat()

二、操作题

1. 使用 JavaScript 脚本在页面上输出一个正方形,要求如下:

(1)使用 prompt()方法输入正方形的行数。

(2)无论输入的正方形行数是否大于 10,输出的正方形行数最多为 10。

2. 用户输入 1~7 的数,输出对应的星期。

项目3 JavaScript中的对象

学习目标

◇ 掌握简单数据对象：String、Boolean
◇ 掌握组合对象：Date、Math、Array
◇ 掌握复杂对象：Function、RegExp
◇ 掌握 window 对象和 document 对象的常用方法

JavaScript 是一种基于对象的语言，对象是 JavaScript 中最重要的元素，它包含多种对象：内置对象、浏览器对象、自定义对象、HTML DOM 对象、ActiveX。

本项目主要介绍最常用的内置对象和浏览器对象等。

任务 3.1 设计显示客户端当前日期

任务描述

在页面中显示客户端系统日期，效果如图 3-1 所示。

图 3-1 显示客户端系统日期

任务分析

在页面中显示系统日期，由于涉及日期的显示问题，所以要用到日期对象 Date。可以采用以下步骤：

(1)完成静态页面设计，标识要显示系统日期的位置。

(2)定义函数，使用日期对象，获取客户端系统时间。

(3)在相应的位置输出日期数据。

知识梳理

3.1.1 对象的定义

对象是客观实体的抽象表示，是由描述对象的属性数据和对这些数据进行的操作行为两部分组成的。因此，对象具有两个特征：属性和行为。属性是描述对象的一些静态特征，行为是指对象表现出来的动态特征。

例如，一个学生的属性包括学号、专业、姓名、性别等，学生的行为包括上课、休息、课外活动等。

对象是一种复合数据类型，可以将许多数据集中于一个单元中。对象通过属性来获取数据集内的数据；通过调用对象的方法，就可以对对象进行各种操作。

例如，document 对象的 bgColor 属性用于描述文档的背景颜色，而使用 document 对象的 write 方法可以在文档中写特定内容。

3.1.2 对象的创建和删除

JavaScript 创建对象的方法有多种，重点介绍内置对象的创建方法。

1. 创建对象

创建对象的语法格式为：

```
var 对象变量名=new 对象名( );
```

表示以 new 运算符调用对象构造函数来创建一个对象。当构造函数不需要传递参数时，小括号可以省略。

例如，要创建一个日期对象：

```
var myDate =new Date( );
```

例如，要创建一个带参数的日期对象：

```
var myDate =new Date("2017/07/07") ;
```

2. 删除对象

把对象的所有引用设置为 null，可以强制性地删除对象。删除对象的语法格式为：

```
var obj=new Object( ) ;
obj =null;
```

例如，要删除一个日期对象 myDate：

```
myDate =null;
```

3.1.3 对象的属性和方法

JavaScript 中的对象是由属性和方法两个基本元素构成的，每个属性或方法都对应着一个属性值或参数值。

1. JavaScript 中定义对象属性和属性值

语法格式：

```
{
属性名 1 : 属性值,
属性名 2 : 属性值,
……
属性名 n : 属性值,
}
```

2. 访问属性和方法

无论是函数还是变量，作为对象的属性和方法都可以通过“.”号进行访问。如果对象的属性仍然是一个对象，那可以通过重复使用“.”号来进行连续访问，例如：

```
window.document.bgColor //表示对象 window 的 document 属性(对象)的 bgColor 属性
window.open() // 表示对象 window 的打开新窗口方法
```

3.1.4 JavaScript 中的对象

JavaScript 中的对象主要有三类：JavaScript 核心对象、浏览器对象和 HTML DOM 对象。

1. JavaScript 核心对象

JavaScript 核心对象是 ECMAScript 标准定义好的一些对象与函数，在 JavaScript 语言中可以直接使用。主要的常用核心对象有 Date, Array, Math, String, RegExp, Number, Boolean 等。

2. 浏览器对象

浏览器对象是独立于内容而与浏览器窗口进行交互的对象。它使 JavaScript 有能力与浏览器“对话”。

浏览器对象主要有 window，document，navigator，screen，history，location。所有浏览器都支持 window 对象，它表示浏览器窗口。

3. HTML DOM 对象

HTML DOM(document object model) 定义了用于 HTML 的一系列标准的对象，以及访问和处理 HTML 文档的标准方法。在 HTML DOM 中，每一个元素都是对象。它把 HTML 文档呈现为带有元素、属性和文本的树结构。通过 DOM，可以访问所有的 HTML 元素，连同它们所包含的文本和属性。可以对其中的内容进行修改和删除，同时也可以创建新的元素。

3.1.5 Date 对象

Date 对象是操作日期和时间的对象。Date 对象对日期和时间主要通过方法进行操作。所有主流浏览器均支持该对象。

1. Date 对象的创建

Date 对象返回当前的本地日期和时间。Date 对象创建的语法格式为：

```
new Date();
```

例如：

```
var myDate =new Date();
alert(myDate);
```

alert 函数将弹出警告消息框，内容是当前的本地日期和时间，如图 3-2 所示。

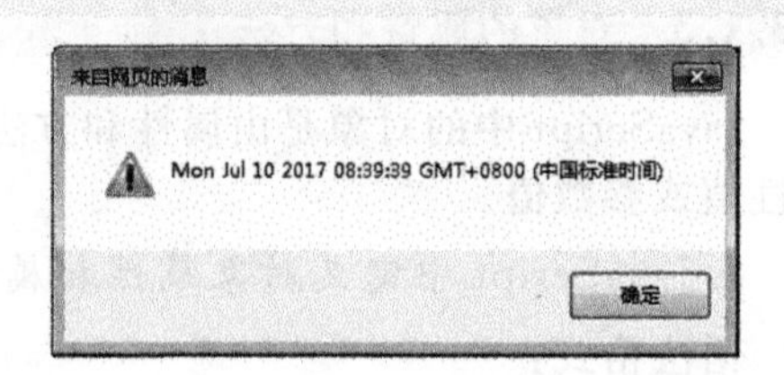

图 3-2　Date 对象返回当前的本地日期和时间

2. Date 对象的常用方法

Date 对象创建后，就可以调用它的方法。Date 对象的常用方法如表 3-1 所示。

表 3-1　Date 对象的常用方法

方　法	描　述
getFullYear( )	返回 Date 对象“年份”的实际数值，4 位年份

续表

方　法	描　述
getMonth( )	返回 Date 对象"月份"的数值(0 ～ 11)
getDate( )	返回 Date 对象"日期"的数值(1 ～ 31)
getDay( )	返回 Date 对象"星期"的数值(0 ～ 6)
getHours( )	返回 Date 对象"小时"的数值(0 ～ 23)
getMinutes( )	返回 Date 对象"分钟"的数值(0 ～ 59)
getSeconds( )	返回 Date 对象"秒"的数值(0 ～ 59)
getMilliseconds( )	返回 Date 对象"毫秒"的数值(0 ～ 999)
getTime()	返回从 1970 年 1 月 1 日至今的毫秒数
toLocaleString()	基于本地时间格式,返回 Date 对象的字符串形式

例 3-1 使用 getFullYear() 获取年份。

```
<!DOCTYPE html>
<html>
<head>
<meta charset="utf-8">
</head>
<body>
<script>
var d =new Date();
yy=d.getFullYear();
alert("今年是:"yy);
</script>
</body>
</html>
```

预览程序,结果如图 3-3 所示。

图 3-3　输出年份

例 3-2 使用 getDay()来显示星期,而不仅仅是数字。

```
<!DOCTYPE html>
<html >
<head>
<meta charset="utf-8">
</head>
<body>
<script>
var week;
var d =new Date();
var ww=d.getDay();
```

```
if (ww==0) week="星期日";
if (ww==1) week="星期一";
if (ww==2) week="星期二";
if (ww==3) week="星期三";
if (ww==4) week="星期四";
if (ww==5) week="星期五";
if (ww==6) week="星期六";
alert("今天是 "+ week);
</script>
</body>
</html>
```

预览程序，结果如图 3-4 所示。

图 3-4　输出星期

3.1.6　定时器函数

定时器用以指定在一段特定的时间后执行某段程序。JavaScript 定时器有两个方法：setTimeout()和 setInterval()。

1. setTimeout()

setTimeout()也叫倒计时定时器，在指定的毫秒数后调用函数或计算表达式。其语法格式为：

```
var timer=setTimeout("调用的函数名",等待的毫秒数);
```

第一个参数“调用的函数名”是定时器触发时要执行的动作，可以是一个函数。第二个参数“等待的毫秒数”则是间隔的时间，以毫秒为单位，如“5000”，表示 5 秒钟。

使用 clearTimeout()方法可以清除由 setTimeout()创建的定时器。

2. setInterval()

setInterval()也叫循环定时器，按照指定的周期（以毫秒计）来调用函数或计算表达式。其语法格式为：

```
var timer=setInterval("调用的函数名",周期);
```

循环定时器 setInterval( )会不停地调用函数，直到浏览器窗口关闭，或者用 clearInterval(timer)清除定时器。

例 3-3　定时器的使用。

```
<!DOCTYPE html >
<html>
<head>
<meta charset="utf-8" />
<title> 定时器</title>
<script type="text/javascript">
//循环执行，每隔 3 秒钟执行一次 show1()
```

```
var i=1;
var timer =setInterval("show1()",3000);
function show1()
{
alert("setInterval() 循环次数：" +i );
if (i++==5) clearInterval(timer); //清除定时器,终止循环
}
//定时执行,1 秒钟后执行 show2()
setTimeout("show2()",1000);
function show2()
{
alert("setTimeout() 仅执行一次");
}
</script>
</head>
<body>
</body>
</html>
```

3.1.7 任务实现

(1)设计页面的静态部分。

(2)添加脚本代码。

参考代码如下：

```
<! DOCTYPE html >
<html >
<head>
<meta charset="utf-8" />
<title> 显示客户端当前日期</title>
<style>
td{
color: #008040;
font-weight: bolder;
}
</style>
<script>
today =new Date;
var mon=today.getMonth()+1;
var bsDate=today.getFullYear()+"年"+mon+"月" ;
var bsweek=""
var ww=today.getDay();
if (ww==0) bsweek="<font color='red'> 星期日</font>";
if (ww==1) bsweek="星期一";
if (ww==2) bsweek="星期二";
if (ww==3) bsweek="星期三";
if (ww==4) bsweek="星期四";
if (ww==5) bsweek="星期五";
if (ww==6) bsweek="<font color='red'> 星期六</font>";
</script>
</head>
<body>
<table width='118'  height='158' border='1' align="center" cellspacing='3'>
```

```
    <tr>
    <td align='center'>
    <font size='3'><script>document.write(bsDate)</script></font><br><br>
    <font  size='8'><script>document.write(today.getDate())</script></font><br>
<br>
    <font  size='3'><script>document.write(bsweek)</script></font>
    </td>
    </tr>
    </table>
    </body>
    </html>
```

3.1.8 能力提升:仿京东秒杀倒计时

1. setTimeout()和 setInterval()

1)两者的语法格式相同

它们都有两个参数,一个是将要执行的代码字符串,还有一个是以毫秒为单位的时间间隔,当过了那个时间段之后就执行那段代码。

setInterval()和 setTimeout()都返回定时器对象标识符,分别用于 clearInterval()和 clearTimeout()调用。

2)两者的主要区别

setTimeout()只运行一次,也就是说,设定的时间到后就触发运行指定代码,运行完后即结束。setInterval()是循环运行的,即每到设定时间间隔就触发指定代码。这是真正的定时器。setInterval()使用简单,而 setTimeout()则比较灵活,可以随时退出循环,而且可以设置为按不固定的时间间隔来运行,比如第一次 1 秒,第二次 2 秒,第三次 3 秒……

比如:

```
    setInterval("PerRefresh()", 5000);
    function PerRefresh() {
     var today =new Date();
     alert("The time is: " + today.toString());
        }
```

一旦调用了 setInterval("PerRefresh()", 5000),那么就会每隔 5 秒钟显示一次时间。

而下面的代码段,一旦调用了 setTimeout("PerRefresh()", 5000),会在 5 秒钟后显示一次时间,仅仅是一次:

```
    setTimeout("PerRefresh()", 5000);
    function PerRefresh() {
        var today =new Date();
        alert("The time is: " +today.toString());
       }
```

如果运行的代码中再次运行同样的 setTimeout()命令,则可循环运行。因此很多人习惯于将 setTimeout()包含于被执行函数中,在函数执行时,使用 setTimeout()来调用被执行函数,以达到循环执行的目的。

代码结构如下:

```
    PerRefresh();
    function PerRefresh() {
     var today =new Date();
     alert("The time is: " +today.toString());
```

```
    setTimeout("PerRefresh()", 5000);
}
```

一旦调用了 PerRefresh()，而 setTimeout("PerRefresh()", 5000)又在 PerRefresh()里，就实现了循环调用。

比较上面的代码，setInterval()没有被自己所调用的函数所束缚，它只是简单地每隔一定时间就重复执行一次所调用的函数。

因此，如果要求在每隔一个固定的时间间隔后就精确地执行某动作，那么最好使用 setInterval()，而如果不想由于连续调用产生互相干扰的问题，尤其是每次函数的调用需要繁重的计算以及很长的处理时间，那么最好使用 setTimeout()。

2. 设计秒杀倒计时

秒杀倒计时效果，如图 3-5 所示。

图 3-5 秒杀倒计时

(1)设定结束时间，并创建对象。

```
var endtime=new Date("2017/12/08,12:00:00");//结束时间
```

(2)计算结束时间与当前时间的差(返回值为毫秒)，并转换成秒。

```
var lefttime=parseInt((endtime.getTime()-nowtime.getTime())/1000);
```

(3)将时间的差转换成小时、分、秒，用两位数表示。

(4)如果时间的差小于等于零，则表示活动结束。

参考代码：

```
<!DOCTYPE html>
<html>
<head>
<meta charset="utf-8">
<title> 仿京东秒杀倒计时</title>
<style>
table{
background-image:url(images/bak.png);}
#leftTime{
width:2600px;
font-size:16px;
text-align:right;
color:#FFF;
padding-right:5px;}
span{
background-color:#000;
padding:3px;}
</style>
<script>
function FreshTime()
{ var sh;
var endtime=new Date("2017/12/22,16:20:12");//结束时间
var nowtime =new Date();//当前时间
```

```
    var lefttime=parseInt((endtime.getTime()-nowtime.getTime())/1000);
    h=parseInt((lefttime/3600)%24);
    m=parseInt((lefttime/60)%60);
    s=parseInt(lefttime%60);
    h=h<10 ?"0"+h:h;
    m=m<10 ?"0"+m:m;
    s=s<10 ?"0"+s:s;
    document.getElementById("leftTime").innerHTML="距离结束<span>"+h+"</span> :<span>"+
m+"</span> :<span>"+s+"</span>";
    if(lefttime<=0){
      document.getElementById("leftTime").innerHTML="活动已结束";
      clearTimeout(sh);
    }
    sh=setTimeout(FreshTime,1000);
    }
    </script>
    </head>
    <body onLoad="FreshTime()">
    <table width="300" border="0" cellspacing="0"cellpadding="0">
      <tr>
        <td><img src="images/jd.JPG" ></td>
        <td id="leftTime"></td>
      </tr>
    </table>
    </body>
    </html>
```

任务 3.2 设计随机选号页面

任务描述

老师上课时经常要提问，现设计一提问选号器，由选号器来决定提问哪位同学。如图 3-6 所示，单击“开始”按钮时，页面上随机显示 1～50 的学号，单击“停止”按钮时，页面上显示选中的学号。

图 3-6 随机选号

任务分析

实现随机选号页面的制作可以采用以下步骤：
(1)产生 1～50 的随机整数，并在页面上显示。
(2)单击“开始”按钮时，使用定时器函数间隔 50 毫秒产生一个随机整数。
(3)单击“停止”按钮时清除定时器，页面上显示一个随机整数。

知识梳理

Math 对象是 JavaScript 提供的用于运算的方法的集合。它可以说是一个公共数学类，里面有很多数学方法，用于各种数学运算，Math 对象能够进行比基本数学运算更为复杂的运算。Math 对象并不像 Date 对象那样，Math 对象不需要构造(即不需要使用“new”关键字进行创建)，可以直接访问它的属性和方法。

3.2.1 Math 对象的常用属性

Math 对象的常用属性如表 3-2 所示。

表 3-2 Math 对象的常用属性

属　　性	描　　述
E	返回算术常量 e，即自然对数的底数(约等于 2.718)
LN2	返回 2 的自然对数(约等于 0.693)
LN10	返回 10 的自然对数(约等于 2.302)
LOG2E	返回以 2 为底的 e 的对数(约等于 1.414)
LOG10E	返回以 10 为底的 e 的对数(约等于 0.434)
PI	返回圆周率(约等于 3.14159)
SQRT2	返回 2 的平方根(约等于 1.414)

3.2.2 Math 对象的常用方法

Math 对象的常用方法如表 3-3 所示。

表 3-3 Math 对象的常用方法

方　　法		描　　述
四舍五入	abs()	返回数字的绝对值
	ceil()	返回大于等于数字参数的最小整数，即向上取整
	floor()	返回小于等于数字参数的最大整数，即向下取整
	round()	四舍五入
最大/小函数	max()	返回数个数字中最大的值
	min()	返回数个数字中最小的值
随机数	random()	返回 0 和 1 之间的随机数

例如：

```
var a =Math.ceil(1.4);      //a=2,向上取整
var b =Math.floor(1.6);  //b=1,向下取整
var c =Math.round(1.5);  //c=2,四舍五入
var d =Math.random();     //0~1 的随机数
```

3.2.3 任务实现

(1)设计页面的静态部分。

(2)添加脚本代码。

参考代码如下：

```
<!DOCTYPE html>
<html >
<head>
<meta charset="gb2312" />
<title>随机选号器</title>
<style type="text/css">
.inputTxt{
  height:400px;
  width:700px;
  font-size:200px;
  text-align:center;}
</style>
<script  type="text/javascript">
var timer,num;
function startScroll()
{  //产生 0~50 的随机数
num=Math.floor(Math.random()*50+1);
//在文本框中显示产生的随机数
document.getElementById("myText").value=num;
//用定时器使文本框中显示产生的随机数不停地变化
timer=setTimeout("startScroll()",60);
}
function stopScroll()
{//清除定时器,使文本框中显示产生的随机数,即提问学号
    clearTimeout(timer);
}
</script>
</head>
<body>
<center>
<input id="myText" type="text" value="0" class="inputTxt"/>
<inputid ="start" type="button" value="开始" onclick="startScroll()" />
<input id="stop" type="button" value="停止" onclick="stopScroll()" />
</center>
</body>
</html>
```

至此,任务已经完成,预览随机选号页面。

1. 发现问题

当用户多次单击“开始”按钮时，再单击“停止”按钮时，意外出现了，随机数的变化并没有停止。这是为什么？

2. 分析问题

当用户多次单击“开始”按钮时，就会产生多个定时器，也就是同时有多个定时器在运行，随机数的变化会比原来的变化要快些。当再单击“停止”按钮时，每单击一次，只能停止一个定时器。单击了多少次“开始”按钮，就要单击多少次“停止”按钮，才能使随机数不变化。

3. 解决问题

方法1：在startScroll()里，在“timer＝setTimeout("startScroll()",60)”的前面加上一行代码“clearTimeout(timer);”，也就是在单击“开始”按钮产生新的随机数之前，先清除原来的定时器。

方法2：当用户单击了“开始”按钮后，让“开始”按钮不可用，用户也就不能多次单击“开始”按钮，当用户单击“停止” 按钮时，要恢复“开始”按钮可用。

在startScroll()函数的最后面加上：

```
document.getElementById("start").disabled= true;//禁用“开始”按钮
```

在stopScroll()函数的最后面加上：

```
document.getElementById("start").disabled= false;// 恢复“开始”按钮
```

3.2.4 能力提升：仿浙江体彩6＋1随机生成

浙江体彩6＋1彩票由6位数号码及一个特别号码组成。彩票号码的范围为000000～999999，特别号码的范围为0～9。开奖时摇出一组6位数中奖号码及一个特别号码。例如186233＋9，如图3-7所示。“换一注”是随机生成7个数字，数字是0～9之间的。

图3-7 随机生成彩票(仿浙江体彩6＋1)

(1)随机生成7个数字，数字是0～9之间的，也就是数字是可以重复的。

```
tem=Math.floor(Math.random()*9+1);
```

(2)给li标签赋值。

```
list[i].innerHTML=tem;
```

(3)制作旋转动画效果。

```
list[i].style.transform ='rotate('+y*360+'deg)';
```

参考代码：

```
<!DOCTYPE html>
<html>
<head>
<meta charset="UTF-8">
<title> 仿浙江体彩 6+1 彩票随机生成</title>
</head>
<style type="text/css">
```

```
ulli{
  width:30px;
  height:30px;
  list-style: none;
  float: left;
  text-align:center;
  background:#cb0000;
  border-radius:50%;
  margin:0 6px;
  line-height:30px;
  color:#fff;
  font-size:18px;
  font-weight:bold;
}
.y{transition: all 0.5s;}
.e{transition: all 1s;}
.s{transition: all 1.5s;}
.w{transition: all 2.5s;}
.l{transition: all 3s;}
.q{transition: all 3.5s;
   background:#3768da;}
input{
float:left;
  width:80px;
  height:30px;
  lin-height:30px;
background:#eee;}
#box{
width:430px;
margin:0 auto;
text-align:left;
}
</style>
<body>
<div id="box">
<ul>
<li class="y">1</li>
<li class="e">8</li>
<li class="s">6</li>
<li class="s">2</li>
<li class="w">3</li>
<li class="l">3</li>
<li class="q">9</li>
</ul></div>
<input type="button" value="换一注" onClick="change()" >
<script>
var y=3,list;
```

```
function change(){
    var tem;
list=document.getElementsByTagName("li");//获取 li 集合
    for(i=0;i<list.length;i++){//开始随机函数
      tem=Math.floor(Math.random()*10);
   list[i].innerHTML=tem;//给 li 赋值
   y++;//每个圆转的度数等于 y*360
  list[i].style.transform='rotate('+y*360+'deg)';
   }
}
</script>
</body>
</html>
```

任务 3.3 设计带左右箭头的幻灯片效果

任务描述

幻灯片效果是各大网站常用的效果。如图 3-8 所示，共有 5 张图片，开始时显示第一张图片，每隔 2 秒切换到下一张图片，单击向右箭头时，立即切换到下一张图片，并继续原来的延续 2 秒轮换显示，单击向左箭头时，立即切换到上一张图片，图片向左(与原来的切换方向相反)继续 2 秒轮换显示。

图 3-8 幻灯片效果

任务分析

(1)设计 HTML 页面，应用 CSS 定位两个箭头，美化页面。

(2)定义两个全局变量，一个变量用于控制定时器，另一个变量用于控制数组下标。定义数组，将轮换显示的图片地址保存到数组中。

(3)定义函数 rightRoll()实现图片的轮换显示，显示下一张。

(4)定义函数 leftRoll()实现图片的轮换显示，显示上一张。在函数中改变图片的地址，使用定时器函数，2 秒更换图片地址，实现幻灯片播放效果。

(5)单击向左箭头(显示上一张)或向右箭头(显示下一张)时将定时器清除，再重新调用图片轮换显示函数。

知识梳理

JavaScript 中的 Array 对象，就是数组对象，主要用于封装多个任意类型的数据，并对它们进行管理。

数组是值的有序集合。每个值叫作一个元素，而每个元素在数组中有一个位置，以数字表示，称为索引。JavaScript 数组是无类型的，数组元素可以是任意类型的，并且同一个数组中的不同元素也可能有不同的类型。目前所有主流浏览器均支持 Array 对象。

3.3.1 Array 对象的创建方法

1. 使用 new Array()创建

语法 1：

```
var arr=new Array();//括号内没有参数,则创建一空数组
```

语法 2：

```
var arr=new Array(6);//创建长度为 6 的数组
```

语法 3：

```
var arr=new Array("wuhan","beijing");// 创建数组,并给数组赋值
```

虽然第二种方法(语法 2)创建数组时指定了长度，但实际上所有情况下数组都是变长的，也就是说，即使指定了长度为 6，仍然可以将元素存储在规定长度以外的位置，这时长度会随之改变。

2. 使用方括号创建

语法格式：

```
var arr=[];// 等价于 var arr=new Array()
```

3.3.2 给数组赋值

在创建数组时可以直接为数组赋值，也可以分别给数组的元素赋值。例如：

```
var arr =new Array();//定义一个数组
arr[0] ="Tom";//为第一个元素赋值
arr[1] =18; //为第二个元素赋值
arr[2] ="123456@qq.com";//为第三个元素赋值
```

数组就是某类数据的集合，数据类型可以是整型、字符串型，甚至是对象。

3.3.3 数组元素的访问

数组元素的访问是通过数组对象名和下标来进行的。其语法格式为：

```
数组对象名[下标值]
```

例如：arr[1]表示访问数组 arr 中的第 2 个元素，数组的下标是从 0 开始的，arr[0]表示访问数组 arr 中的第 1 个元素。

3.3.4 数组的常用属性和方法

1. 数组的常用属性

Array 常用的一个属性是 length，length 表示的是数组所占内存空间的数目，返回数组的长度。

2. 数组的常用方法

数组的常用方法如表 3-4 所示。

表 3-4 数组的常用方法

方　法	描　述
sort()	对数组元素按升序排列
toString()	把数组转换为字符串，并返回结果
push()	向数组的末尾添加元素，并返回新的长度
join()	把数组的所有元素连接成一个字符串
reverse()	反转数组的元素顺序

例如：

```
< script>
var a =new Array("first", "second", "third");
document.write (a.length);
//显示的结果是 3
var s =a.join("...");
document.write(s);
// 显示的结果是"first...second...third"
var b =a.push("fourth");
document.write (b.length);
// b为["first", "second","third","fourth"]
//显示的结果是 4
</script>
```

3.3.5 任务实现

(1)设计 HTML 页面，应用 CSS 定位两个箭头，美化页面。

(2)定义两个全局变量、定义数组，将轮换显示的图片地址保存到数组中。

```
var timer,index=0;// 定义两个全局变量，一个变量用于控制定时器，另一个变量用于控制数组下标
var picsArr=new Array();
picsArr[0]="images/01.jpg";
picsArr[1]="images/02.jpg";
picsArr[2]="images/03.jpg";
picsArr[3]="images/04.jpg";
picsArr[4]="images/05.jpg";
window.onload=rightRoll;//页面加载后调用 rightRoll()
```

(3)定义函数 rightRoll()实现图片的轮换显示(显示下一张)。

```
function rightRoll(){
//改变数组的索引值，从而改变图片的地址，使用定时器函数
//2 秒时更换图片地址，实现幻灯片播放效果
document.getElementById("pic").src=picsArr[index];
if(index< (picsArr.length-1))
index++;//将数组的索引值加 1，显示下一张图片
else
index=0;//到最后一张时，将数组的索引值设为 0，切换到第一张图片
timer=setTimeout("rightRoll()",2000);//通过定时器，定时切换
}
```

(4)定义函数 leftRoll()实现图片的轮换显示(显示上一张)。

```
function leftRoll(){
if(index>0)
  index--;//将数组的索引值减 1,显示上一张图片
  else
    index=4; //到第一张时,将数组的索引值设为 4,切换到最后一张图片
document.getElementById("pic").src=picsArr[index];
timer=setTimeout("leftRoll()",2000);
}
```

(5)调用向左箭头(显示上一张)单击函数或向右箭头(显示下一张)单击函数,并将原来的定时器清除,再重新调用图片轮换显示函数。

①向右箭头单击函数:

```
function showNext(){
clearTimeout(timer);
   rightRoll();
  }
```

②向左箭头单击函数:

```
function showPre(){
clearTimeout(timer);
leftRoll();
}
```

全部完成后的参考代码:

```
<!DOCTYPE html>
<html >
<head>
<meta  charset="utf-8" />
<title> 带左右控制按钮的幻灯片效果</title>
<style type="text/css">
#box{
margin: 0 auto;
width: 800px;
height: 280px;
overflow: hidden;
position: relative;
}
#box  div{
position: absolute;
overflow: hidden;
}
#box.preBtn{
left: 0;
top:100px;
width:36px;
height: 50px;
cursor: pointer;
}
#box.nextBtn{
```

```
right:0px;
top:100px;
width: 36px;
height: 50px;
cursor: pointer;}
</style>
<script type="text/javascript">
var timer,index=0;
var picsArr=new Array();
picsArr[0]="images/01.jpg";
picsArr[1]="images/02.jpg";
picsArr[2]="images/03.jpg";
picsArr[3]="images/04.jpg";
picsArr[4]="images/05.jpg";
window.onload=rightRoll;
function rightRoll(){
  document.getElementById("pic").src=picsArr[index];
  if(index<(picsArr.length-1))
index++;//将数组的索引值加 1,显示下一张图片
else
index=0;//到最后一张时,将数组的索引值设为 0,切换到第一张图片
      timer=setTimeout("rightRoll()",2000);//通过定时器,定时切换
    }
   function leftRoll(){
      if(index>0)
    index--;//将数组的索引值减 1,显示上一张图片
    else
     index=4; //到第一张时,将数组的索引值设为 4,切换到最后一张图片
      document.getElementById("pic").src=picsArr[index];
      timer=setTimeout("leftRoll()",2000);
}
function showNext(){
clearTimeout(timer);
rightRoll();
}
function showPre(){
clearTimeout(timer);
leftRoll();
}
</script>
</head>
<body>
  <div id="box">
    <img src="images/01.jpg" alt="" id="pic"/>
<div id="preBtn" class="preBtn" onclick="showPre()"><img src="images/prev.jpg"/>
</div>
    <div id="nextBtn" class="nextBtn" onclick="showNext()"><img src="images/next.
jpg"/></div>
  </div>
</body>
</html>
```

任务已经完成，在浏览器中预览。

1. 发现问题

在幻灯片播放时，两个控制按钮始终在图片上，从视觉效果上看，不太美观。能不能既美观又可以控制图片的播放呢？

2. 分析问题

两个控制按钮是用来控制图片的播放的，是必需的。可以考虑让其隐藏，也就是在正常播放时，两个控制按钮隐藏，但是要用按钮时，让其显示出来。因此，可以通过 CSS 来实现两个控制按钮的隐藏和显示，这可以通过鼠标事件来实现。

3. 解决问题

(1)实现两个控制按钮的隐藏。在原来的代码中，在 ＃box. preBtn 和 ＃box. nextBtn 两个类中各增加一行代码实现控制按钮隐藏：

```
display:none;
```

(2)通过鼠标的 onmouseover 事件来让两个按钮显示出来，也就是当鼠标移到图片上时两个控制按钮显示出来。实现按钮显示的代码：

```
document.getElementById("nextBtn").style.display= "block";
document.getElementById("preBtn").style.display="block";
```

这样一来，当鼠标移到图片上时两个控制按钮显示出来，但是，当鼠标从图片上移开时，控制按钮还在图片上显示，因此要用 onmouseout 事件来让按钮隐藏。实现按钮隐藏的代码：

```
document.getElementById("nextBtn").style.display="none";
document.getElementById("preBtn").style.display="none";
```

那么鼠标的 onmouseover 事件、onmouseout 事件怎样调用？这 4 行代码放在哪？

在原来的代码中，将“window. onload＝ rightRoll;”替换为以下代码：

```
window.onload=function(){
  document.getElementById("box").onmouseover=function(){
document.getElementById("nextBtn").style.display="block";
document.getElementById("preBtn").style.display="block";
}
document.getElementById("box").onmouseout=function(){
document.getElementById("nextBtn").style.display="none";
document.getElementById("preBtn").style.display="none";
}
rightRoll;
}
```

说明：

window. onload=function(){…}是在页面加载完成时，给 id 为 box 的对象添加onmouseover 事件和onmouseout 事件，这两个事件调用匿名函数实现控制按钮的显示与隐藏。

3.3.6 能力提升：仿淘宝 6＋1 彩票随机生成

“淘宝 6＋1”由 7 个数组成，例如 02、06、11、01、28、16、12，如图 3-9 所示。“换一注”是随机生成 7 个数。数是 1～36 的不重复的 7 个数，小于 10 的数前面补 0。

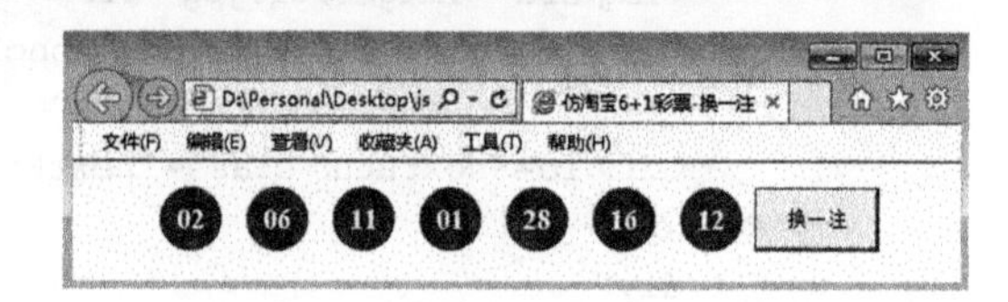

图 3-9 随机生成彩票(仿淘宝 6＋1 彩票)

(1)随机生成 7 个数。数是 1～36 的 7 个数，小于 10 的数前面补 0。

```
tem=Math.floor(Math.random()*36+1);
tem=tem<10? "0"+tem:tem;
```

(2)7个数不能重复。把新生成的随机数与已生成的数进行比较,判断是否存在。若不存在就存入数组中,若已经存在就放弃,重新生成。

(3)给li标签赋值:

```
list[i].innerHTML=arr[i];//给li赋值
```

(4)设置旋转动画效果。用CSS实现旋转动画效果,参考代码:

```
<!DOCTYPE html>
<htmllang="en">
<head>
<meta charset="UTF-8">
<title>仿淘宝6+1彩票</title>
</head>
<style type="text/css">
ulli{
  width:40px;
  height:40px;
  list-style: none;
  float: left;
  text-align:center;
  background:#cb0000;
  border-radius:50%;
  margin:0 8px;
  line-height:40px;
  color:#fff;
  font-size:18px;
  font-weight:bold;
}
.y{transition: all 0.5s;}
.e{transition: all 1s;}
.s{transition: all 1.5s;}
.w{transition: all 2.5s;}
.l{transition: all 3s;}
.q{transition: all 3.5s;
    background:#3768da;}
input{
float:left;
  width:80px;
  height:40px;
  lin-height:50px;
background:#eee;}
#box{
width:560px;
margin:0 auto;
text-align:left;
}
</style>
<body>
<div id="box">
```

```
 <ul>
<li class="y">01</li>
<li class="e">08</li>
<li class="s">16</li>
<li class="s">24</li>
<li class="w">30</li>
<li class="l">33</li>
<li class="q" >07</li>
</ul></div>
<input type="button" value="换一注" onClick="change()" >
<script>
var y=3,list;
vararr=[];
function change(){
     vartem,flag;
tem=parseInt(Math.random()*36+1);
arr[0]=tem<10? "0"+tem:tem;
     for(i=1;i<7;i++){//开始随机函数
flag=true;
       tem=parseInt(Math.random()*36+1);
       for(j=0;j<arr.length;j++){
   if(arr[j]==tem){ // 有重复的数
flag=false;
i=i-1;
   break;
     }
   }//end 里层 for,判断是否有重复的数
if (flag){//不重复,存入数组中
tem=tem<10? "0"+tem:tem;
arr[i]=tem;
   }
    }//end 外层 for
  list=document.getElementsByTagName("li");//获取 li 集合
  for(vari=0;i<list.length;i++){
     list[i].innerHTML=arr[i];//给 li 赋值
y++;//每个圆转的度数等于 y*360
list[i].style.transform='rotate('+y*360+'deg)';
   }
}
</script>
</body>
</html>
```

任务 3.4 验证注册信息

任务描述

验证注册信息的要求：

(1)用户名由 4～12 位字符组成,以字符开头且不能包含* 。加载页面时提示相应信息,如

图 3-10 所示。

(2)密码由 4～10 位字符组成，两次密码一致。

(3)电子邮箱必须包含@和.。

(4)手机号开始位必须为 1，长度为 11 位。

(5)单击“注册”按钮时，如果有不正确的信息不提交表单。验证通过，如图 3-11 所示。

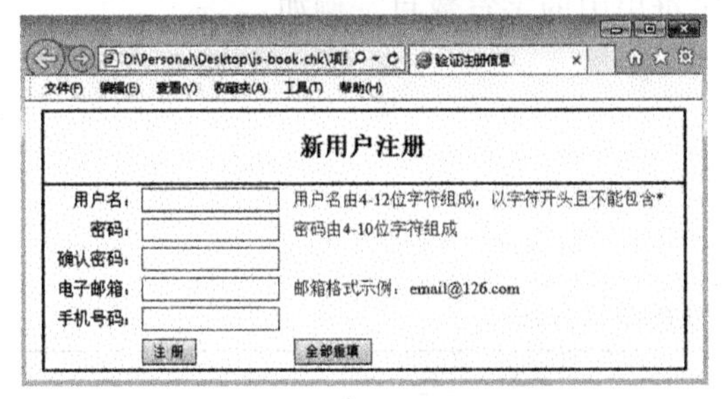

图 3-10　用户注册页面

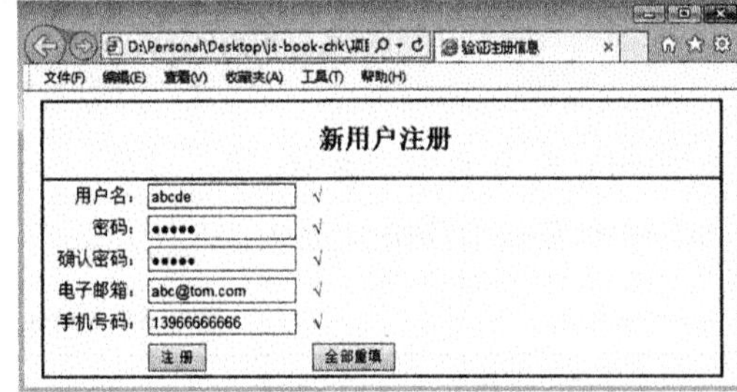

图 3-11　验证通过

任务分析

(1)设计 HTML 页面，应用 CSS 美化页面。

(2)通过文本框的 id 获取其值，这些值都是字符串类型。

(3)结合 String 对象，对用户输入的信息进行合法性验证。

(4)当文本框失去焦点时触发验证函数。

(5)只有所有的输入数据都得到合法性验证，才能提交注册信息。

知识梳理

表单主要负责数据采集的功能。网页中提供给访问者填写信息的区域，使网页更加具有交互性的功能。当访问者在包含表单的页面中填写相关信息时，可能会出错，如填写邮箱时，数据不符合邮箱格式，当用户把这种数据提交到服务器时，服务器要对数据格式进行检测，当不符合要求时，服务器会反馈给用户出错的信息。JavaScript 能及时响应用户的操作，对提交表单数据进行即时检查，在客户端对数据进行验证，使提交到服务器的数据有效而无须服务器浪费时间进行验证。

String 对象用于对字符串进行操作，如截取一段子串、查找字符串/字符、转换大小写等。

3.4.1　String 对象创建

1. String 构造函数

返回一个内容为 value 的 String 对象。其语法格式为：

```
new String(value)
```

例如：

```
var str1 =new String("hello world");
```

2. 直接给变量赋值创建

例如：

```
var str2="hello world";
```

3.4.2 String 对象的常用属性和方法

1. String 对象的常用属性

String 对象的常用属性主要有 length,返回字符串中的字符数目。例如:

```
var str1 =new String("hello");
document.write(str1.length);// 结果:5
```

2. String 对象的常用方法

String 对象的常用方法如表 3-5 所示。

表 3-5 String 对象的常用方法

方　法	描　述
charAt(index)	返回指定位置 index 的字符
indexOf(string,index)	返回字符串值在对象中的索引值
lastIndexOf(string,index)	返回字符串值在对象中的索引值(反向搜索)
slice(start[,end])	返回字符串的片段
replace(string1,string2)	用 string2 替换 string1
toLowerCase()	将字符串中的字母转换成小写
toUpperCase()	将字符串中的字母转换成大写
split()	将一个字符串分割为子字符串,然后将结果作为字符串数组返回

1)charAt()方法

charAt()方法返回指定索引位置处的字符。如果超出有效范围的索引值,返回空字符串。其语法格式为:

```
strObj.charAt(index)
```

说明:

index 是想得到的字符的基于零的索引。有效值是 0 与字符串长度减 1 之间的值。例如:

```
var str1 ="ABC";
document.write(str1.charAt(1));// 结果:B
```

2)indexOf(string ,index)

indexOf(string ,index)在对象实例中从前往后查找一个字符串(或字符),并返回找到的位置(从 0 开始计数),若未找到,返回－1。参数说明如下。

string :要查找的字符串。

index :可选,开始查找的起始位置,默认从位置 0 开始查找。

例如:

```
var s ='abc';
document.write(s.indexOf('b')); //结果:1
document.write(s.indexOf('b',2)); //结果:-1。从位置 2(第 3 个字符处)开始查找
                                  //未找到,返回-1
```

3) slice(start,end)

slice(start, end) 方法返回一个新的字符串,从 start 开始(包括 start)到 end 结束(不包括 end)为止的所有字符。其语法格式为:

```
stringObject.slice(start,end)
```

参数 start:要抽取的片断的起始下标。如果是负数,则该参数规定的是从字符串的尾部开始算起的位置。也就是说,-1 指字符串的最后一个字符,-2 指倒数第二个字符,以此类推。

参数 end:紧接着要抽取的片段的结尾的下标。若未指定此参数,则抽取的子串包括 start 到原字符串结尾的字符串。如果该参数是负数,那么它规定的是从字符串的尾部开始算起的位置。

注意:String 对象的方法 slice()、substring() 和 substr() 都可返回字符串的指定部分。推荐使用 slice() 方法。例如:

```
var str ="Hello Microsoft!";
document.write(str.slice(6));  //结果:Microsoft!
document.write(str.slice(6,12));  //结果:Micros
```

3.4.3 任务实现

1. 设计 HTML 页面

HTML 页面部分参考代码:

```
<body>
<table  border="1"  cellspacing="0" cellpadding="0">
  <tr>
    <td height="32" align="center" ><h2> 新用户注册< /h2> < /td>
  <v/tr>
  <tr>
    <td><form action="" method="post" name="myform">
    <table width="601" height="133" border="0"   cellspacing="0" cellpadding="0">
  <tr>
    <td width="93" class="right" >用户名:</td>
    < td width="143">< input id="user" type="text" class="inputClass" onblur="
checkUser()" /></td>
    <td width="364"><div id="user_prompt">用户名由 4-12 位字符组成,以字符开头且不能
包含*</div></td>
  </tr>
  <tr>
    <td class="right">密码:</td>
    <td><input id="pwd" type="password" class="inputClass"  onblur="checkPwd()"/>
</td>
    <td><div id="pwd_prompt">密码由 4-10 位字符组成</div></td>
  </tr>
  <tr>
    <td class="right" >确认密码:</td>
    <td><input id="repwd" type="password" class="inputClass"  onblur="checkRepwd
()"/></td>
    <td><div id="repwd_prompt"></div></td>
  </tr>
   <tr>
    <td class="right" >电子邮箱:</td>
```

```
        <td><input id="email" type="text" class="inputClass"  onblur="checkEmail()"/>
</td>
        <td><div id= "email_prompt">邮箱格式示例:email@126.com</div></td>
      </tr>
        <tr>
        <td class="right">手机号码:</td>
        <td>< input id="mobile" type="text" class="inputClass" onblur="checkMobile()" />
</td>
        <td><div id="mobile_prompt"></div></td>
      </tr>
       <tr>
        <td height="33"> </td>
        <td><input type="submit" name="btn_s" id="btn_s" value="注 册" /></td>
        <td><input type="reset" name="btn_r" id="btn_r" value="全部重填" /></td>
      </tr>
    </table>
    </form></td>
      </tr>
    </table>
```

2. 应用 CSS 美化页面

CSS 部分参考代码:

```
    <style type="text/css">
    table{
    margin:0 auto;
    width:620px;
    }
    tr{
    height:28px;
    }
    .right{
    text-align:right;
    width:90px;
    padding-right:2px;
    }
    .inputClass{
    width:130px;
    height:16px;
    }
    div{
    color:#f00;
    }
    input:focus{
    border:1px solid #f00;
    background:#fcc;
    }
    </style>
```

3. JavaScript 部分

由于代码中需要多次获取文本框的值，“document. getElementById()”要用多次，为简化代码，定义一函数 $(Id)来获取文本框对象。

参考代码：

```
<script type="text/javascript">
function $(Id){ //通过参数 Id 获取文本框对象
  return document.getElementById(Id);
}
/*用户名验证*/
function checkUser(){
var user=$("user").value;//调用$(Id)函数,获取文本框的值
var userId=$("user_prompt");
if(user.length<4 || user.length>12)
{
userId.innerHTML="请输入 4-12 位用户名";
return false;
}
if(!isNaN(user.charAt(0))){
userId.innerHTML="用户名不能以数字开头";
return false;
}
for(var i=0;i<user.length;i++){
if(user.charAt(i)=="*"){
userId.innerHTML="用户名中不能包含*";
return false;
}
}
userId.innerHTML="";//验证通过后,清空提示信息
return true;
}
/*密码验证*/
function checkPwd(){
  var pwd=$("pwd").value;
  var pwdId=$("pwd_prompt");
  if(pwd.length<4 || pwd.length>10){
  pwdId.innerHTML="密码长度在 4-10 之间";
  return false;
  }
pwdId.innerHTML="";
return true;
}
function checkRepwd(){
  var repwd=$("repwd").value;
  var pwd=$("pwd").value;
  var repwdId=$("repwd_prompt");
  if(pwd!=repwd){
repwdId.innerHTML="两次输入的密码不一致";
return false;
}
```

```
    repwdId.innerHTML="";//验证通过后,清空提示信息
    return true;
  }
  /* 验证邮箱* /
  function checkEmail(){
    var email=$("email").value;
    var email_prompt=$("email_prompt");
    var e1 =email.indexOf("@",1);//从第 2 个字符开始找,@不能是第一个
    var e2 =email.indexOf(".",1);//从第 2 个字符开始找
    if(email =="" || e1==-1 || e2==-1 || e2<e1 ){
  str="输入的邮箱格式不正确"; // e2<e1,说明.在@的前面
  email_prompt.innerHTML="<b><font color='red'>"+str +"</font></b>";
  return false;
     }
    email_prompt.innerHTML=pass;
    return true;
  }
  /*验证手机号码*/
  function checkMobile(){
  var mobile=$("mobile").value;
  var mobileId=$("mobile_prompt");
  if(mobile.charAt(0)!=1){
      mobileId.innerHTML="手机号开始位应该为 1";
      return false;
  }
     if(mobile.length !=11){
    mobileId.innerHTML="手机号长度为 11 位";
    return false;
     }
     for(var i=0;i<mobile.length;i++){
     if(isNaN(mobile.charAt(i))){
  mobileId.innerHTML="手机号码不能包含字符";
  return false;
  }
  }
    mobileId.innerHTML="";
    return true;
  }
  </script>
```

3.4.4 能力提升:多值对象的验证

1. 提出问题

表单验证任务已经顺利完成了,主要是通过对象的值来进行验证的。但是,有的时候表单中还有单选框(radio),如性别,复选框(checkbox),如兴趣爱好、学历,还有下拉框(select)等,那么这几个对象如何验证其数据的有效性?

2. 问题分析

单选框和复选框一样都是 name 相同，而值有多个。下拉列表框的值也有多个。在获取它们值的时候不能按照普通文本框的 value 的方式来验证，而是要判断哪个被选中了。单选框和复选框只要有一个选中就可以。

先通过对象的“name”获取该组的所有对象的集合，如：

```
var sex =document.getElementsByName("sex");
```

再通过遍历对象的集合，判断是否有对象被选中，若有选中的，就做一标记，并且退出循环，后面再对这个标记做判断，如：

```
for(var i=0;i<sex.length;i++){
if(sex[i].checked){
 gender=1; //有选中的标记
break;
}
}
if(gender==0)  //再对这个标记做判断
 {
  $("check2").innerHTML ="*请选择你的性别";
  return false;
 }else{
  $("check2").innerHTML =pass;
 }
 return true;
}
```

下拉列表框可以通过对象的 selectedIndex 属性来判断，如果是 0 则说明是选取第一项，即选取的是说明项，而没有选择列表选项。如：

```
$("selUser").selectedIndex ==0 ?
```

最后是通过“注册”按钮来调用判断函数，做出判断。

3. 实现

完成图 3-12 所示的表单验证，验证成功后如图 3-13 所示。

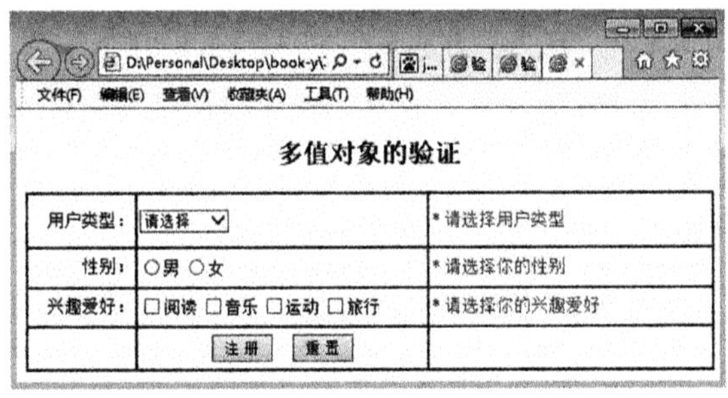

图 3-12　表单验证

图 3-13　验证成功

参考代码：

```
<!DOCTYPE html>
<html>
<head>
<meta  charset="UTF-8">
<title> 多值对象的验证</title>
<style>
```

```
table{
margin:0 auto;
width:600px;
}
.red{color:#f00;}
body
{
font-size:15px;
}
select option{
font-size:13px;
}
.right{
text-align:right;
width:90px;
padding-right:2px;
}
</style>
<script type="text/javascript">
var pass="<b><font color='green'> √ </font></b>"; //输出绿色的√
function $(Id){
     return document.getElementById(Id);
}
//提交时验证用户类别
function checkut(){
   if($("selUser").selectedIndex==0){
   $("check1").innerHTML="*请选择用户类型 ";
     return false;
   }else{
     $("check1").innerHTML=pass;
   }
  return   true;
}
//提交时验证用户性别
function checkGender(){
var gender=0;
  //获取所有名称为sex的标签
  var sex=document.getElementsByName("sex");
  //遍历这些名称为sex的标签
  for(var i=0;i<sex.length;i++){
   //如果某个sex被选中,则记录
   if(sex[i].checked){
     gender=1;
break;
}
  }
  if(gender==0)
   {
     $("check2").innerHTML="*请选择你的性别";
     return false;
```

```
    }else{
     $("check2").innerHTML =pass;
    }
   return true;
}
//提交时验证兴趣爱好
function checkHobby(){
   var hobby =0;
     //objNum是所有 name 为 hobby 的标签
   var objNum =document.getElementsByName("hobby");
  //遍历所有 hobby 标签
   for(var i=0;i<objNum.length;i++){
     //判断某个 hobby 标签是否被选中
     if(objNum[i].checked){
       hobby=1;
   break;
   }
     }
  //如果有选中的 hobby 标签
  if(hobby==0){
    $("check3").innerHTML ="*请选择你的兴趣爱好";
    return false;
    }else{
      $("check3").innerHTML =pass;
      return true;
   }
}
//注册按钮事件,验证三个函数,全部返回"true"时,提交表单进行注册
function btn() {
     if(checkut() && checkGender() && checkHobby()){
          alert("恭喜您! 注册成功!");
     }
}
</script>
</head>
<body >
<table  border="0"  cellspacing="0" cellpadding="0">
  <tr>
    <td height="32" align="center" ><h2> 多值对象的验证</h2></td>
  </tr>
  <tr>
    < td> < form action="" method="post" name="myform">
<table width=100%  height= "152" border= "1" cellpadding= "2" cellspacing= "0" >
<tr>
  <td width="94" height="40" class="right"> 用户类型:</td>
  <td width="253">
   <select id="selUser">
    <option name="selUser" value="0"> 请选择</option>
    <option name="selUser" value="1"> 管理员</option>
    <option name="selUser" value="2"> 普通用户</option>
```

```
        </select>
        </td>
        <td width="245" class="red" id="check1">*请选择用户类型< /td>
      </tr>
      <tr>
        <td class="right">性别:</td>
        <td>
         <input type="radio" value="1" name= "sex" />男
         <input type="radio" value="2" name= "sex" />女
        </td>
        <td class= "red" id= "check2">*请选择你的性别</td>
      </tr>
      <tr>
        <td class="right">兴趣爱好:</td>
        <td>
         <input type="checkbox" name="hobby" value="reading"> 阅读
         <input type="checkbox" name="hobby" value="music" > 音乐
         <input type="checkbox" name="hobby" value="sports" > 运动
         <input type="checkbox" name="hobby" value="trip">旅行
        </td>
        <td class="red" id="check3">*请选择你的兴趣爱好</td>
      </tr>
      <tr>
        <td > </td>
        <td  align="center">
         <input type="button" name="submit" value="注 册"  onClick="btn()" />  
  
         <input type="reset" name="reset" value="重 置" />
        </td>
         <td >  </td>
      </tr>
      </table>
      </form></td>
        </tr>
      </table>
      </body>
      </html>
```

任务 3.5 用正则表达式验证注册信息

任务描述

(1)用户名由 4～12 位字符组成,以字符开头且不能包含* 。加载页面时提示相应信息,如图 3-14 所示。

(2)密码由 4～10 位字符组成,两次密码一致。

(3)电子邮箱必须包含@和.。

(4)手机号开始位必须为1,长度为11位。

(5)单击“注册”按钮时,如果有不正确的信息不提交表单。验证全部通过,如图3-15所示。

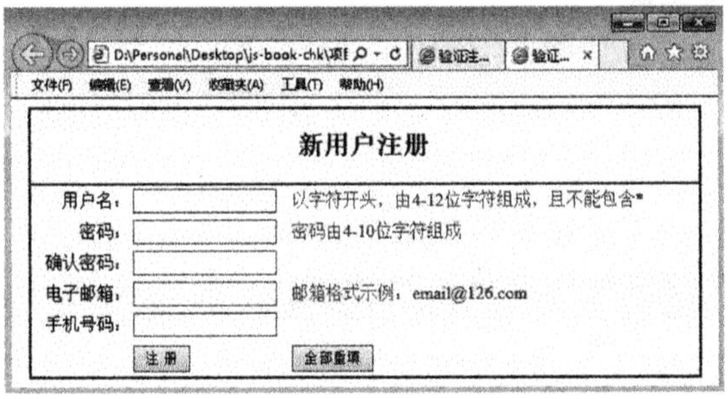

图 3-14　用户注册页面

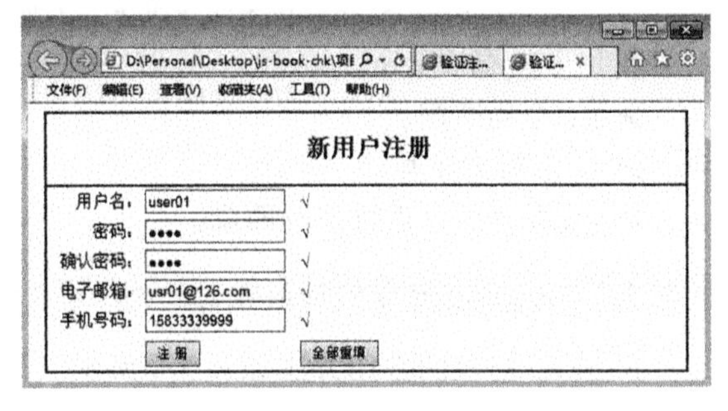

图 3-15　验证通过

任务分析

(1)设计HTML页面,应用CSS美化页面。

(2)通过文本框的id获取其值,这些值都是字符串类型。

(3)结合RegExp对象,对用户输入的信息进行合法性验证。

(4)当文本框失去焦点时触发验证函数。

(5)只有所有的输入数据都得到合法性验证,才能提交注册信息。

知识梳理

正则表达式(regular expression)描述了一种字符串匹配的模式,可以用来检查一个字符串是否含有某种子串、将匹配的子串做替换或者从某个字符串中取出符合某个条件的子串等。

JavaScript中的RegExp对象表示正则表达式,它是对字符串执行模式匹配的强大工具,很容易实现文本字符串的检测、替换等功能。

前一个任务已经介绍了表单数据的验证,为何还要介绍正则表达式验证方法呢?因为可以用正则表达式来处理一些复杂的字符串。正则表达式验证具有以下优点:代码简洁,能处理较复杂的字符串。

3.5.1　定义正则表达式

在JavaScript中定义正则表达式很简单,有两种方式:一种是通过构造函数;一种是普通方法,通过/…/,也就是将字符串放在两个斜杠之间。

1.普通方法

语法格式:

```
var reg=/表达式/附加参数
```

例如:

```
var reg=/white/;   //不带附加参数
var reg=/white/g;     //带附加参数
```

2.构造函数方法

语法格式:

```
var reg=new RegExp("表达式","附加参数")
```

例如：

```
var reg=new RegExp("white"); //不带附加参数
var reg=new RegExp("white","g"); //带附加参数
```

附加参数有 g、i、m。

- g：全局匹配。
- i：忽略大小写。
- m：表示可以进行多行匹配。

3.5.2 RegExp 对象的常用方法

RegExp 对象的常用方法如表 3-6 所示。

表 3-6 RegExp 对象的常用方法

方　法	描　述
test()	检索字符串中指定的值，返回 true 或 false
match()	返回匹配成功的数组，如果匹配不成功，就返回 null
exec()	检索字符中是正则表达式的匹配，返回找到的值，并确定其位置

1. test()方法

正则表达式方法 test()：测试给定的字符串是否满足正则表达式，返回值是 bool 类型的，只有真和假。该方法常用于单纯的判断，不需要其他的处理，如验证。

语法格式：

```
reg.test(string);
```

reg：用于测试已定义的正则表达式对象。

string：被测试的字符串。

2. match()方法

match()方法：如果匹配不成功，就返回 null；如果匹配成功，返回一个数组并且更新全局 RegExp 对象的属性以反映匹配结果。

语法格式：

```
string.match(reg);
```

注意 match()与 test()的写法不同。

如果参数 reg 没有全局标志 g，则 match()函数只查找第一个匹配，并返回包含查找结果的数组，该数组对象包含索引 0、index 和 input 等成员；如果参数 reg 有全局标志 g，则 match()函数会查找所有的匹配，返回的数组不再有 index 和 input 属性，其中的数组元素就是所有匹配到的子字符串。

3. 正则表达式模式

正则表达式模式一般分为两种：简单模式和复合模式。

简单模式是由简单的字符所构成的模式，比如：

```
var reg=/abc/;
```

复合模式是包含通配符的模式，比如：

```
var reg=/a+b\w/;
```

简单模式是由查找字符直接匹配所构成的。比如，要在一个字符串中查找是否存在"abc"字符串，则正则表达式/abc/就匹配了在一个字符串中"abc"字符串，并且出现顺序也完全一致。

如在 "Hi, do you know your abc's?" 中就会匹配成功。在上面的实例中，匹配的是子字符串‘abc’。但在字符串 "Grab crab" 中将不会被匹配，因为它不包含任何的‘abc’子字符串。

例 3-4 检测给定的字符“Do you know your abc's?”和“ Grab crab”中是否含有子字符串‘abc’。

首先要定义一个正则表达式对象，用于测试：

```
var  reg =/abc/;
```

然后用正则表达式对象的 test()方法，对给定的字符串进行测试。

```
< script type="text/javascript">
var reg=/abc/;
var str1 ="Do you know your abc's?";// 给定的字符串
var str2 ="Grab crab";// 给定的字符串
var result1 =reg.test(str1);//测试 str1
var result2 =reg.test(str2);// 测试 str2
var result3 =str1.match( reg);// 用 match 测试 str1
alert("str1:"+result1);//输出结果:str1:true
alert("str2:"+result2);//输出结果:str2:false
alert("str1 match:"+result3);//输出结果:str1 match:abc
</script>
```

代码运行，结果如图 3-16 所示。

(a)测试 str1 的结果

(b)测试 str2 的结果

(c)用 match 测试 str1 的结果

图 3-16 测试结果

3.5.3 复合模式中的符号

复合模式是包含通配符的模式，通配符有着特殊的含义。下面重点介绍复合模式下的常用符号和常用量词。

1. 正则表达式中的括号

正则表达式中括号有小括号、中括号和大括号。

- 小括号()：提取匹配的字符串。表达式中有几个()就有几个相应的匹配字符串。
- 中括号[]：定义匹配的字符范围。
- 大括号{}：一般用来表示匹配的长度。

正则表达式中的中括号用于查找某个范围内的字符。中括号的功能如表 3-7 所示。

表 3-7 正则表达式中的方括号的功能

表 达 式	描 述
[abc]	查找方括号之间的任何字符
[^abc]	查找任何不在方括号之间的字符
[0－9]	查找任何从 0 至 9 的数字

续表

表 达 式	描 述
[a－z]	查找任何从小写 a 到小写 z 的字符
[A－Z]	查找任何从大写 A 到大写 Z 的字符
[A－z]	查找任何从大写 A 到小写 z 的字符

说明：

[]用来自定义能够匹配“多种字符”的表达式。比如[mike]匹配 m、i、k、e 这 4 个字母，这里是匹配单个字符，不能匹配一个单词 mike。如果要匹配一个单词，就要用小括号，这样写(mike)。

大括号{}一般用来表示匹配的字符长度。

2. 常用符号

正则表达式中的常用符号也称为元字符，其含义如表 3-8 所示。

表 3-8 正则表达式中的常用符号的含义

<table>
<tr><th>元 字 符</th><th>描 述</th></tr>
<tr><td>/…/</td><td>代表一个模式的开始和结束</td></tr>
<tr><td>^</td><td>匹配字符串的开始</td></tr>
<tr><td>$</td><td>匹配字符串的结束</td></tr>
<tr><td>\</td><td>转义字符，即在“\”后面的字符不按原来意义解释</td></tr>
<tr><td>\w</td><td>查找单词字符，单词字符包括 0～9、A～Z、a～z，以及下划线</td></tr>
<tr><td>\W</td><td>查找非单词字符</td></tr>
<tr><td>\d</td><td>查找数字，等价于[0－9]</td></tr>
<tr><td>\D</td><td>查找非数字字符</td></tr>
<tr><td>\s</td><td>查找空白字符</td></tr>
<tr><td>\S</td><td>查找非空白字符</td></tr>
<tr><td>.</td><td>除了换行符(\n)之外的任意一个字符</td></tr>
<tr><td>|</td><td>或者</td></tr>
<tr><td>()</td><td>小括号用于分组</td></tr>
</table>

3. 常用量词

正则表达式中的常用量词的含义如表 3-9 所示。

表 3-9 正则表达式中的常用量词的含义

量 词	描 述	说 明
n+	字符 n 至少出现一次	/a+b/ 匹配 ab,aab,aaab,…
n*	字符 n 出现 0 次或多次	/br*/ 匹配 b,br,brr,brrr,…
n?	字符 n 出现 0 次或 1 次	/br?/ 匹配 b、br
n{x}	字符 n 连续出现 x 次	/a{2}/匹配 caandy，且匹配 caaandy 中的前两个 a，不匹配 candy 中的 a
n{x,}	字符 n 连续出现至少 x 次	/a{2,}/匹配 caandy 和 caaaaandy 中所有的 aa，不匹配 candy 中的 a
n{x,y}	字符 n 连续出现至少 x 次，至多出现 y 次	/a{1,3}/匹配 candy 和 caandy，匹配 caaaaaandy 中的前面三个 a
n$	结尾为 n 的字符串	
^n	开头为 n 的字符串	

3.5.4 任务实现

(1)静态页面可以从任务 3.4 中复制。

(2)定义 $(Id)函数:

```
function $(Id){    //通过参数 Id 获取文本框对象
  return document.getElementById(Id);
}
```

(3)定义用户名验证函数:

```
function checkUser(){
var user=$("user").value;//调用$(Id)函数,获取文本框的值
var userId=$("user_prompt");
var userReg=/^[A-z][0-9A-z_]{3,11}$/;
if(userReg.test(user)==false){
    userId.innerHTML="用户名格式不正确";
    return false;
    }
userId.innerHTML="";//验证通过后,清空提示信息
return true;
}
```

说明:在“userReg=/^[A−z][0−9A−z_]{3,11}$/;”中,/^, $/ 表示正则表达式的开始与结束;[A−z]表示第一个字符是大小写字母中的一个,不能是数字;[0−9A−z_]表示从第二个字符开始,可以是数字、字母、下划线,它等价于\w:userReg=/^[A−z]\w{3,11}$/;{3,11}表示前面的中括号中的内容至少出现 3 次,至多出现 11 次。加上前面的一个字符,一共由 4~12 位字符组成,且不包含 * 。

if 后面没用 else ,是因为如果 if 的条件成立,则执行 return false,退出函数,后面的代码不执行,如果 if 的条件不成立,则直接执行后面的代码。

(4)定义密码验证函数:

```
function checkPwd(){
  var pwd=$("pwd").value;
  var pwdId=$("pwd_prompt");
  var pwdReg=/^\w{4,10}$ /;
  if(pwdReg.test(pwd) ==false){
    pwdId.innerHTML="密码长度在 4-10 之间";
    return false;
  }
pwdId.innerHTML="";
return true;
}
function checkRepwd(){
  var repwd=$("repwd").value;
  var pwd=$("pwd").value;
  var repwdId=$("repwd_prompt");
  if(pwd! =repwd){
    repwdId.innerHTML="两次输入的密码不一致";
    return false;
    }
  repwdId.innerHTML="";//验证通过后,清空提示信息
  return true;
}
```

(5)定义验证邮箱函数：

```
function checkEmail(){
  var email=$("email").value;
  var email_prompt=$("email_prompt");
  var emailReg =/^\w+@\w+\.[A-z]{2,4}$/;
  if(emailReg.test(email) ==false){
    email_prompt.innerHTML="输入的邮箱格式不正确";
    return false;
   }
  email_prompt.innerHTML="";
  return true;
}
```

说明：在“emailReg = /^\w+@\w+\.[A−z]{2,4}$/;”中，/^，$/表示正则表达式的开始与结束；\w+表示\w至少出现一次，这是邮箱的用户名部分，它不能为空；@符号是邮箱的第二部分，是必不可少的邮箱标示；\.表示邮箱格式中的.；@\w+\.中间的\w+表示@和.之间至少要出现一个字符；[A−z]{2,4}表示邮箱的最后部分，由2～4个字符组成。

(6)定义验证手机号码函数：

```
function checkMobile(){
      var mobile=$("mobile").value;
      var mobileId=$("mobile_prompt");
      var telReg =/^1\d{10}$ /;
      if(telReg.test(mobile) ==false){
        mobileId.innerHTML="手机号码正确";
        return false;
   }
  mobileId.innerHTML="";
  return true;
}
```

说明：在“telReg = /^1\d{10}$/;”中，1表示以1开头；\d{10}表示数字出现10次，一共是11位，构成手机号码。

参考代码：

```
<!DOCTYPE html>
<html>
<head>
<meta  charset="utf-8" />
<title> 验证注册信息</title>
<style type="text/css">
table{
    margin:0 auto;
    width:620px;
    }
tr{
    height:28px;
    }
.right{
    text-align:right;
    width:90px;
```

```
        padding-right:2px;
        }
    .inputClass{
        width:130px;
        height:16px;
    }
    div{color:#f00;}
    input:focus{
    border:1px solid #f00;
    background:#fcc;
    }
    </style>
    <script type="text/javascript">
    var pass="<b><font color='green'>√ </font></b>"; //输出绿色的√
    function $(Id){ //通过参数 Id获取文本框对象
      return document.getElementById(Id);
        }
    /*用户名验证*/
    functioncheckUser(){
        var user=$("user").value;//调用$(Id)函数,获取文本框的值
        var userId=$("user_prompt");
        var userReg=/^[A-z][0-9A-z_]{3,11}$/;
        if(userReg.test(user)==false ){
            userId.innerHTML="用户名格式不正确";
            return false;
        }
    userId.innerHTML=pass;//验证通过后,提示信息
    return true;
    }
    /*密码验证*/
    functioncheckPwd(){
      var pwd=$("pwd").value;
      var pwdId=$("pwd_prompt");
      var pwdReg=/^\w{4,10}$/;
      if(!pwdReg.test(pwd)){
          pwdId.innerHTML="密码长度在 4-10 之间";
          return false;
      }
    pwdId.innerHTML=pass;
    return true;
    }
    functioncheckRepwd(){
      var repwd=$("repwd").value;
      var pwd=$("pwd").value;
      var repwdId=$("repwd_prompt");
      if(pwd!=repwd){
        repwdId.innerHTML="两次输入的密码不一致";
        return false;
        }
    repwdId.innerHTML=pass;//验证通过后,清空提示信息
```

```
        return true;
      }
      /*验证邮箱*/
      functioncheckEmail(){
        var email=$("email").value;
        varemail_prompt=$("email_prompt");
        varemailReg =/^\w+@\w+\.[A-z]{2,4}$ /;
        if(! emailReg.test(email)){
          email_prompt.innerHTML="输入的邮箱格式不正确";
          return false;
         }
      email_prompt.innerHTML=pass;
        return true;
      }
      /*验证手机号码*/
          functioncheckMobile(){
          var mobile=$("mobile").value;
          var mobileId=$("mobile_prompt");
          var telReg =/^1\d{10}$/;
      if(!telReg.test(mobile)){
              mobileId.innerHTML="手机号码正确";
              return false;
          }
      mobileId.innerHTML=pass;
        return true;
      }

      </script>
      </head>
      <body>
      <table  border="1"  cellspacing="0"cellpadding="0">
        <tr>
          <td height="32" align="center" ><h2> 新用户注册</h2></td>
        </tr>
        <tr>
          <td><form action="" method="post" name="myform">
          <table width="601" height="133" border="0"   cellspacing="0"cellpadding="0">
        <tr>
          <td width="93" class="right" > 用户名:</td>
          <td width="143"><input id="user" type="text" class="inputClass" onblur="
checkUser()" /></td>
          <td width="364"><div id="user_prompt">以字符开头,由 4-12 位字符组成,且不能包含
*</div></td>
        </tr>
        <tr>
          <td class="right" >密码:</td>
          <td><input id="pwd" type="password" class="inputClass"  onblur="checkPwd()"/
></td>
          <td><div id="pwd_prompt">密码由 4-10 位字符组成</div></td>
        </tr>
```

```
<tr>
  <td class="right">确认密码:</td>
  <td><input id="repwd" type="password" class="inputClass"  onblur="checkRepwd
()"/></td>
  <td><div id="repwd_prompt"></div></td>
</tr>
 <tr>
  <td class="right">电子邮箱:</td>
  <td><input id="email" type="text" class="inputClass"  onblur="checkEmail()"/>
</td>
  <td><div id="email_prompt">邮箱格式示例:email@126.com</div></td>
</tr>
  <tr>
  <td class="right">手机号码:</td>
  <td><input id="mobile" type="text" class="inputClass" onblur="checkMobile()" />
</td>
  <td><div id="mobile_prompt"></div></td>
</tr>
 <tr>
  <td height="33"> </td>
  <td><input type="submit" name="btn_s" id="btn_s" value="注 册" /> </td>
  <td><input type="reset" name="btn_r" id="btn_r" value="全部重填" /></td>
</tr>
</table>
</form></td>
 </tr>
</table>
</body>
</html>
```

3.5.5 能力提升:仿百捷在线申请

利用 JavaScript 中的 RegExp 正则表达式,很容易实现对字符串执行模式匹配、文本字符串的检测、替换等功能。无论是用正则表达式直接量还是用构造函数 RegExp(),创建一个 RegExp对象都是比较容易的,较为困难的任务是用正则表达式语法来描述字符的模式。

1. 电子邮箱地址格式检测

在网站上注册时,通常会要求用户提供电子邮箱地址,当密码遗忘时,它可用于找回密码。但在注册时,用户填写的电子邮箱地址是否正确,JavaScript 可以检测电子邮箱地址的格式是否正确,而且用 RegExp 对象来检测,所用代码比较简洁,但关键是如何构造一个表达式出来。不同的设计人员会写出各自不同的表达式,什么样的表达才算是比较严谨的呢?

电子邮箱地址构成:邮箱用户名@域名,如 email_998@163. com。

比如:网易邮箱用户名可以由 6～18 个字符组成,可使用字母、数字、下划线,需以字母开头;新浪邮箱用户名可以由 6～18 个字符组成,可使用字母、数字、下划线;QQ 邮箱用户名可以由 3～18 个英文、数字、点、减号、下划线组成。可见,QQ 邮箱用户名要求是比较宽松的,因此,通用的邮箱用户名的要求:由 3～18 个英文、数字、点、减号、下划线组成用户名部分。

域名一般是由小写的英文、数字、点组成,结尾一般是小写的 2～4 个字母。

由此可以构造一个比较严谨的检测电子邮箱地址的正则表达式:

```
/^[\w-\.]{3,18}@([a-z\d]+\.)+[a-z]{2,4}$/
```

说明：

[\w－\.]{3,18}：其中[\w－\.]，用中括号表示英文、数字、减号、下划线、点，也就是取值范围。{3,18}表示前面中括号里的字符至少出现3次，最多出现18次。

@：邮箱标示，邮箱地址中必须出现。

([a－z\d] ＋\.)＋：其中[a－z\d]表示小写的英文字母、数字，＋表示前面中括号里面的内容至少出现一次，\.表示一个点，小括号外面的＋表示小括号里面的内容至少出现一次。

[a－z]{2,4}：表示小写的2～4个字母。

2. 电话格式检测

(1)固定电话格式检测。国内固定电话的格式一般有两种：3位区号－8号码和4位区号－7号码。如027－87888888或0511－2222222，可以构造表达式：

```
((^0\d{2}-\d{8})|(^0\d{3}-\d{7}))$
```

(2)手机号码格式检测。手机号码是以1开头的11位数字，可以构造表达式：

```
^1\d{10}$
```

可以同时检测固定电话格式或者手机号码格式的表达式：

```
((^0\d{2}-\d{8})|(^0\d{3}-\d{7})|^1\d{10})$
```

3. 身份证号格式检测

现在都使用第二代身份证，身份证号有18位，也有两种格式：18位全是数字，17位数字＋X(x)。可以构造表达式：

```
^\d{17}(\d|X|x)$
```

第二代身份证号的倒数第二位数表示性别，单数为男性，双数为女性。因此，性别可以由身份证号判断。

```
var sex=parseInt(Id.slice(16,17))%2==1)?"男":"女";
```

4. 仿百捷在线申请

仿百捷在线申请，如图3-17所示。

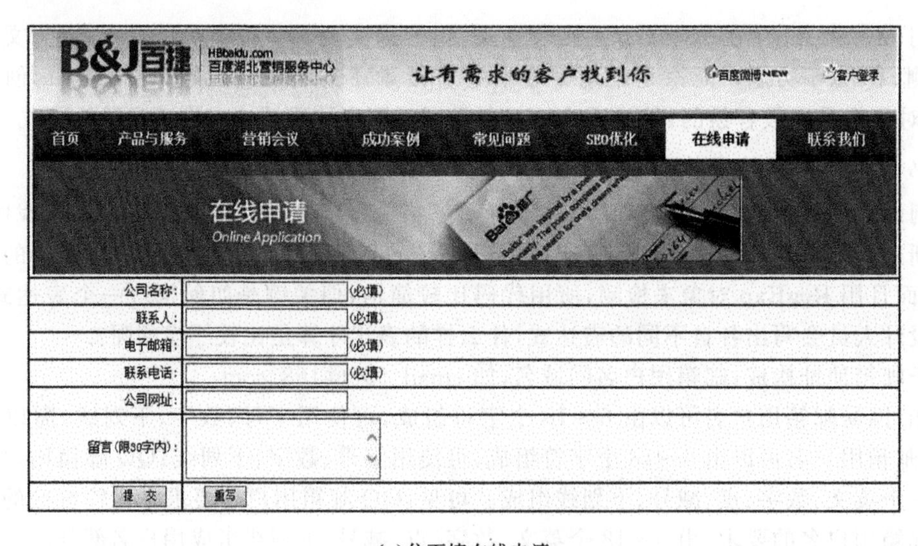

(a)仿百捷在线申请

图3-17　仿百捷在线申请及验证

(b)验证未通过

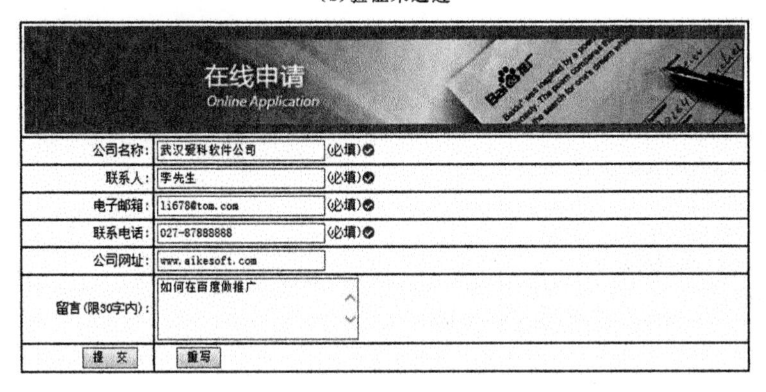

(c)验证通过

续图 3-17

(1)定义验证结果显示函数:

```
    function ShowCheckResult(ObjectID, Message, ImageName) {
        var obj =document.getElementById(ObjectID);
        obj.style.display ='';
        obj.innerHTML ='<img src="pic/'+ ImageName+ '.gif" align= absmiddle>  ' + 
Message;
    }
```

三个参数如下。

ObjectID:验证对象。Message:提示消息。ImageName:显示的图片。

如果验证通过,则 Message 不显示,ImageName 显示为验证通过的图片;如验证没有通过,则 Message 显示出错提示信息,ImageName 显示为出错的图片。

(2)定义验证函数:

```
function CheckcompanyName(companyName) {
    tmp =/^\S{6,26}$/;//定义正则表达式
    if(! tmp.test(companyName)) {
        ShowCheckResult("CheckcompanyName", "限定在 6--26个字符","error");
        //验证没有通过
        return;
    }
    ShowCheckResult("CheckcompanyName", "","right");//验证通过
}
```

(3)定义邮箱验证的正则表达式：

```
tmp =/^[\w-\.]{3,18}@([a-z\d]+\.)+[a-z]{2,4}$/
```

(4)定义联系电话的正则表达式：

```
tmp=/((^0\d{2}-\d{8})|(^0\d{3}-\d{7})|^1\d{10})$/;
```

参考代码：

```
<!DOCTYPE>
<html>
<head>
<meta charset="gb2312">
<title>仿百捷在线申请</title>
<style type="text/css">
td{
    font-size: 14px;
}
#reg{
    margin:0 auto;
    width:700px;}
#reg span{
    color:#F00;
    font-size:14px;}
</style>
<script  type="text/javascript">
var tmp;
function CheckcompanyName(companyName) {
    tmp =/^\S{6,26}$/;
    if(!tmp.test(companyName)) {
        ShowCheckResult("CheckcompanyName", "限定在 6--26 个字符","error");
        return;
}
ShowCheckResult("CheckcompanyName", "","right");
}
function CheckcontactName( contactName) {
    tmp =/^\S{2,10}$/;
    if(!tmp.test(contactName)) {
        ShowCheckResult("CheckcontactName", "限定在 2--10 个字符","error");
        return;
    }
    ShowCheckResult("CheckcontactName", "","right");
}
function CheckMail(email) {
    tmp =/^[\w-\.]{3,18}@([a-z\d]+\.)+[a-z]{2,4}$/
    if(!tmp.test(email)) {
        ShowCheckResult("CheckMail", "请输入正确的电子邮箱","error");
        return;
}
ShowCheckResult("CheckMail", "","right");
}
function CheckcontactTel(contactTel) {
tmp=/((^0\d{2}-\d{8})|(^0\d{3}-\d{7})|^1\d{10})$/;
if (!tmp.test(contactTel)   ){
```

```
        ShowCheckResult("CheckcontactTel", "请输入正确手机或固话号码(如:027-
87123456)","error");
          return;
      }
      ShowCheckResult("CheckcontactTel", "","right");
      }
  function ShowCheckResult(ObjectID, Message, ImageName) {
      var obj =document.getElementById(ObjectID);
      obj.style.display ='';
      obj.innerHTML = '<img src="pic/' + ImageName + '.gif" align= absmiddle> '
  +Message;
      }
      </script>
      </head>
      <body>
      <table  border="1" align="center"cellpadding=3 cellspacing ="0" id="reg" >
         <tr >
           <td height="108"colspan ="2"><img src="pic\t1.JPG" width="980" height="268">
  </td>
          </tr>
          <tr>
        <td width ="168" height="30" style="text-align:right">公司名称:</td>
           <td width ="804" style ="text-align: left"><input type ="text" name =
"companyName" size="26" maxlength="26"  onBlur="CheckcompanyName(this.value)" id=
"companyName">(必填)<span id="CheckcompanyName" ></span></td>
          </tr>
        <tr>
           <td width ="168" height="30" style="text-align:right">联系人:</td>
           <td style="text-align:left"><input type="text" name="contactName" size="26"
   maxlength="10"  onBlur="CheckcontactName(this.value)" id="contactName">(必填)<span
  id="CheckcontactName" ></span>
             </td>
           </tr>
        <tr>
          <td width ="168" height="30" style="text-align:right"> 电子邮箱:</td>
           <td style="text-align: left"><input type="text" name="email" size="26"
  maxlength="30"  onBlur="CheckMail(this.value)"  value="" id="email" >(必填)<span id="
  CheckMail" ></span>
             </td>
          </tr>
          <tr>
           <td width ="168" height="30" style="text- align:right"> 联系电话:< /td>
             <td style="text-align:left"><input type="text" name="contactTel" size="26"
  onBlur="CheckcontactTel(this.value)"   value="" id="contactTel" >(必填)<span id="
  CheckcontactTel" ></span></td>
        </tr>
           <td width ="168" height="30" style="text-align:right"> 公司网址:< /td>
           <td style="text-align:left"><input type="text" name="companyUrl" size="26"
  value="" id="companyUrl" >
                  </td>
                </tr>
```

```
            <tr>
              <td width ="168" height="30" style="text-align:right"> 留言(限 30 字内):
</td>
              <td style="text-align:left"><textarea name="txt" id="txt" cols="30"
rows="4" maxlength="30"></textarea></td>
             </tr>
            <tr>
              <td height="30" style="text-align:right" ><input name="Submit1" type=
"button" id="Submit1"  value="提  交" > </td>
              <td style="text-align:left">   <input type ="reset" value ="重
写"
    name ="Submit2" ></td>
             </tr>
           </table>
    </body>
    </html>
```

任务 3.6 制作弹出窗口

任务描述

该任务模拟用户注册过程。若用户在登录窗口中单击“用户注册”按钮,则弹出注册窗口。若用户在登录页面中单击“退出”按钮,则弹出确认对话框。

任务分析

制作弹出注册窗口可以采用以下步骤:

(1)完成静态页面设计。

(2)添加“用户注册”按钮的单击事件处理函数 openwindow(),在事件处理函数中调用 window 对象的 open 方法,打开注册页面。

(3)添加“退出”按钮的单击事件处理函数 closewindow(),在事件处理函数中调用 window 对象的 close 方法,关闭当前页面。

知识梳理

BOM(browser object model,浏览器对象模型)是指支持 JavaScript 的浏览器在装入 Web 页面时创建出的多个 JavaScript 对象,可以通过这些对象访问 Web 页面中的各种元素,获得相应的操作效果。而这些功能与任何网页内容无关。

BOM 中定义了 6 种重要的对象:

- window 对象表示浏览器中打开的窗口;
- document 对象表示浏览器中加载页面的文档对象;

- location 对象包含了浏览器当前的 URL 信息；
- navigation 对象包含了浏览器本身的信息；
- screen 对象包含了客户端屏幕及渲染能力的信息；
- history 对象包含了浏览器访问网页的历史信息；

除了 window 对象之外，其他的 5 个对象都是 window 对象的属性。

3.6.1 window 对象

window 对象是一个全局对象，表示浏览器目前正打开的窗口。所有 JavaScript 全局对象、函数以及变量均自动成为 window 对象的成员。全局变量是 window 对象的属性；全局函数是 window 对象的方法，所以在使用 window 对象的属性和方法时，不需要特别指明 window 对象。如 alert()，实际上完整的调用是 window. alert()，通常省略了 window 对象的引用。

window 对象代表的是打开浏览器窗口。通过 window 对象可以控制窗口的大小和位置、弹出对话框的类型、打开窗口与关闭窗口，还可以控制窗口上是否显示地址栏、工具栏和状态栏等栏目，对于窗口中的内容，window 对象可以控制是否重载网页、是否返回上一个文档或前进到下一个文档。

1. window 对象常用的属性

window 对象常用的属性如表 3-10 所示。

表 3-10 window 对象常用的属性

名　称	说　明
status	指定浏览器状态栏中显示的临时消息
screen	有关客户端的屏幕和显示性能的信息
history	有关客户访问过的 URL 的信息
location	有关当前 URL 的信息
document	表示浏览器窗口中的 HTML 文档
self	是对当前对象的引用，self 指窗口本身

2. window 对象常用的方法和事件

window 对象常用的方法和事件如表 3-11 所示。

表 3-11 window 对象常用的方法和事件

名　称	说　明
alert()	显示一个带有提示信息和确定按钮的对话框
confirm()	显示一个带有提示信息、确定和取消按钮的对话框
prompt()	包含确定、取消按钮和一个文本框的对话框，用于用户在文本框中输入一些数据
setTimeout()	经过指定毫秒值后执行某个函数
setInterval()	经过指定时间间隔后调用一个函数
clearInterval()	清除由 setInterval()生成的定时器
clearTimeout()	清除由 setTimeout()生成的定时器
focus()	focus()窗口获得焦点，变为活动窗口
open()	打开新窗口
close( )	关闭窗口
blur()	blur()焦点从窗口移走，窗口变为非活动窗口
moveTo()	把窗口的左上角移动到一个指定的坐标

3. 打开新窗口

open()用于打开新窗口，基本语法格式为：

```
window.open(pageURL,name,parameters)
```

其中：pageURL 为子窗口中显示的页面的路径，name 为子窗口句柄，parameters 为窗口参数(各参数用逗号分隔)。

4. 关闭窗口

close()用于关闭指定的浏览器窗口。如要关闭当前窗口：

```
window.close();
```

若用 window.open 打开一个窗口，再在那个被打开的窗口中执行 window.close，那么，就不提示用户"是否关闭"；若不是用 window.open 打开的窗口，而直接打开的窗口，并在其中执行 window.close，那么就会提示用户选择"是否关闭"，如图 3-18 所示。

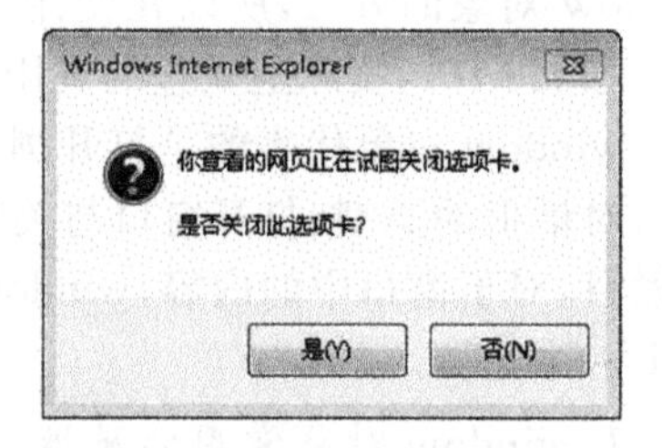

图 3-18　提示用户选择"是否关闭"

例 3-5　打开和关闭窗口。

```
<!DOCTYPE>
<html>
<head>
<meta charset="utf-8">
<title>打开新窗口示例</title>
    <script type="text/javascript">
    function newWin() {
      var win = window.open("例 3-1.html", "_blank", "toolbar=yes, location=yes,
directories=no, status=no, menubar=yes, scrollbars=yes, resizable=no, copyhistory=
yes, width=400, height=300");
        }
    </script>
</head>
<body>
   <input type="button" value="打开新窗口" onClick="newWin()" />
</body>
</html>
```

各参数说明如表 3-12 所示。

表 3-12　open()各参数说明

选　项	说　明
height	窗口的高度，单位像素
width	窗口的宽度，单位像素
left	窗口的左边缘位置
top	窗口的上边缘位置
fullscreen	是否全屏，默认值 no
location	是否显示地址栏，默认值 yes
menubar	是否显示菜单栏，默认值 yes

续表

选　　项	说　　明
resizable	是否允许改变窗口大小，默认值 yes
scrollbars	是否显示滚动条，默认值 yes
status	是否显示状态栏，默认值 yes
titlebar	是否显示标题栏，默认值 yes
toolbar	是否显示工具条，默认值 yes

3.6.2 document 对象

每个载入浏览器的 HTML 文档都会成为 document 对象。document 对象可以从脚本中对 HTML 页面中的所有元素进行访问。

提示：

document 对象是 window 对象的一部分，可通过 window. document 属性对其进行访问。

1. document 对象常用属性

document 对象常用属性如表 3-13 所示。

表 3-13　document 对象常用属性

属　　性	描　　述
body	提供对<body>元素的直接访问。对于定义了框架集的文档，该属性引用最外层的<frameset>
cookie	设置或返回与当前文档有关的所有 cookie
domain	返回当前文档的域名
lastModified	返回文档被最后修改的日期和时间
referrer	返回载入当前文档的来源文档的 URL
title	返回当前文档的标题
URL	返回当前文档的 URL

2. document 对象常用方法

document 对象常用方法如表 3-14 所示。

表 3-14　document 对象常用方法

方　　法	描　　述
document. write()	动态向页面写入内容
document. getElementById(id)	返回指定 id 的第一个对象的引用
document. getElementsByName(Name)	返回指定 Name 值的对象集合
document. getElementsByTagName()	返回指定标签名的对象集合
document. getElementsByClassName()	返回所有指定类名的元素集合(IE 8 及以后版本不支持)
document. createElement()	创建元素节点
document. createAttribute()	创建属性节点

3.6.3 任务实现

(1)完成静态页面设计。

(2)添加"用户注册"按钮的单击事件处理函数 openwindow(),在事件处理函数中调用 window 对象的 open 方法,打开注册页面。

(3)添加"退出"按钮的单击事件处理函数 closewindow(),在事件处理函数中调用 window 对象的 close 方法,关闭当前页面,关闭时弹出提示,以确认关闭。

参考代码:

```
<html>
<head>
<meta  charset="gb2312">
<title>window 对象</title>
<script language="javascript">
function openwindow() { window.open("register.html","","width=660,heigh=200,left=
200,top=260");
}
function closewindow() {
    if(window.confirm("您确认要退出系统吗?")) {
      opener=null;
      window.close();
    }
}
</script>
</head>
<body bgcolor="#CCCCCC">
<table border="0" align="center" bgcolor="#FFFFFF">
    <tr>
     <td><img src="images/1.jpg" width="367" height="90"></td>
    </tr>
    <tr>
     <td align="center"><input type="button" name="regButton" value=" 用户注册
" onClick="openwindow()">  
     <input type="button" name="exitButton" value="退出 "  onclick="closewindow()">
    </td>
    </tr>
</table>
</body>
</html>
```

3.6.4 能力提升:让窗口动起来

让窗口动起来,窗口从左上角向右移动,当移到屏幕右边时,向下移动,当移到底部时向左移动,当移到左下角时向上移动。

1. 主窗口

打开主窗口时自动弹出移动窗口。moveWin.html 是弹出窗口的文件名,窗口的高、宽均为 100 像素。主窗口文件参考代码如下。

```
<HTML>
<HEAD>
<meta charset="utf-8">
```

```
<TITLE> 弹窗实例</TITLE>
<SCRIPT>
window.onload =function() {
window.open("moveWin.html", "", "toolbar=no,width=100,height=100 ");
}
</SCRIPT>
</HEAD>
<BODY ></BODY>
</HTML>
```

如果想要让主窗口在一定时间内自动关闭，可以在主窗口的 onload 事件的最后加入一行代码：

```
setTimeout("window.close()",1000) ;
```

不过，加入的这行代码可以关闭当前窗口，但会弹出关闭确认对话框。如果要去掉关闭确认对话框，需要在 setTimeout 的前面再加入一行代码：

```
window.open("","_self","");
```

这样，通过这两行代码，可以自动关闭主窗口而不弹出关闭确认对话框。

2. 移动窗口

主窗口弹出移动窗口后，移动窗口从左上角向右移动，当移到屏幕右边时，向下移动，当移到底部时向左移动，当移到左下角时向上移动。

(1)window. moveTo(x, y)移动窗口的左上角到 x,y。

(2)通过改变 x,y 的值来移动窗口：

- y 值不变时(如 y=0)，x++：窗口向右移动。
- x 值不变时，y++：窗口向下移动。
- y 值不变时，x--：窗口向左移动。
- x 值不变时，y--：窗口向上移动。
- x < width－270：用于设置移动窗口的右边边界。
- y <height－180：用于设置移动窗口的下边边界。

(3)鼠标移到窗口上时，窗口停止移动，也就是清除定时器：

```
clearInterval( timer)
```

(4)鼠标移出窗口时，窗口继续移动，重新调用定时器：

```
timer =setInterval("moveWindow()", 1)
```

参考代码：

```
<!DOCTYPE html>
<html>
<head>
<meta charset="utf-8">
<title></title>
<script>
  var x=0,y=0;
  window.onload =function() {
     timer =setInterval("moveWindow()", 1)//调动定时器
}
  function moveWindow(){
    var height=window.screen.height;//取得当前屏幕的高度
    var width=window.screen.width;//取得当前屏幕的宽度
    if(y ==0 && x <width-270){
```

```
        x++;
    }else if(y <height-180 && x ==width-270){
                //180 等于窗口自身的高度 100+开始菜单栏的高度
        y++;
    }else if(y ==height-180 && x >0){
        x--;
    }else if(x ==0 && y >0){
        y--;
    }
    window.moveTo(x, y);
}
window.onmouseover=function(){
clearInterval( timer);
}
window.onmouseout=function(){
timer =setInterval("moveWindow()", 1)
}
</script>
</head>
<body>
  <p> 让窗口动起来</p>
  <input name="" type="button" value="关闭当前窗口" onClick="window.close()">
  </body>
</html>
```

如果想让移动窗口在一定时间内自动关闭，可以在移动窗口的 onload 事件中加一行代码：

```
setTimeout("window.close()",6000);
```

如果想让移动窗口显示在最前面，可以在弹出窗口<body>里加上代码：onblur="self.focus()"，即 <body onblur="self.focus()">。

总　结

本项目主要介绍了 JavaScript 常用系统对象、浏览器对象和对象的常用属性、方法及其使用。

(1)Date 对象用于处理日期和时间。

(2)Math 对象提供了常用的数学函数。

(3)Array 对象用于在单个的变量中存储多个值。

(4)String 对象用于处理文本(字符串)。

(5)RegExp 对象表示正则表达式，它是对字符串执行模式匹配的强大工具。

(6)window 对象表示浏览器中打开的窗口或一个框架。window 对象是全局对象，所有的表达式都在当前的环境中计算。

(7)document 对象可以从脚本中对 HTML 页面中的所有元素进行访问。document 对象是 window 对象的一部分，可通过 window.document 属性对其进行访问。

实　训

实训 3.1　显示日历和时间

实训目的：

(1)掌握 Date 对象的创建。

(2)掌握获取系统时间的常用方法。

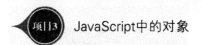

(3)掌握定时器的使用。

实训要求:

如图 3-19 所示,显示日历和时间。

图 3-19 显示日历和时间

实现思路:

(1)运用 Date 对象处理日期和时间。

(2)利用定时器,更新时间。

参考代码:

```
<!DOCTYPE html>
<html>
<head>
<meta charset="utf-8">
<title>实训 3.1 日历-时间</title>
<style>
#yy,#ww,#time{
    color:#008040;
    font-size:22px;}
#dd{
    color:#008040;
    font-size:60px;
    }
td{
    text-align:center;
    border: 0}
</style>
</head>
<body>
<script>
function showTime()
{
today =new Date();
var mon=today.getMonth()+1;
var date=today.getFullYear()+"年"+mon+"月";
var dd=today.getDate();
var ww=today.getDay();
var week=["星期日","星期一","星期二","星期三","星期四","星期五","星期六"];
document.getElementById("yy").innerHTML=date; //给 id 标签赋值
document.getElementById("dd").innerHTML=dd;
document.getElementById("ww").innerHTML=week[ww];
var h=today.getHours();
var m=today.getMinutes();
var s=today.getSeconds();
h=h<10? "0"+h:h;
m=m<10? "0"+m:m;
s=s<10? "0"+s:s;
document.getElementById("time").innerHTML=h+":"+m+":"+s;//给 id 为 time 的标签赋值
```

```
setTimeout("showTime()",1000);//设置定时函数,1秒执行一次 showTime 函数
}
window.onload= showTime;
</script>
<table border='1' cellspacing='3' width='118'  height='158' bordercolor='#009900' >
<tr>
<td id="yy"></td>
</tr>
<tr>
<td id="dd"></td>
</tr>
<tr>
<td id="ww"></td>
</tr>
<tr>
<td id="time"></td>
</tr>
</table>
</body>
</html>
```

实训 3.2　随机背景音乐

实训目的：

掌握 Math 对象的常用方法。

实训要求：

有 10 个.mp3 音乐文件(因浏览器的兼容性,请选择.mp3 格式或.ogg 格式的音频文件),作为网页的背景音乐,文件名是 0 到 9,如 0.mp3,要求每次打开页面时,播放不同的音乐。

实现思路：

用 Math 对象的常用方法 random()和 floor()产生一个 0 到 9 之间的随机数,根据不同的随机数播放不同的音乐文件。

参考代码：

```
<!DOCTYPE html >
<html >
<head>
<meta  charset="utf-8" />
<title> 随机背景音乐</title>
</head>
<body>
<script >
var x=Math.floor(Math.random()*10);
var x="mp3/"+x+".mp3";
document.write('< audio src="'+x+'" hidden="true"  autoplay="true" loop="loop" >
</audio> ')
</script> 刷新页面,你将听到不同的背景音乐!
</body>
</html>
```

实训 3.3 带数字导航的幻灯片

实训目的：

(1)掌握数组对象的使用方法。

(2)掌握定时器的使用方法。

实训要求：

带数字导航的幻灯片效果，可以让用户知道一共有多少张图片。本实训任务中五张图片循环显示，并且下面的数字随图片一起切换，当前图片所对应的数字背景改变为红色，如图 3-20 所示。

图 3-20 带数字提示的幻灯片

实现思路：

(1)页面加载时，使用定时器自动播放图片，更改图片是通过改变 img 标签的 src 属性来实现的。

(2)当播放到相应图片时，相应数字设置 style 样式的 backgroundColor 属性，其他图片相应数字的样式还原到默认状态。数字可通过列表来实现，通过 CSS 实现外观。

参考代码：

```
<!DOCTYPE html>
<html>
<head>
<meta charset="utf-8" />
<title> 实训 3.3 带数字导航的幻灯片</title>
<style>
*{ margin:0;
padding:0;}
#box{
  margin: 0 auto;
  width: 700px;
  height: 280px;
  overflow: hidden;
  position: relative;
}
#box  div{
  position: absolute;
  overflow: hidden;
}
#d2{width:100% ;
  height:30px;
  position:absolute;
```

```
        left:0;top:240px;}
      #d2 ul{
        position:absolute;
        left:40%;top:0;}
      #d2 li{
        width: 20px;
        height: 20px;
        background:#F60;
        border-radius:10px;
        text-align:center;
        cursor:pointer;
        float:left;
        margin:0 3px;
        display:inline;}
      #d2 li.now{background:red;}
      </style>
      <script type="text/javascript">
      var picsArr=new Array();
          picsArr[0]="images/01.jpg";
          picsArr[1]="images/02.jpg";
          picsArr[2]="images/03.jpg";
          picsArr[3]="images/04.jpg";
          picsArr[4]="images/05.jpg";
      var timer,index=0;
      var oli =document.getElementsByTagName("li");
      function showPic(){
          document.getElementById("pic").src=picsArr[index];
          for (i =0; i <oli.length; i++) oli[i].style.backgroundColor ="# F60";
          oli[index].style.backgroundColor =  "red";;
          index =index <4? index+1:0;
          timer=setTimeout("showPic()",2000);
      }
  window.onload=showPic;
  </script>
  </head>
  <body>
        <div id="box">
          <img src="images/01.jpg" alt="" id="pic"/>
         <div  id="d2">
          <ul>
            <li>1</li>
            <li>2</li>
            <li>3</li>
            <li>4</li>
            <li>5</li>
          </ul>
          </div>
```

```
    </div>
  </body>
</html>
```

实训 3.4　验证注册信息

实训目的：

(1)掌握字符串对象的使用方法。

(2)掌握条件语句、循环语句的使用方法。

实训要求：

如图 3-21 所示，按要求验证用户注册信息。

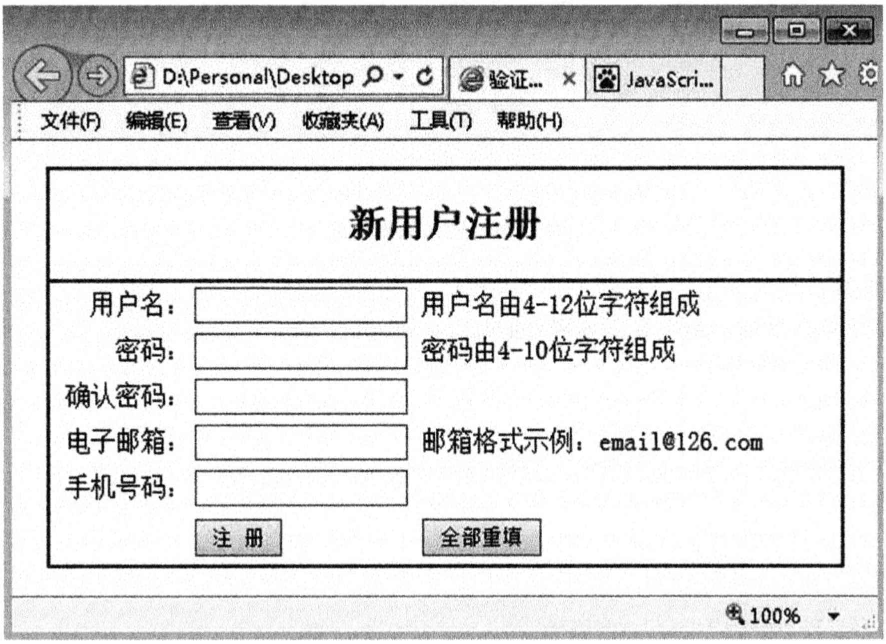

图 3-21　验证用户注册信息

实现思路：

(1)设计静态页面。

(2)定义一个 $ 函数：

```
function $ (elementId){
  return document.getElementById(elementId);
    }
```

(3)设计各文本框的 onblur 事件。

可参照任务 3.4。

实训 3.5　用正则表达式验证注册信息

实训目的：

掌握 RegExp 对象的使用方法。

实训要求：

如图 3-22 所示，用正则表达式验证注册信息。

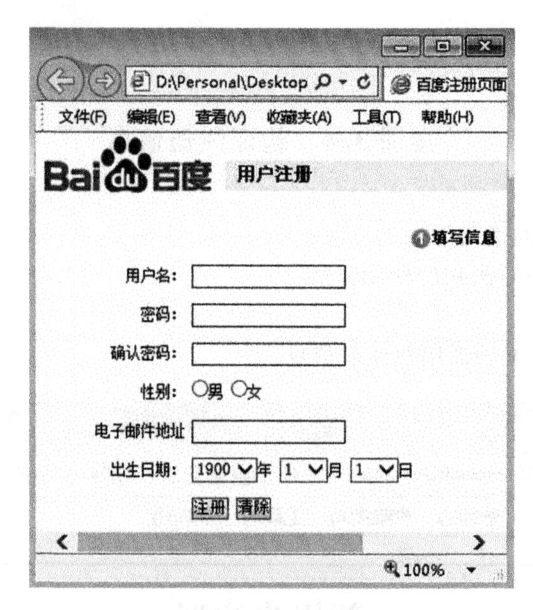

图 3-22 验证注册信息

实现思路：

(1)设计静态页面。出生日期列表，通过 JavaScript 生成。

```
<select id="year">
<script >
for(var i=1900;i< v=2015;i++){
document.write("<option value="+i+">"+i+"</option>");
}
</script></select> 年
<select id="month">
<script type="text/javascript">
for(var i=1;i<=12;i++){
document.write("<option value="+i+">"+i+"</option>");
}
</script></select> 月
<select id="day">
<script type="text/javascript">
for(var i=1;i< =31;i++){
document.write("<option value="+ i+ ">"+i+"</option>");
}
</script></select> 日
```

(2)定义"注册"按钮的验证函数 check()。参考代码：

```
<script type="text/javascript">
function $ (ElementId){
    return document.getElementById(ElementId);}
function check(){
/*用户名验证 */
  var user= $ ("user").value;
```

```
        var reg=/^\w{4,16}$/;
      $("userId").innerHTML="";
          if(reg.test(user)==false){
          $("userId").innerHTML="用户名长度在 4-12 之间";
          return false;
}
//密码验证
        var pwd=$("pwd").value;
        $("pwdId").innerHTML="";
        var reg=/^\w{6,12}$/;
          if(reg.test(pwd)==false){
             $("pwdId").innerHTML="密码长度在 6-12 之间";
          return false;
          }
        var repwd=$("repwd").value;
        var pwd=$("pwd").value;
        $("repwdId").innerHTML="";
        if(pwd!=repwd){
           $("repwdId").innerHTML="两次输入的密码不一致";
          return false;
        }
      //性别
      var sexId=$("sexId");
      sexId.innerHTML="";
      var sex=document.getElementsByName("sex");
      if((sex[0].checked==false)&&(sex[1].checked==false)) {
      sexId.innerHTML="请选择性别";
          return false;
      }
      //验证邮箱
        var email=$("email").value;
        $("emailId").innerHTML="";
        var reg=/^\w+@\w+\.(com|cn)$ /;
          if(reg.test(email)==false){
           $("emailId").innerHTML="Email 格式不正确,例如 web@sohu.com";
           return false;
           }
}
</script>
```

实训 3.6 制作弹窗效果

实训目的：

掌握 window 对象的使用方法。

实训要求：

页面打开后，自动弹出一个新的窗口，新的窗口在 5 秒后自动关闭。

实现思路：

(1)在主页面中加入弹窗：

```
<script >
window.onload=function(){
    window.open("adv.html","_blank","width=499px,height=194px,top=50px,left=
50px");
}
</script>
```

(2)对弹出的窗口实现自动关闭：

```
<script>
window.onload=function(){
    setTimeout("this.close()",5000);
}
</script>
```

练　　习

一、选择题

1. setTimeout(“adv()”,100)表示的意思是(　　)。

A. 间隔100秒后，adv()函数就会被调用

B. 间隔100分钟后，adv()函数就会被调用

C. 间隔100毫秒后，adv()函数就会被调用

D. adv()函数被持续调用100次

2. 下面关于Date对象的getMonth()方法的返回值描述，正确的是(　　)。

A. 返回系统时间的当前月

B. 返回值的范围介于1和12之间

C. 返回系统时间的当前月+1

D. 返回值的范围介于0和11之间

3. 在JavaScript中(　　)方法可以对数组元素进行排序。

A. add()　　B. join()　　C. sort　　D. length

4. 下列声明数组的语句中，错误的选项是(　　)。

A. var student=new Array()

B. var student=new Array(3)

C. var student[ ] = new Array(3)(4)

D. var student= new Array("jack","tomm")

5. 下列正则表达式中(　　)可以匹配首位是小写字母，其他位数是小写字母或数字的最少两位的字符串。

A. /^\w{2,}$/　　B. /^[a-z][a-z0-9]+$/

C. /^[a-z0～9]+$/　　D. /^[a～z]\d+$/

6. String对象的方法不包括(　　)。

A. charAt()　　B. substring()　　C. toLowerCase()　　D. length()

7. 对字符串str="welcome to china"进行下列操作处理，描述结果正确的是(　　)。

A. str.substring(1,5)的返回值是“welco”

B. str. length 的返回值是 16

C. str. indexOf("come" ,4)的返回值是 4

D. str. toUpperCase()的返回值是“Welcome To China”

8. setinterval()方法与 setTimeout()方法的区别:(　　)。

A. setinterval()方法用于每隔一定时间重复执行一个函数,而 setTimeout()方法用于一定时间之后只执行一次函数

B. setTimeout()方法需要浏览者终止,而 setinterval()方法不用这样

C. setinterval()方法用于每隔一定时间闪过一条广告,而 setTimeout()方法则很自由

D. 两者功能不一样

9. 假设创建一个 Date 对象所获取的时间为 2009 年 6 月 11 日星期四,上午 9 点 36 分 27 秒,则下列说法正确的是(　　)。

A,getMonth()方法返回 5　　B. getDay()方法返回 11

C. getDate()方法返回 4　　D. getDay()方法返回 3

10. 用正则表达式对象 reg 检验字符串 str,下列方法正确的是(　　)。

A. reg. test(str)　　B. reg. exec(str)

C. str. exec(reg)　　D. reg. search(str)

11. 打开名为“window2”的新窗口的 JavaScript 语法是(　　)。

A. window. new(' http: //www. baidu. com' ,'window2')

B. window. open('http ://www. baidu. com ','window2','')

C. new(' http ://www. baidu. com', 'window2')

D. new. window('http;//www. baidu. com','window2')

12. 如何在浏览器的状态栏中放入一条消息?(　　)

A. statusbar='put your message here'

B. window. status = 'put your message here'

C. window. status('put your message here')

D. status(put your message here)

二、操作题

1. 在页面上制作节日倒计时。在页面上显示当前时间离 2018 年 5 月 1 日还有多少天。

2. 模拟实现福彩 36 选 7,随机生成范围为 1～36 不重复的 7 个数作为中奖号码。

3. 设计一页面,在打开时,弹出一新窗口,新窗口能自动关闭。

项目4　DOM编程

学习目标

◇ 了解 DOM 模型的基本概念与组成
◇ 了解 DOM 模型的节点概念
◇ 掌握 DOM 元素的查找与定位方法
◇ 掌握 DOM 元素的节点的增、删、改、查方法

文档对象模型(document object model,简称 DOM),是 W3C 组织推荐的处理可扩展标志语言的标准编程接口。DOM 实际上是以面向对象方式描述的文档模型。DOM 定义了表示和修改文档所需的对象、对象的行为和属性以及这些对象之间的关系。可以把 DOM 认为是页面上数据和结构的一个树形表示。

任务 4.1　设计网页相册管理效果

任务描述

对网站相册进行管理,要求:
(1)实现增加一幅图像。
(2)实现替换图像。
(3)实现删除图像。效果如图 4-1 所示。

图 4-1　网站相册图像操作

任务分析

操作网页中的图像，实际上是操作网页文档中的节点。

(1)增加图像，就要给文档增加节点，并给节点赋值。

(2)替换图像，就是节点替换节点。

(3)删除图像，就是把节点从文档中删除。

知识梳理

4.1.1 什么是 DOM

DOM 是 document object model(文档对象模型)的缩写，是 W3C(万维网联盟)的标准。DOM 定义了访问 HTML 和 XML 文档的标准：中立于平台和语言的接口，它允许程序和脚本动态地访问和更新文档的内容、结构和样式。

W3C 的 DOM 标准被分为 3 个不同的部分：

- Core DOM——针对任何结构化文档的标准模型；
- XML DOM——针对 XML 文档的标准模型；
- HTML DOM——针对 HTML 文档的标准模型。

1. Core DOM

Core DOM(核心 DOM)定义了所有结构化文档(包括 HTML、XHTML、XML)的标准模型的对象和属性，以及访问它们的方法。

2. HTML DOM

HTML DOM 定义了所有 HTML 元素的对象和属性，以及访问它们的方法。换言之，HTML DOM 是关于如何获取、修改、添加或删除 HTML 元素的标准。

3. Core DOM 与 HTML DOM

Core DOM 之实质在于将网页文档看成由许多节点(nodes)组成的文档，也就是说，网页中的每一个部分都可理解为“节点”：

- 整个文档是一个文档节点；
- 每个 HTML 元素是元素节点；
- HTML 元素内的文本是文本节点；
- 每个 HTML 属性是属性节点；
- 注释是注释节点。

节点彼此都有等级关系，HTML 文档中的所有节点组成了一个文档树(或节点树)。HTML文档中的每个元素、属性、文本等都代表着树中的一个节点。树起始于文档节点，并由此继续伸出枝条，直到处于这棵树最低级别的所有文本节点为止。一个节点树如图 4-2 所示。

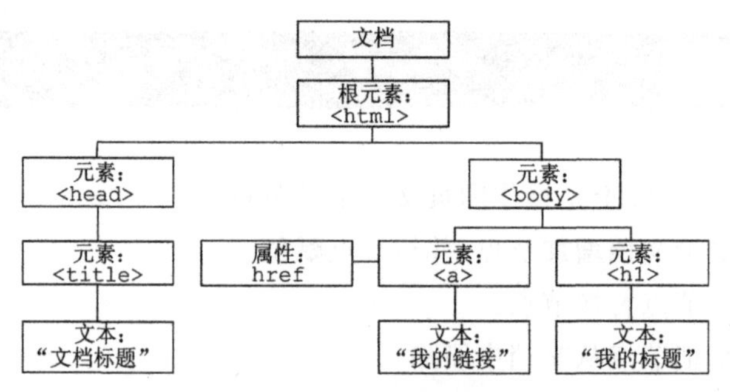

图 4-2　一个文档树(节点树)

HTML DOM 之实质在于将文档看成由许多元素(element)组成的文档。HTML DOM 的特性和方法是专门针对 HTML 的，同时也让一些 DOM 操作变得更加简便。

节点：构成网页的最基本的组成部分，网页中的每一个部分都可以称为一个节点。例如，HTML 标签、属性、文本、注释、整个文档等都是节点。

元素：比如<p>，这就是一个标签；“<p>这里是内容</p>”，这就是一个元素。元素和标签的区别不必太在意，在实际应用中都直接以标签统称。

因此，操作 HTML 页面元素的方式有两种：核心 DOM 方式和 HTML DOM 方式。这两种方式如何选择？

假如要得到有 id 属性的字符串的值是什么，采用 Core DOM 的方式：

```
myElement.attributes["id"].value; //从 Node 接口提供的属性
```

或者

```
myElement.getAttributes("id"); //从 Element 实现的方法返回
```

使用 HTML DOM 方式：

```
myElement.id;
```

显然，HTML DOM 方式操作更简单。

总之，HTML DOM 对核心 HTML 元素对象(属性、方法)进行了封装，对常用元素对象进行简化操作，但无法实现核心 HTML 元素对象所有的功能。

因此，操作属性时，通常使用 HTML DOM 操作；操作节点时，通常使用 Core DOM 操作。

4.1.2　DOM 对象的常用属性

DOM 对象的常用属性如表 4-1 所示。

表 4-1　DOM 对象的常用属性

属　　性	说　　明
innerHTML	节点(元素)的文本值
parentNode	节点(元素)的父节点
childNodes	节点(元素)的子节点
firstChild	返回当前节点的第一个节点
lastChild	返回当前节点的最后一个节点
Attributes	节点(元素)的属性节点
previousSibling	返回当前节点之前的兄弟节点
nextSibling	返回当前节点的下一个兄弟节点

4.1.3 DOM对象的常用方法

1. 访问 HTML 元素(节点)的方法

DOM 操作节点首先找到对应的节点,DOM 使用 getElement 系列方法访问指定节点,常用方法如表 4-2 所示。

表 4-2 访问节点的方法

方　法	描　述
getElementById()	返回带有指定 id 的元素
getElementsByTagName()	返回指定标签名称的所有元素的列表(节点数组)
getElementsByName()	返回指定 name 属性的所有元素的列表
getElementsByClassName()	返回指定类名的所有元素的节点列表

2. 修改 HTML 元素

修改 DOM 意味着许多不同的方面:改变 HTML 内容、改变 CSS 样式、改变 HTML 属性、创建新的 HTML 元素、删除已有的 HTML 元素、改变事件(处理程序)。

1)改变 HTML 内容

改变元素内容的最简单的方法是使用 innerHTML 属性。

例 4-1 改变一个 <p>元素的 HTML 内容。

分析:

(1)定位要操作的对象。

(2)给对象的 innerHTML 属性赋值。

参考代码(部分):

```
<body>
<p id="p1">Hello World! </p>
<script>
document.getElementById("p1").innerHTML="这是更换后的内容!";
</script>
</body>
```

2)HTML 元素创建

如需向 HTML DOM 添加新元素,首先必须创建该元素(元素节点),然后把它追加到已有的元素上。

创建新的 HTML 元素常用的方法如表 4-3 所示。

表 4-3 创建新的 HTML 元素常用的方法

方　法	描　述
createElement()	创建元素节点
createTextNode()	创建文本节点
getAttribute()	返回指定的属性值
setAttribute()	设置属性的值
cloneNode()	复制节点
appendChild()	向已存在节点列表的末尾添加新的子节点
insertBefore(newNode,oldNode)	在指定的子节点前面插入新的子节点

创建节点 createElement()的语法格式为：

```
document.createElement(tagName);
```

创建文本节点 createTextNode()的语法格式为：

```
document.createTextNode(文本);
```

返回指定的属性值 getAttribute()的语法格式为：

```
object.getAttribute(属性);
```

设置属性的值 setAttribute()的语法格式为：

```
object.setAttribute(属性,属性值);
```

以末尾追加方式插入节点 appendChild()的语法格式为：

```
parentNode.appendChild(newNode);
```

说明:appendChild 方法是在父级节点中的子节点的末尾添加新的节点(相对于父级节点来说)。

在指定节点前插入新节点 insertBefore()的语法格式为：

```
parentNode.insertBefore(newNode,oldNode);
```

复制节点 cloneNode()的语法格式为：

```
object.cloneNode(false);// false 表示不复制子节点
```

例 4-2 用按钮控制插入一新段落。

首先使用 createElement()创建元素(元素节点),然后使用 appendChild()把它追加到已有的元素上。

参考代码(部分)：

```
<body>
<div id="d1">
<p id="p1"> 这是第一个段落。</p>
<p id="p2"> 这是第二个段落。</p>
</div>
<input name="input" type="button" onClick="addE()" value= "创建一个新的元素">
<script>
function addE(){
var para=document.createElement("p");//创建一个新的 <p> 元素
var node=document.createTextNode("这是一个新插入的段落。");//创建了一个新的文本节点
para.appendChild(node);//把新的文本节点追加到已有的元素上
var element=document.getElementById("d1");
element.appendChild(para);//将新创建的元素追加到文档的<div> 的最后
}
</script>
</body>
```

运行程序,插入前后的效果如图 4-3 和图 4-4 所示。

图 4-3 插入前的效果

图 4-4 插入后的效果

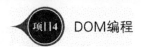

3)删除 HTML 元素

删除 HTML 元素常用的方法如表 4-4 所示。

表 4-4 删除 HTML 元素常用的方法

方　法	描　述
removeChild()	删除子节点
replaceChild(newNode,oldNode)	用另一个节点替代它

例 4-3 用按钮实现动态替换图片、删除指定的图片、复制图片,效果如图 4-5 所示。

分析:

(1)先定位被替换的图片。

(2)创建一节点,并给节点的 src 属性赋值。

(3)用新节点替换原来的图片。

(4)删除节点时,先定位,再从父节点中删除子节点。

(5)复制节点时,先定位,再复制,最后插入节点。

图 4-5 图片节点操作

参考代码:

```
<!DOCTYPE html >
<html>
<head>
<meta  charset="gb2312" />
<title> 换、删节点</title>
<script>
function repNode(){
    var oldimage=document.getElementById("m2"); //访问被替换的节点
    var newimage=document.createElement("img"); //创建一个图片节点
    newimage.setAttribute("src","images/m3.jpg"); //设置 src 属性
    oldimage.parentNode.replaceChild(newimage,oldimage);//替换原来的图片
}
function delNode(){
    var image=document.getElementById("m1"); //访问要删除的节点
    image.parentNode.removeChild(image);     //从父元素页面中删除节点
}
function copyNode(){
    var image=document.getElementById("m2"); //访问要复制的节点
    var copyImage=image.cloneNode(false);     //复制指定的节点
    image.parentNode.appendChild(copyImage); //在父节点的最后增加节点
}
</script>
</head>
<body>
<h2> 图片节点操作</h2>
<p> <input id="b1" type="button" value="替换图片" onclick="repNode()" />
<input id="b2" type="button" value="删除图片" onclick="delNode()" />
<input id="b3" type="button" value="复制图片"onclick="copyNode()" /></p>
  <img src="images/m1.jpg" id="m1" alt="水果" />
```

```
<img src="images/m2.jpg" id="m2" alt="西瓜" />
</body>
</html>
```

4.1.4 任务实现

(1)增加图像,就要给文档增加节点,并给节点赋值。

(2)替换图像,就是节点替换节点。

(3)删除图像,就是把节点从文档中删除。

参考代码:

```
<!DOCTYPE html >
<html>
<head>
<meta  charset="gb2312" />
<title> 增、删节点</title>
<style>
img{
    width:120px;
    height:120px;}
</style>
<script>
function newNode(){
    var oldNode=document.getElementById("m1"); //访问插入节点的位置
    var image=document.createElement("img");   //创建一个图片节点
    image.setAttribute("src","images/m4.jpg"); //设置图片路径
    document.body.insertBefore(image,oldNode); //插入图片到 m1 前面
}
function repNode(){
    var oldimage=document.getElementById("m2"); //访问被替换的节点
    var newimage=document.createElement("img"); //创建一个图片节点
    newimage.setAttribute("src","images/m5.jpg"); //设置图片路径
    oldimage.parentNode.replaceChild(newimage,oldimage); //替换原来的图片
}
function delNode(){
    var image=document.getElementById("m3"); //访问要删除的节点
    document.body.removeChild(image); //从父元素页面中删除节点
}
</script>
</head>
<body>
<h2> 相册图像操作</h2>
<p>
<input id="b1" type="button" value="增加一幅图片" onclick="newNode()" />
  <input id="b2" type="button" value="替换第二张图" onclick="repNode()" />
  <input id="b3" type="button" value="删除最后一张图" onClick="delNode()" />
</p>
  <img src="images/m1.jpg" id="m1" alt="水果" />
  <img src="images/m2.jpg" id="m2" alt="果篮" />
  <img src="images/m3.jpg" id="m3" alt="西瓜" />
</body>
</html>
```

4.1.5 能力提升:仿新浪微博发表评论

仿新浪微博发表评论,最多输入 30 个字符,并有字数提示,如图 4-6 所示。发表评论后,可以删除评论,如图 4-7 所示。

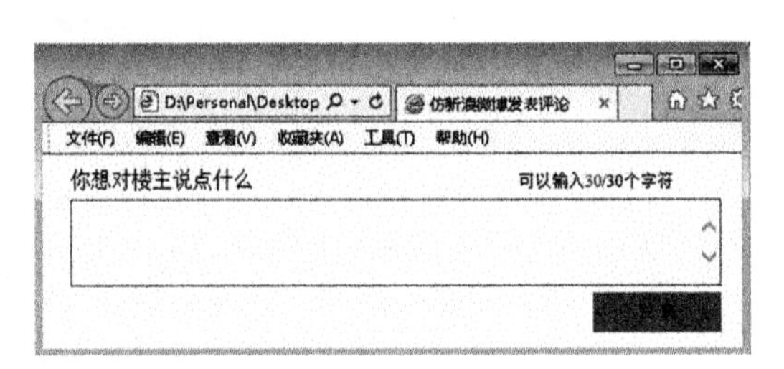

图 4-6 仿新浪微博发表评论

图 4-7 删除已发表评论

(1)创建节点,展示评论:div、img、p、input。

(2)给新节点设置属性。

(3)将新节点插入到文档中。

(4)统计输入的字数。

参考代码:

```
<!DOCTYPE html>
<html>
<head>
<meta charset="utf-8">
<title> 仿新浪微博发表评论< /title>
<style>
.main{
    width: 500px;
    margin:6px auto;
}
span{
    width: 200px;
    height: 25px;
    line-height: 25px;
    margin-bottom: 10px;
}
.tag{
    font-size: 13px;
    margin-left: 200px;
}
.text{
    width: 500px;
    height: 60px;
    margin:0 auto;
}
input{
    display: inline-block;
    width: 100px;
    height:30px;
```

```
        background: #E2526F;
        border: 0;
        margin-left: 406px;
        margin-top: 5px;
    }
    .creatediv{
        width: 500px;
        height: 50px;
        border: 1px solid gray;
        position: relative;
        margin-top: 6px;
        padding-left: 10px;
    }
    .createinput{
        width:40px;
        height: 30px;
        position:absolute;
        right: 5px;
        bottom:5px;
    }
    .createimg{
        width: 40px;
        height: 40px;
        position: absolute;
        top:9px;
        left:6px;
    }
    .createps{
        width:480px;
        height:30px;
        position: absolute;
        top: 15px;
        left:50px;
        font-size: 13px;
    }
    #sum{
        color:#F00;}
    </style>
    </head>
    <body>
    <div class="main">
        <span>你想对楼主说点什么</span>
        <span class="tag"> 可以输入<front id="sum">30</front>/30 个字符</span>
        <textarea id="text" cols="30" rows="10" maxlength="30" class="text"></textarea
><br>
        <input type="button" value="发 表" id="ipt">
        <div id="txt" >
        </div>
    </div>
```

```
<script>
var ipt =document.getElementById("ipt");
var txt =document.getElementById('txt');
var textarea =document.getElementById("text");
ipt.onclick =function(){
    var textValue =textarea.value;
    textarea.value="";
    if(textValue.length>0){
        var divs =document.createElement("div");// 创建节点
        var imgs =document.createElement("img");
        var ps =document.createElement("p");
        var inputs =document.createElement("input");
        divs.setAttribute("class","creatediv");//设置属性
        imgs.setAttribute('class',"createimg");
        ps.setAttribute("class","createps");
        inputs.setAttribute("class","createinput");
        imgs.src="pic/1.jpg";
        inputs.type="button";
        inputs.value="删除";
        ps.innerHTML=textValue;
        divs.appendChild(imgs);//插入节点
        divs.appendChild(ps);
        divs.appendChild(inputs);
        txt.children.length==0? txt.appendChild(divs):
          txt.insertBefore(divs,txt.firstChild);
        inputs.onclick =function(){//删除节点
          this.parentNode.parentNode.removeChild(this.parentNode);
        }
    }
}
textarea.onkeyup=function(){//按键弹起时触发,计数
  document.getElementById("sum").innerHTML=30-this.value.length;
}
</script>
</body>
</html>
```

任务 4.2 设计管理订单效果

任务描述

管理订单效果，单击“增加订单”按钮插入一订单，当多次单击“增加订单”按钮时，可增加多个。单击“删除”按钮，可删除当前订单。效果如图 4-8 所示。

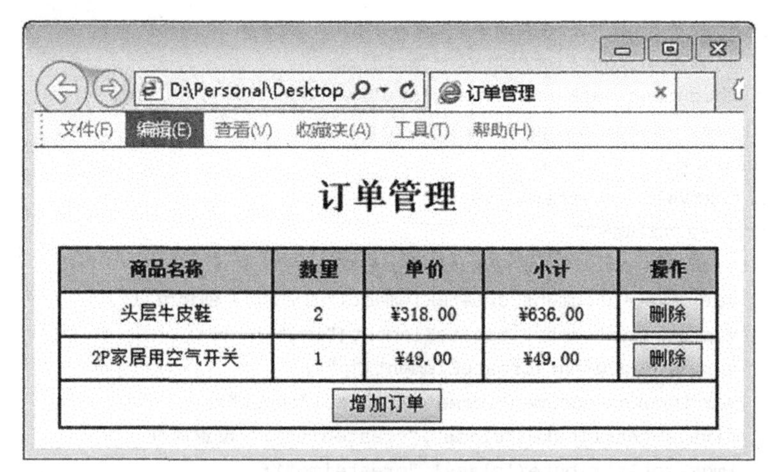

图 4-8　管理订单效果

任务分析

管理订单通常以表格的形式出现，HTML DOM 中有专门用来处理表格的属性和方法，这比用前面介绍的节点方法处理要简洁一些。

(1)使用集合 rows 和属性 length 计算当前表格中的行数。

(2)使用 tableRow 对象的索引值为当前插入的新行设置 id。

(3)使用 insertCell()插入单元格，然后使用 innerHTML 为单元格添加内容。

(4)删除当前行采用传递参数的方法，传递的参数为当前行的 id。

(5)使用 rowIndex 计算当前行在表格中的位置，然后使用 deleteRow()删除当前行。

知识梳理

HTML 中的表格包含三个对象，即 table 表格对象、tableRow 表格行对象、tableCell 单元格对象，如图 4-9 所示。

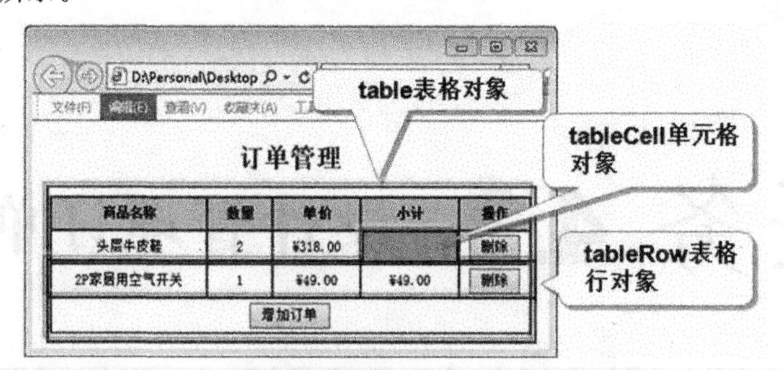

图 4-9　表格包含三个对象

4.2.1　table 表格对象

在 HTML 文档中 <table> 标签每出现一次，一个 table 对象就会被创建。table 表格对象的属性和方法如表 4-5 所示。

表 4-5 表格对象的属性和方法

类　别	名　称	描　述
属性	rows[]	返回包含表格中所有行的一个数组
方法	insertRow()	在表格中插入一个新行
	deleteRow()	从表格中删除一行

说明：

(1)rows[]:返回表格中所有行(tableRow 对象)的一个数组，要访问某行，可通过数组下标来访问，语法格式：

```
tableObject.rows[];
```

(2)insertRow():该方法创建一个新的 tableRow 对象，表示一个新的 <tr>元素，并把它插入表格中的指定位置。语法格式：

```
tableObject.insertRow(index);
```

新行位置由 index 确定。类似数组操作，index 从 0 开始，0 表示第一行。

(3)deleteRow():用于从表格删除指定位置的行。语法格式：

```
tableObject.deleteRow(index);
```

参数 index 指定了要删除的行在表中的位置。

4.2.2 tableRow 表格行对象

tableRow 表格行对象的属性和方法如表 4-6 所示。

表 4-6 tableRow 表格行对象的属性和方法

类　别	名　称	描　述
属性	cells[]	返回包含行中所有单元格的一个数组
	rowIndex	返回该行在表中的位置
方法	insertCell()	在一行中的指定位置插入一个空的<td>标签
	deleteCell()	删除行中指定的单元格

说明：

(1)cells[]:返回表格中所有单元格的一个数组，要访问某单元格，可通过数组下标来访问，语法格式：

```
tableObject.cells[];
```

(2)rowIndex:返回某一行在表格的行集合中的位置(索引值)，语法格式：

```
tablerowObject.rowIndex;
```

(3)insertCell():用于在某行的指定位置插入一个空的单元格(<td> 元素)，语法格式：

```
tablerowObject.insertCell(index);
```

参数 index 指定插入位置，0 表示第一单元格。

(4)deleteCell():删除行中指定的单元格(<td> 元素)，语法格式：

```
tablerowObject.deleteCell(index);
```

参数 index 是要删除的单元格在行中的位置。

4.2.3 tableCell 单元格对象

tableCell 单元格对象的属性和方法如表 4-7 所示。

表 4-7 tableCell 单元格对象的属性和方法

类　别	名　称	描　述
属性	cellIndex	返回单元格在某行中的位置
	innerHTML	设置或返回单元格的 HTML
	align	设置或返回单元格内部数据的水平排列方式
	className	设置或返回元素的 class 属性

例 4-4 实现“增加行”的操作，如图 4-10 所示。

图 4-10 实现“增加行”的操作

(1)定位表格，用于插入行，并获取表格中的行数，代码如下：

```
var addTable=document.getElementById("order");
var row_index=addTable.rows.length-1;
```

(2)在表格对象中插入行，代码如下：

```
newRow=addTable.insertRow(row_index);
newRow.id="row"+row_index;//设置新行的 id 值
```

参数 row_index 决定插入行的位置，本例是 addTable.rows.length－1，表示作为倒数第二行插入，而倒数第一行里是按钮。

(3)在行对象中插入单元格，表格有三列，需要插入三个单元格，代码如下：

```
col1=newRow.insertCell(0);
col2=newRow.insertCell(1);
col3=newRow.insertCell(2);
```

(4)给插入的三个单元格赋值，即给单元格的 innerHTML 属性赋值，代码如下：

```
col1.innerHTML="USB 迷你风扇";
col2.innerHTML=1;
col3.innerHTML="&yen;29.00";
```

参考代码(部分)：

```
<script>
function addRow(){
    var col1,col2,col3;
    var addTable=document.getElementById("order");
    var row_index=addTable.rows.length-1; //新插入行在表格中的位置
    var newRow=addTable.insertRow(row_index); //插入新行
    col1=newRow.insertCell(0);//插入第一个单元格
    col1.innerHTML="USB 迷你风扇";//设置单元格内容
```

```
        col2=newRow.insertCell(1);//插入第二个单元格
        col2.innerHTML=1;
        col3=newRow.insertCell(2);
        col3.innerHTML="&yen;29.00";
    }
    </script>
```

4.2.4 任务实现

(1)使用集合 rows 和属性 length 计算当前表格中的行数。

(2)使用 tableRow 对象的索引值为当前插入的新行设置 id。

(3)使用 insertCell()插入单元格,然后使用 innerHTML 为单元格添加内容。

(4)删除当前行采用传递参数的方法,传递的参数为当前行的 id。

(5)使用 rowIndex 计算当前行在表格中的位置,然后使用 deleteRow()删除当前行。

参考代码:

```
<!DOCTYPE html>
<html>
<head>
<meta charset="gb2312" />
<title>订单管理</title>
<style type="text/css">
table{
margin:0 auto;
border: 1px solid #333;
width:460px;
}
td{
border: 1px solid #333;
text-align:center;
font-size:13px;
height:28px;
}
.title{
font-weight:bold;
background-color: #cccccc;
}
h2{
text-align:center}
</style>
<script>
function addRow(){
    var col1,col2,col3,col4,col5;
    var addTable=document.getElementById("order");
    var row_index=addTable.rows.length-1; //新插入行在表格中的位置
    var newRow=addTable.insertRow(row_index);  //插入新行
    newRow.id="row"+row_index; //设置新插入行的 id
```

```
        col1=newRow.insertCell(0);//插入第一个单元格
        col1.innerHTML="2P家居用空气开关";
        col2=newRow.insertCell(1);//插入第二个单元格
        col2.innerHTML=1;
        col3=newRow.insertCell(2);
        col3.innerHTML="&yen;49.00";
        col4=newRow.insertCell(3);
        col4.innerHTML="&yen;49.00";
        col5=newRow.insertCell(4);
        col5.innerHTML='<input type="button" value="删除" onclick="delRow(\''+newRow.id
+'\')"/> ';
    }
    function delRow(rowId){
    var row=document.getElementById(rowId).rowIndex;
    document.getElementById("order").deleteRow(row);
    }
    </script>
    </head>
    <body>
    <h2> 订单管理</h2>
    <table width="454" border="0" cellpadding="0" cellspacing="0" id="order">
      <tr class="title">
        <td width="142">商品名称</td>
        <td width="58">数量</td>
        <td width="78">单价</td>
        <td width="88">小计</td>
        <td width="63">操作</td>
      </tr>
      <tr id="del1">
        <td>头层牛皮鞋</td>
        <td>2</td>
        <td>&yen;318.00</td>
        <td>&yen;636.00</td>
        <td><input name="rowdel" type="button" value="删除" onclick="delRow('del1')" />
</td>
      </tr>
      <tr>
        <td colspan="5" style="height:30px;">
        <input name="addOrder" type="button" value="增加订单" onclick="addRow()" />
</td>
      </tr>
    </table>
    </body>
    </html>
```

4.2.5 能力提升:改进订单管理

发现不足:

在上述设计管理订单效果中,“增加订单”按钮增加的内容是固定的,这不符合实际情况,并且删除也没有提示。

分析：

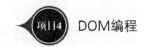

增加的内容是固定的，是因为给单元格的 innerHTML 属性赋值是固定的字符串。要改变它，可以通过 prompt 弹出提示，让用户自己输入相关信息，这样每次增加的信息就不是固定的。用户只需要输入三个单元格的内容：商品名称、数量、单价，而小计可以通过计算得到结果，另外，还应该加上总计结果。

解决：

(1)第一个单元格“商品名称”的内容，实现代码：

```
col1.innerHTML= prompt("请输入商品名称","");
```

(2)第二个单元格“数量”的内容，实现代码：

```
j=parseInt(prompt("请输入商品数量",""))||1;
col2.innerHTML=j;
```

说明：

“||”用于判断用户输入数据的有效性。如果输入的是非法数据，parseInt(prompt("请输入商品数量",""))返回的是“NaN”，通过“||”运算，取后的值为 1，j 的值为 1。

(3)第三个单元格“单价”的内容，实现代码：

```
price=parseFloat(prompt("请输入商品价格",""))||1;   col3.innerHTML= "&yen;"+ price.
toFixed(2);
```

说明：

因为价格通常保留两位小数，即使输入的是整数，也要保留两位小数，通过“toFixed(2)”来实现。

"¥"是人民币符号。

(4)第四个单元格“小计”的内容，通过计算得到，并保留两位小数，实现代码：

```
col4.innerHTML="&yen;"+(price*j).toFixed(2);
```

(5)第五个单元格“操作”的内容是按钮，并要传递参数，参数是该行的 id，实现代码：

```
col5.innerHTML= "<input  type= 'button' value= '删除' onclick= delRow('"+ newRow.
id + "')/>";
```

删除确认，可通过 confirm 来实现。删除订单后，需要重新计算总计。

(6)总计是通过计算得到的。增加订单和删除订单后，都要重新计算总计，因此可以定义一个独立的函数来实现，提高代码重用率。

程序运行效果如图 4-11 所示。

D:\Personal\Desktop
订单管理
文件(F) 编辑(E) 查看(V) 收藏夹(A) 工具(T) 帮助(H)
订单管理
商品名称 数量 单价 小计 操作
防滑真皮休闲鞋 5 ¥100.50 ¥502.50 删除
自拍杆 2 ¥30.00 ¥60.00 删除
增加订单
总计：¥562.50

图 4-11　订单管理运行效果

参考代码：

```
<!DOCTYPE html >
<html >
<head>
<meta charset="gb2312" />
<title> 订单管理</title>
<style type="text/css">
table{
    border: 1px solid  #333;
    width:400px;
    margin:0 auto;
}
td{
    text-align:center;
    font-size:13px;
    height:28px;
    border: 1px solid  #333;
    }
.title{
    font-weight:bold;
    background-color: #cccccc;
}
h2{
    text-align:center}
</style>
<script type="text/javascript">
function addRow(){
   var col1,col2,col3,col4,col5,price,j;
   var addTable=document.getElementById("order");
   var row_index=addTable.rows.length-1; //新插入行在表格中的位置
   var newRow=addTable.insertRow(row_index);  //插入新行
   newRow.id="row"+ row_index;  //设置新插入行的 id
   col1=newRow.insertCell(0);//插入第一个单元格
   col1.innerHTML=prompt("请输入商品名称","");
   col2=newRow.insertCell(1);//插入第二个单元格
   j=parseInt(prompt("请输入商品数量",""))||1;//如果输入的是非法数据,则为 1
   col2.innerHTML=j;
   col3=newRow.insertCell(2);//插入第三个单元格
   price=parseFloat(prompt("请输入商品单价",""))||1;//如果输入的是非法数据,则为 1
   col3.innerHTML="&yen;"+price.toFixed(2);//强制保留两位小数
   col4=newRow.insertCell(3);//插入第四个单元格
   col4.innerHTML="&yen;"+(price*j).toFixed(2);//计算小计
   col5=newRow.insertCell(4);//插入第五个单元格
   col5.innerHTML="<input  type='button' value='删除' onclick=delRow('"+newRow.id
+"') />";
   calTotal();//计算总计
}
function delRow(rowId){
var row=document.getElementById(rowId).rowIndex; //删除行所在表格中的位置
var flag=confirm("确实要删除当前行吗!");//删除提示
```

```
if (flag) {document.getElementById("order").deleteRow(row);
                calTotal();//删除订单后,重新计算总计
              }
}
function calTotal(){ //计算总计
    var tbl=document.getElementById('order');
    var rows=tbl.rows.length, total=0;
    for(var i=1;i<rows-1;i++){//1 到 rows-1 ,忽略第一行的表头和最后总计的一行
var td=parseFloat(tbl.rows[i].cells[3].innerHTML.substr(1));
//去掉 &yen;进行计算
        if(td) total +=td;
          }
  document.getElementById("sum").innerHTML="总计:&yen;"+total.toFixed(2);
};
</script>
</head>
<body>
<h2> 订单管理</h2>
<table cellpadding="0" cellspacing="0"  id="order">
  <tr class="title">
    <td width="108"> 商品名称</td>
    <td width="33"> 数量</td>
    <td width="65"> 单价</td>
    <td width="77"> 小计</td>
    <td width="55"> 操作</td>
  </tr>
  <tr id="del1">
    <td height="33"> 防滑真皮休闲鞋</td>
    <td>5</td>
    <td>&yen;100.50</td>
    <td>&yen;502.50</td>
    <td><input name="rowdel" type="button" value="删除" onclick='delRow("del1")' /
></td>
  </tr>
  <tr>
    <td colspan="3" align="right" style="height:30px;">
    <input name="addOrder" type="button" value="增加订单" onclick= "addRow()" /></
td>
    <td colspan="2"  id="sum" class="title"> 总价:&yen;502.50</td>
  </tr>
</table>
</body>
</html>
```

总　　结

本项目介绍了 DOM 模型,说明了什么是 DOM 模型及其组成和 DOM 节点结构,重点介绍了 DOM 模型的节点创建、删除和修改等操作,表格对象的常用操作方法。

访问和设置节点属性的标准方法 getAttribirte()和 setAttribute()或者 object.属性。查找节点的方法有 getElementById()、getElementsByName()和 getElementsByTagName(),也可

以使用 parentNode、firstChild 和 lastChild 按层次关系查找节点。

创建和增加节点的方法是 insertBefore()、appendChild()、createElement ()和 cloneNode()，删除和替换节点的方法是 removeChild()、replaceChild()。

表格对象通过 table 对象、tableRow 对象和 tableCell 对象的一些属性和方法操作，这些对象能在页面中动态地添加、删除和修改表格。

实　训

实训 4.1　增加和删除图片操作

实训目的：

(1)掌握使用 getElementById()方法查找 HTML 元素。

(2)掌握使用 createElement()方法创建元素。

(3)掌握使用 appendChild()方法插入元素。

(4)掌握使用 removeChild()方法删除 HTML 元素。

实训要求：

(1)Web 页面上包含两个按钮："增加一张图片""删除第一张图片"。

(2)单击"增加一张图片"按钮时增加一张图片，单击"删除第一张图片"按钮时删除一张图片，如图 4-12 所示。

图 4-12　增加和删除图片

实现思路：

(1)建立新页面。

(2)为按钮添加 onclick 事件。

参考代码(部分)：

```
<body>
<input id="btn" value="增加一张图片" type="button"  onclick="add()"/>
<input id="btn" value="删除第一张图片" type="button"  onclick="del()"/><br />
<img src="images/m1.jpg" id="first" alt="图片"/>
<img src="images/m2.jpg" id="second" alt="图片">
<script >
function add(){
var oldNode=document.getElementById("second"); //访问插入节点的位置
var newNode=document.createElement("img");  //创建一个图片节点
newNode.setAttribute("src","images/m3.jpg"); //设置图片路径
oldNode.parentNode.appendChild(newNode);  //在后面插入图片
}
function del(){
   var delNode=document.getElementById("first");
   if(delNode)  delNode.parentNode.removeChild(delNode);
}
</script>
</body>
```

实训 4.2 修改订单

实训目的：

(1)使用 getElementById()方法查找 HTML 元素。

(2)使用 rows 属性获取表格的行集合。

(3)使用 insertRow()方法插入行。

(4)使用 insertCell()方法插入单元格。

(5)使用 deleteRow()方法删除行。

实训要求：

单击“增加订单”按钮时，在表格的倒数第二行位置插入新行。单击“ 删除”按钮时，删除按钮所在的行。效果如图 4-13 所示。

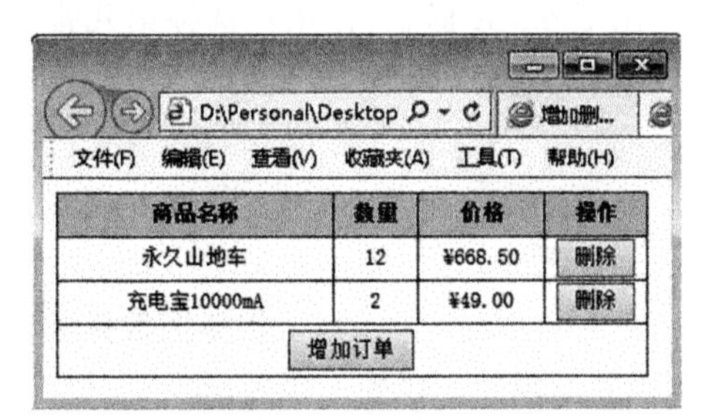

图 4-13 订单的修改

实现思路：

(1)实现增加一行时，先获取表格的行数。如果行数大于等于 2，则插入新行的位置就是表格的第 2 行；如果行数小于 2，则插入新行的位置就是表格的第 1 行。

(2)调用表格对象的 insertRow()方法插入新行，并在新行中调用 insertCell()方法插入 4 个单元格，并设置单元格的文本内容。

(3)实现删除行时，调用表格对象的 deleteRow()方法。

参考代码(部分)：

```
<script>
function addRow(){
    var addTable=document.getElementById("order");
    var row_index=addTable.rows.length-1;//新插入行在表格中的位置
    var newRow=addTable.insertRow(row_index); //插入新行
    newRow.id="row"+row_index;  //设置新插入行的 id
    var col1=newRow.insertCell(0);
    col1.innerHTML="充电宝 10000mA";
    var col2=newRow.insertCell(1);
    col2.innerHTML=row_index;
    var col3=newRow.insertCell(2);
    col3.innerHTML="&yen;49.00";
    var col4=newRow.insertCell(3);
    col4.innerHTML="< input type='button' value='删除' onclick=\"delRow('row"+ row
_index+"')\" />";

}
function delRow(rowId){
    var row=document.getElementById(rowId).rowIndex;
```

```
        //定位删除行 document.getElementById("order").deleteRow(row);
    }
    </script>
```

实训 4.3　管 理 相 册

实训目的：

掌握节点的相关操作方法。

实训要求：

如图 4-14 所示，有三个按钮，用来管理相册。

(1)“前面增加一幅图片”按钮，弹出 prompt 提示，让用户输入。

(2)“替换第二张图”按钮，弹出 prompt 提示，让用户输入。

(3)“删除一张图”按钮，弹出 prompt 提示，让用户选择第几张。

如果用户输入有误，弹出提示信息框，如图 4-15 所示。

图 4-14　管理相册

图 4-15　提示信息框

实现思路：

三个按钮的操作都不能根据节点的 id 进行，现将相关操作参数改为由用户输入，并对用户输入的数据进行有效性判断。

(1)“前面增加一幅图片”按钮，可以弹出 prompt 提示，让用户输入一个整数来选择图片，再根据输入来设置 src 属性(5 张图片已有带数字的命名：m1.jpg，m2.jpg，…，m5.jpg)。如：

```
str=prompt("请输入要插入的图片编号(1--5)",1);//有 5 张图片可选
newNode.setAttribute("src","images/m"+str+".jpg"); //设置图片路径
```

然后用 insertBefore(newNode,oldNode)将新节点插入到前面：

```
oldNode ? oldNode.parentNode.insertBefore(newNode,oldNode):
    document.body.appendChild(newNode);
```

说明：

因为后面有删除按钮，可以删除全部图片，如果图片全部被删除了，oldNode 为 null，就不能访问 oldNode 的 parentNode，就不能执行插入操作。但可以用 appendChild 在 body 中增加节点，用 appendChild 插入到父节点的最后。三目运算中的“oldNode ？”判断 oldNode 是否为空，若为空只能通过 body 插入节点。

(2)“替换第二张图”操作中，第二张图片的访问不能用 id，而是从获取的图片数组中选取：

```
oldNode=document.getElementsByTagName("img")[1]; //访问第二个节点
```

选择用来替换的图片编号：

```
str=prompt("请输入用来替换的图片编号(1--5)",1);//有 5 张图片可选
newNode.setAttribute("src","images/m"+str+".jpg");  //设置图片路径
```

替换原来的图片：

```
oldNode.parentNode.replaceChild(newNode,oldNode);
```

说明：

因为后面有删除按钮，可以删除全部图片。如果存在第二张图片，则执行替换操作，否则，弹出警告框。

(3)“删除一张图”可由用户选定要删除第几张图片，可以多次执行，直到图片全部删除。

```
images= document.getElementsByTagName("img"); //返回图片节点数组
```

用户选定要删除第几张图片：

```
str=parseInt(prompt("请输入要删除第几张图片(1--"+ images.length + ")",1));
```

定位要删除的图片：

```
oldNode =images[str -1];
```

删除确认：

```
var flag=confirm("确实要删除第 "+str +" 张图片吗?");
oldNode.parentNode.removeChild(oldNode); //从父元素中删除子节点
```

参考代码：

```
<! DOCTYPE html >
<html>
<head>
<meta  charset="gb2312" />
<title> 相册图像操作</title>
<style>
img{
    width:120px;
    height:120px;}
</style>
<script>
var str,images, oldNode,newNode;
function newImg(){
    oldNode=document.getElementsByTagName("img")[0]; //访问插入节点的位置
    newNode=document.createElement("img");       //创建一个图片节点
str=parseInt(prompt("请输入要插入的图片编号(1--5)",1));
if (str <1 || str >5 || isNaN(str) ) {
    alert("输入有误!");
    return ;
    }
newNode.setAttribute("src","images/m"+str+".jpg"); //设置图片路径
oldNode ? oldNode.parentNode.insertBefore(newNode,oldNode):/*在第一幅图片的前面增加
节点 */
            document.body.appendChild(newNode); /* 如果图片全部被删除了,oldNode 为
null,就不能访问 oldNode 的 parentNode */
    }
function repNode(){
    oldNode=document.getElementsByTagName("img")[1]; //访问第二个节点
    if (! oldNode) {
    alert("没有第二张图片");
    return ;
```

```
    }
newNode=document.createElement("img");     //创建一个图片节点
str=parseInt(prompt("请输入用来替换的图片编号(1--5)",1));//有 5 张图片可选
if (str <1 || str >5 || isNaN(str) ) {
    alert("输入有误!");
    return ;
    }
newNode.setAttribute("src","images/m"+ str+ ".jpg");//设置图片路径
oldNode.parentNode.replaceChild(newNode,oldNode);//替换原来的图片
}
function delNode(){
images=document.getElementsByTagName("img");//返回图片节点数据
str=parseInt(prompt("请输入要删除第几张图片(1--"+images.length +")",1));
if (str <1 || str >images.length || isNaN(str) ) {
    alert("输入有误!");
    return ;
    }
oldNode =images[str-1]; // 定位要删除的一张图片
var flag=confirm("确实要删除第 "+str +" 张图片吗?");//删除确认
  if (flag )  oldNode.parentNode.removeChild( oldNode); //从父元素中删除子节点
    }
</script>
</head>
<body>
<h2> 相册图像操作</h2>
<p>
  <input id="b1" type="button" value="前面增加一幅图片" onclick="newImg()" />
  <input id="b2" type="button" value="替换第二张图" onclick="repNode()" />
  <input id="b3" type="button" value="删除一张图" onClick="delNode()" />
</p>
  <img src="images/m1.jpg" id="m1" alt="水果" />
  <img src="images/m2.jpg" id="m2" alt="果篮" />
  <img src="images/m3.jpg" id="m3" alt="西瓜" />
</body>
</html>
```

练　习

一、选择题

1. 在 DOM 对象中，getElementsByTagName()的功能是(　　)。

A. 获取标签名　　B. 获取标签 name 名

C. 获取标签 id　　D. 获取标签属性

2. 在 DOM 对象模型中，下列选项中的(　　)对象位于 DOM 对象模型的第二层。

A. input　　B. document　　C. button　　D. text

3. 关于 DOM 描述正确的是(　　)。

A. DOM 是个类库

B. DOM 是浏览器的内容，而不是 JavaScript 的内容

C. DOM 就是 HTML

D. DOM 主要关注在浏览器中解释 HTML 文档时如何设定各元素的这种“社会”关系及处理这种“关系”的方法

4. 以下(　　)方法不能获取页面元素。

A. 通过 id 属性　　B. 通过元素标签

C. 通过 style 属性　　D. 通过 name 属性

5. 对于 document. GetElementsByName 描述错误的是(　　)。

A. 通过 name 属性值获取对象　　B. 通过 id 值获取对象

C. 通过标签名获取对象　　D. 获取到的对象是复数

6. 某页面中有一个 id 为 pdate 的文本框，下列能把文本框中的值改为“2009-10-12”的是(　　)。

A. docmnent. getElementById("pdate"). setAttribute(value, "2009－10－12")

B. document. getElementByName("pdate"). value= "2009－10－12"

C. document. getElementById("pdate). getAttribut("2009－10－12")

D. document. getElementById("pdate"). text="2009－10－12"

7. 某页面中有如下代码，下列选项中(　　)能把“软件”修改为“工程”。

```
<table border ="0" id="tablel">
<tr id="rowl"><td> 三丰</td><td>90</td></tr>
<tr id="row 2"><td> 软件</td><td>88 </td></tr>
</table>
```

A. document. getElementById("Tablel"). row[2]. cells[1]. innerHTML="工程"

B. document. getElementById("Tablel"). row[1]. cells[0]. innerHTML="工程"

C. document. getElementById("Tablel"). cells[0]. innerHTML="工程"

D. document. getElementById("Tablel"). cells[1]. innerHTML="工程"

8. 在某页面中有一张 10 行 3 列的表格，表格 id 为 PTable，下面的选项中(　　)能够删除最后一行。

A. document. getElementById("PTable"). deleteRow(l0)

B. var delRow= document. getElementById("PTable"). lastChild; delRow. parentNode. removeChild(delRow);

C. var index = document. getElementById (" PTable"). Rows. length; document. getElementById("PTable"). deleteRow(index);

D. var index = document. getElementById (" PTable"). Rows. length － 1; document. getElementById("PTable"). deleteRow(index)

9. 某页面中有一张 1 行 2 列的表格，其中表格行<tr>的 id 为 rl，下列(　　)能在表格中增加一列，并且将这一列显示在最前面。

A. document. getElementById("rl"). Cells(1)

B. document. getElementById("rl"). Cells(0)

C. document. getElementById("rl"). insertCell(0)

D. document. gctElementById("rl"). insertCell(1)

10. 某页面中有一个 id 为 main 的 div，div 中有两个图片及一个文本框，下列(　　)能够完整地复制节点 main 及 div 中所有的内容。

A. document. getElementById("main"). cloneNodc(true)

B. document. getElementById("main"). doneNode(false)

C. document. getElementById("main"). doneNode()

D. main. doneNode()

二、操作题

1. 如图 4-16 所示，实现节点的增、改、删、复制等操作。

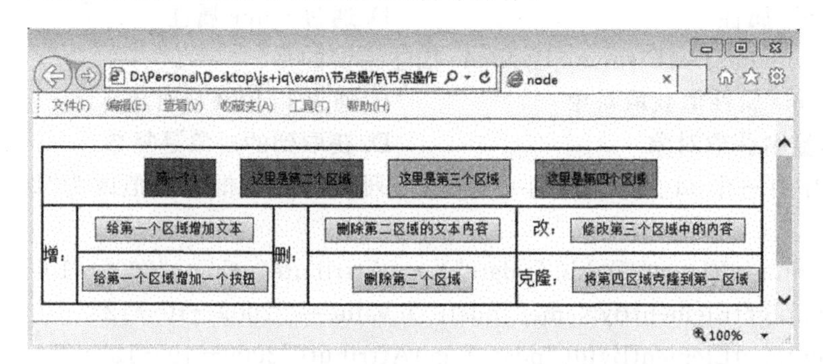

图 4-16　实现节点的增、改、删、复制等操作

2. 如图 4-17 所示，实现订单管理。

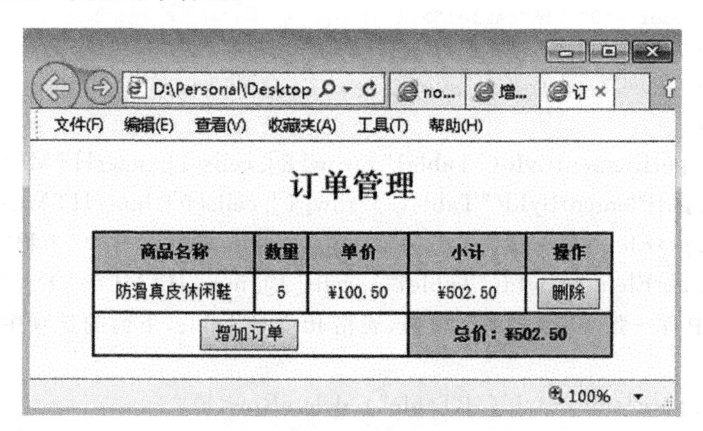

图 4-17　实现订单管理

项目5 JavaScript动态设置CSS

学习目标

◇ 掌握 CSS 选择器
◇ 掌握 style 属性和 className 属性的应用
◇ 掌握 visibility 属性和 display 属性的应用
◇ 掌握 currentStyle 对象和 getComputedStyle 方法
◇ 掌握 scrollTop 和 scrollLeft 属性的应用

随着浏览器不断的升级、改进，CSS 和 JavaScript 之间的关系越来越重要。本来它们负责着完全不同的功能，但最终它们都属于网页前端技术，它们需要相互密切的合作。网页中都有.js 文件和.css 文件，但这并不意味着 JavaScript 和 CSS 是独立不能交互的。事实上，CSS 和 JavaScript 的配合可以动态地改变页面或局部区域的显示外观，实现一些样式的特效，以制作出绚丽多彩的页面。下面介绍 JavaScript 和 CSS 共同合作的方法。

任务 5.1 设置主页动态菜单

任务描述

设计网站主页导航菜单，要求：

(1)用列表和 CSS 实现横向导航菜单。

(2)默认情况下，菜单有背景图片，字体为黑色，无下划线。

(3)当鼠标移到菜单上时，用 JavaScript 更改菜单样式，即更换背景图片、改变字体颜色，如图 5-1和图 5-2 所示。

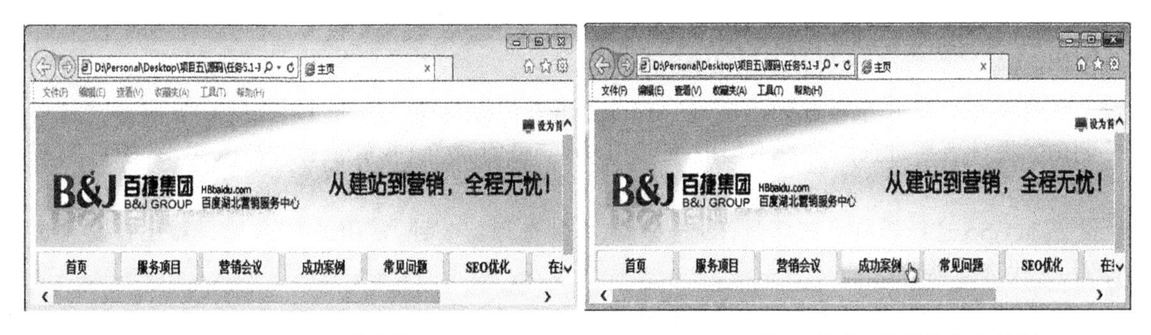

图 5-1 网站菜单默认效果　　图 5-2 鼠标移到网站菜单上的效果

任务分析

(1)用列表和CSS实现横向导航菜单。要用列表<ul>标签实现横向菜单,就需要用CSS来控制列表。

(2)用CSS实现默认情况下,菜单有背景图片,字体为黑色,无下划线。

(3)当鼠标移到菜单上时,要更改菜单样式,可通过JavaScript对元素的style属性或者className属性进行设置,来更换背景图片、改变字体颜色。

知识梳理

5.1.1 CSS样式表的类型

根据样式表代码的不同位置,CSS样式表可分为三类:行内样式表、内部样式表和外部样式表。

1. 行内样式表

行内样式表(也叫内联样式表)就是将样式代码写在相应的标签内,仅对该标签有效,行内样式使用元素标签的style属性定义。行内样式表不符合结构与表现分离的规则,修改比较麻烦。因此,不推荐使用行内样式表。

2. 内部样式表

内部样式表(也叫内嵌样式表)是指将样式表代码放在文档的内部,一般位于HTML文件的头部,并且以<style>开始,以</style>结束。

3. 外部样式表

外部样式表就是将CSS样式规则存放在一个独立的以".css"为扩展名的文件中,HTML文件可以通过链接等方式引用。

通过链接方式,可以将HTML文件和CSS文件彻底分成两个或者多个文件,实现了页面框架HTML代码与CSS代码的完全分离,使得前期制作和后期维护都十分方便,并且如果要保持页面风格统一,只需要把这些公共的CSS文件单独保存成一个文件,其他的页面就可以分别调用自身的CSS文件。如果需要改变网站风格,只需要修改公共CSS文件就可以了,相当方便,这也是制作网页提倡的方式。

5.1.2 CSS选择器类型

选择器是CSS中很重要的概念,在HTML语言中标签样式是通过不同的CSS选择器进行控制的。设计者通过选择器对不同的HTML标签进行选择,并赋予各种样式声明,即可实现各种效果。

基本CSS选择器有类选择器、ID选择器、标签选择器3种,常用的CSS选择器还有复合选择器、后代选择器等。

- 类选择器:可应用于任何HTML元素。
- ID选择器:仅应用于一个HTML元素。
- 标签选择器:重新定义HTML元素。

➢ 复合选择器：两个或者多个基本选择器复合而成。
➢ 后代选择器：选择作为某元素后代的元素。

1. 类选择器

类选择器可以精确控制网页上的某个具体元素，而不管它是哪些标签。类选择器允许以一种独立于文档元素的方式来指定样式。该选择器可以单独使用，也可以与其他元素结合使用。创建 CSS 类选择器时，需要给它起个名字，并以一个英文句点“.”开头，设置好属性后，就可以有选择性地将它应用到需要设置样式的 HTML 标签上，并且，同一个类选择器可以被多次引用。

2. ID 选择器

ID 选择器又称为元素标示选择器，它以“#”开头，允许以一种独立于文档元素的方式来指定样式。ID 选择器可以创建一个用 ID 属性声明的仅应用于一个 HTML 元素的 ID 选择器。

CSS 里的 ID 选择器主要用来识别网页中的特殊部分，比如横幅、导航栏，或者网页主要内容区块等。和类选择器一样，创建 ID 选择器时，也需要在 CSS 中给它命名，然后将这个 ID 添加到网页的 HTML 代码中以应用它。

3. 标签选择器

标签选择器是重新定义浏览器要如何显示某个特定的标签。例如：

```
p{color:blue;}
```

表示页面中所有的 p 标签都显示为蓝色。

4. 复合选择器

CSS 的复合选择器是指两个或者多个基本选择器，通过不同方式连接而成的选择器。

1)“并集”选择器

“并集”选择器是由多个选择器通过逗号连接而成的，在声明的时候，如果选择器的风格是完全相同的，或者部分相同，这时使用复合选择器，可以节省代码量，也方便修改。例如：

```
h1,h2,h3,p {font- size:12px;}
```

其作用是指定 h1、h2、h3、p 四种标签都设置相同大小的字体：12px。

2)“交集”选择器

“交集”选择器由两个选择器直接连接构成，其结果是选中二者各自元素范围的交集，两个选择器之间不能有空格，必须连续书写，如：

```
h3.aaa{color:red;}
```

表示<h3>标签与.aaa 相交的部分才会变成红色。如下面三行代码中，只有第一行代码，文字才变为红色。

```
<h3 class="aaa"><span>红色</span></h3>
<h3><span class="aaa">不变色</span></h3>
<span  class="aaa">不变色</span>
```

5. 后代选择器

后代选择器是指 CSS 可以通过嵌套的方式对特殊位置的 HTML 标记进行声明。它用于选择指定元素下的后辈元素，用空格分隔，选择器之间的空格是一种结合符。例如：

```
#aaa  span{color:red;}
```

表示 id 为 aaa 的元素的所有后代 span 元素，而不论 span 的嵌套层次多深。后代选择器的功能极其强大，有了它，可以使 HTML 实现复杂的任务，但后代选择器比较复杂，内容比较多，学习比较吃力。

5.1.3 style 属性

style 属性定义元素的行内样式，style 属性将覆盖任何全局的样式设定，例如在 <style> 标签或在外部样式表中规定的样式。

JavaScript 动态设置 style 语法格式：

```
HTML元素.style.样式属性=值;
```

注意：在 JavaScript 中动态设置 CSS 中的属性的时候，有些属性的写法与 CSS 中的不同。例如，JavaScript 中不能含有“-”，如果要设置含有“-”的属性，需要用“驼峰”格式：CSS 中设置字体大小是 font-size，JavaScript 中是 fontSize，S 是大写。

例 5-1 利用 style 属性改变页面的背景颜色。

改变页面的背景颜色，可用 document. body. style. background 属性来实现。参考代码：

```
<!DOCTYPE html>
<html >
<head>
<meta  charset="utf-8" />
<title>改变页面背景颜色</title>
</head>
<body >
<input name="" type="button" value="改变页面背景颜色" onClick="  document.body.
style.background='red'">
</body>
</html>
```

5.1.4 className 属性

className 属性用来设置元素的 class 样式属性值，需要特别注意的是，此属性是设置，而不是简单的添加，也就是说，如果之前元素上已有设置的 class 属性，那么再使用 className 设置就会将其覆盖。语法格式：

```
HTML元素.style.className=值;
```

例 5-2 用 className 属性改变两个 span 元素的颜色，一个原来没有设置 class 属性，另一个已经设置有 class 属性。

原来没有设置 class 属性，再用 className 属性时，就是添加；原来已经设置有 class 属性的，再用 className 属性时，就会将原有的 class 属性覆盖。参考代码：

```
<!DOCTYPE html>
<html >
<head>
<meta  charset="utf-8" />
<title>className属性</title>
<style>
.one{color:red;}
.two{ color:blue;}
</style>
</head>
<body>
    <span id="p1" >JavaScript使网页显示动态效果并实现与用户交互功能。</span><br>
```

```
    <input type="button" value="添加样式" onclick="add()"/><br>
    <span id="p2" class="one">JavaScript 使网页显示动态效果并实现与用户交互功能。
</span><br>
    <input type="button" value="更改外观" onclick="modify()"/>
    <script >
      function add(){
          var p1 =document.getElementById("p1");
          p1.className="one";
      }
      function modify(){
          var p2 =document.getElementById("p2");
          p2.className="two";
      }
    </script>
</body>
</html>
```

5.1.5 visibility 属性

visibility 属性指定一个元素是否是可见的。visibility 属性的值如表 5-1 所示。

表 5-1 visibility 属性的值

值	描　　述
visible	表示元素是可见的
hidden	表示元素是不可见的

语法格式：

```
object.style.visibility="值";
```

5.1.6 display 属性

display 属性用于定义建立布局时元素生成的显示框类型。

display 属性的常用值如表 5-2 所示。

表 5-2 display 属性的常用值

值	描　　述
none	表示此元素不会被显示
block	表示此元素将显示为块级元素，此元素前后会带有换行符
inline	表示此元素将显示为行级元素

visibility 属性与 display 属性的区别：

CSS 中的 visibility 和 display 两个属性很容易被混淆，因为它们看起来是做同样的事情，但实际上，这两个属性是完全不同的。

visibility 属性用来设置一个给定的元素是否显示，但是，虽然一个元素的 visibility 被设置为 hidden，但是该元素仍然会占据设计的位置。而 display 隐藏时不会占据设计的位置。

例 5-3 使用 visibility 和 display 属性设置元素不可见的区别。开始时效果如图 5-3 所示。单击第一个按钮，通过 style. visibility="hidden"隐藏第二张图片，此时，图片隐藏了，但图片占位还在，效果如图 5-4 所示。单击第二个按钮，通过 style. display＝"none"隐藏第二张图片，图片隐藏了，且图片也不占位了，效果如图 5-5 所示。

图 5-3　开始时的效果

图 5-4　visibility＝"hidden"隐藏第二张图片的效果

图 5-5　display＝"none"隐藏第二张图片的效果

5.1.7 任务实现

(1)用列表和 CSS 实现横向导航菜单。

div 居中设置:margin:0 auto;

列表水平显示:float: left;

菜单间距:margin: 0 3px;

清除列表默认列表样式:list-style:none;

菜单文字居中:text-align: center; /＊水平居中＊/

height: 36px;/＊设置列表项高度＊/

line-height: 36px; /＊高度与行高相等:垂直居中＊/

(2)默认情况下,菜单有背景图片,字体为黑色,无下划线。

背景图片:background-image: url(images/nav_bg.gif);//注意路径

(3)JavaScript 更改菜单样式。给菜单设置 onmouseover 和 onmouseout 事件,通过 style.backgroundImage 改变背景图片,通过 style.color 改变颜色。

参考代码:

```
<!DOCTYPE html>
<html>
<head>
<meta  charset="utf-8" />
<title> 主页</title>
<style>
#logo{
     margin:0 auto; /*居中*/
     padding:0; /*清除默认内边距*/
     width:980px;/*设置宽度*/
}
/*下面是导航部分 CSS*/
#menu {
     width:980px;/*设置宽度*/
     height:36px;/*设置高度*/
     margin:0 auto; /*居中显示*/
     background-color:#ddd;}
ul {
     margin:0; /*清除默认缩进属性值*/
     padding:0;
     }
       #nav li {/*<定义菜单列表项显示效果>*/
       float: left; /*左对齐* /
       width: 116px;/*设置列表项的宽度*/
       height: 36px;/*设置列表项的高度*/
       line-height: 36px; /*垂直居中*/
       text-align: center; /*水平居中*/
       margin: 0 3px; /*菜单间距*/
       list-style:none;  /*清除列表默认列表样式*/
     }
#nav a {
       width:116px;
       heigh: 36px;
       display:block;
```

```
            font-size: 16px;
            background-image: url(images/nav_bg.gif);
            font-weight: bold;
            text-decoration:none;
            color:#000;
        }
        </style>
        </head>
        <body>
        <div id="logo"><img src="images/top.jpg" /></div>
        <div id="menu">
            <ul id="nav">
             <li><a href="http://www.baidyy.com">首页</a></li>
             <li><a href="#">服务项目</a></li>
            <li><a href="#">营销会议</a></li>
            <li><a href="#">成功案例</a></li>
            <li><a href="#">常见问题</a></li>
            <li><a href="#">SEO优化</a></li>
            <li><a href="#">在线申请</a></li>
            <li><a href="#">联系我们</a></li>
            </ul>
        </div>
        <script>
        var len=document.getElementsByTagName("a");
        for(var i=0;i<len.length;i++){
        len[i].onmouseover=function(){
                this.style.backgroundImage="url(images/lava.gif)";
                this.style.color="#00f";
        }
        len[i].onmouseout=function(){
                this.style.backgroundImage="url(images/nav_bg.gif)";
                this.style.color="#000";
                }
            }
        </script>
        </body>
        </html>
```

5.1.8 能力提升:设计下拉菜单

下面在任务5.1的基础上介绍下拉菜单的设计。下拉菜单的默认效果如图5-6所示,菜单右边的三角形表示该项有子菜单,鼠标移到菜单上时的效果如图5-7所示。

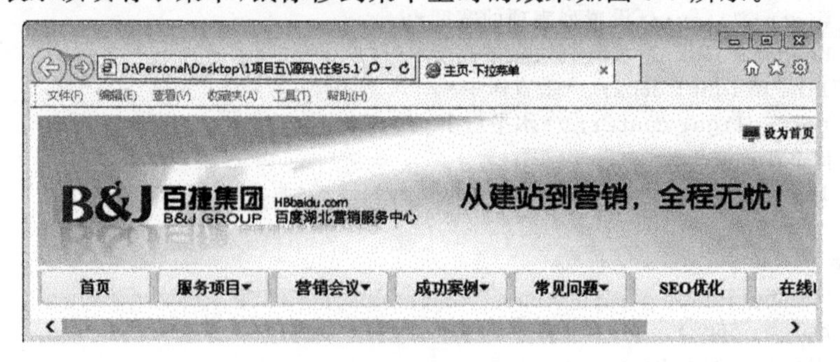

图5-6 下拉菜单的默认效果

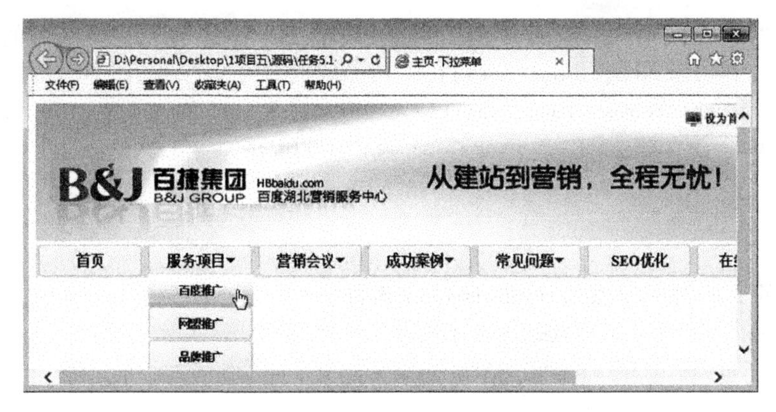

图 5-7 鼠标移到菜单上的效果

1. 写好 HTML 代码以实现下拉菜单

主菜单项有下拉菜单，就在其所在 li 标签中加入子菜单项，通过列表 ul 来实现，并插入三角形，如：

```
<li><a href="#">服务项目<img src="images/arrow.gif" ></a>
    <ul>
      <li><a href="#">百度推广</a></li>
      <li><a href="#">网盟推广</a></li>
      <li><a href="#">品牌推广</a></li>
      <li><a href="#">企业 400 电话</a></li>
      <li><a href="#">百度精准营销</a></li>
    </ul>
</li>
```

其他几项与之类似。

2. 用 CSS 设置子菜单

如：

```
#nav li ul { /*设置子菜单*/
display:none; /*默认不显示*/
position:absolute; /*设置定位方式*/
top:30px;
left:-3px;
margin-top:1px;
width:116px; /*设置子菜单宽度*/
}
#nav li ul a{ /*设置子菜单字体大小*/
font-size: 12px;
}
```

3. 设置鼠标事件，控制菜单的变化

因为菜单中没有设置 id 等相关属性，以便统一实现鼠标事件：鼠标移动到主菜单上时，主菜单发生变化，若有下拉菜单，则显示下拉菜单；当鼠标移出主菜单时，主菜单还原，下拉菜单隐藏。

```
liObj=document.getElementById("nav").children;
```

说明：

访问 id 为“nav”的子节点，返回 ul 的第一级子节点(li)集合，也就是主菜单的菜单项 li。

```
for(var i=0;i<liObj.length;i++){
liObj[i].onmouseover=function(){
var subMenu =this.getElementsByTagName("ul")[0];
        subMenu.style.display ="block";
}
```

说明：

为主菜单的 li 的每一项添加 onmouseover 事件。

```
var subMenu =this.getElementsByTagName("ul")[0];
subMenu.style.display ="block";
```

说明：

从主菜单的 li 中获取 ul 节点，并通过 style 属性，将子菜单显示出来。

onmouseout 事件与之类似，是将子菜单隐藏。

参考代码：

```
<!DOCTYPE html>
<html>
<head>
<meta  charset="utf-8" />
<title> 主页-下拉菜单</title>
<style>
#logo{
margin:0 auto; /*居中*/
   padding:0; /*清除默认内边距*/
width:980px;/*设置宽度*/
}
#menu {
     width:980px;/*设置宽度*/
     height:36px;/*设置高度*/
     margin:0 auto; /*居中显示*/
     background-color:#ddd;}
ul {
     margin:0; /*清除外边距*/
     padding:0; /*清除内边距*/
     }
#nav li {/*<定义菜单列表项显示效果>*/
float: left; /*左对齐*/
width: 116px;/*设置列表项的宽度*/
height: 36px;/*设置列表项的高度*/
line-height: 36px; /*垂直居中*/
text-align: center; /*水平居中*/
margin: 0 3px; /*菜单间距*/
position:relative;
list-style:none;  /*清除列表默认列表样式*/
     }
#nav a {
width:116px; heigh: 36px;
display:block;
font-size: 16px;
background-image: url(images/nav_bg.gif);
```

```
font-weight: bold;
text-decoration:none;
color:#000;
}
#nav a:hover {
background-image: url(images/lava.gif);
color:#00f;
}
#nav li ul { /*设置子菜单*/
display:none; /*默认不显示*/
position:absolute; /*设置定位方式*/
top:30px;
left:-3px;
margin-top:1px;
width:116px;
}
#nav li ul a{/*设置子菜单字体大小*/
font-size: 12px;
}
</style>
</head>
<body>
<div id="logo"><img src="images/top.jpg" /></div>
<div id="menu">
<ul id="nav">
  <li><a href="http://www.baidyy.com"> 首页</a></li>
  <li><a href="#">服务项目<img src="images/arrow.gif" ></a>
    <ul>
      <li><a href="#">百度推广</a></li>
      <li><a href="#">网盟推广</a> </li>
      <li><a href="#">品牌推广</a></li>
      <li><a href="#">企业 400 电话</a></li>
      <li><a href="#">百度精准营销</a></li>
     </ul>
   </li>
  <li><a href="#">营销会议<img src="images/arrow.gif"  ></a>
    <ul>
      <li><a href="#">大会介绍</a></li>
      <li><a href="#">大会嘉宾</a></li>
      <li><a href="#">大会议程</a></li>
      <li><a href="#">信息发布</a></li>
     </ul>
    </li>
  <li ><a href="#">成功案例<img src="images/arrow.gif"  ></a>
     <ul>
      <li><a href="#">武汉赛德</a></li>
      <li><a href="#">野山拓展</a></li>
      <li><a href="#">天使传情</a></li>
      <li><a href="#">华大旅行社</a></li>
     </ul>
    </li>
    <li ><a href="#">常见问题<img src="images/arrow.gif" ></a>
```

```
      <ul>
        <li><a href="#">什么是百度推广</a></li>
        <li><a href="#">百度推广优势</a></li>
        <li><a href="#">百度推广费用</a></li>
        <li><a href="#">百度推广售后</a></li>
      </ul>
     </li>
     <li><a href="#">SEO优化</a></li>
     <li><a href="#">在线申请</a></li>
     <li><a href="#">联系我们</a></li>
   </ul>
</div>
<script>
var liObj=document.getElementById("nav").children;//li子节点集合
for(var i=0;i<liObj.length;i++){
liObj[i].onmouseover=function(){
   var subMenu =this.getElementsByTagName("ul")[0]; //li下面的ul节点中的第一个ul
         subMenu.style.display ="block";
}
liObj[i].onmouseout=function(){
  var subMenu =this.getElementsByTagName("ul")[0];
         subMenu.style.display ="none";
  }
}
</script>
</body>
</html>
```

任务 5.2 制作随鼠标滚动的广告图片

任务描述

当滚动条向下或向右移动时，图片随滚动条移动，相对于浏览器的位置固定，如图 5-8 所示。

图 5-8　图片随滚动条移动

任务分析

(1)把广告图片放在一个 div 中,并且 div 总是显示在页面的上方。

(2)使用 getElementById()方法获取层对象,并且获取层在页面上的初始位置(层的 top 和 left 样式值)。

(3)根据页面滚动事件,获取滚动条滚动的距离。

(4)随着滚动条的移动改变层在页面上的位置:设置层样式的 top 值、left 值(初始值+滚动距离)。

知识梳理

5.2.1 获取样式属性值

在前面的介绍中,设置样式属性值都是通过"object. style. 样式属性"来进行的,当需要获取样式属性值时,也可以通过"object. style. 样式属性"来实现。

1. style 中定位属性

position 的属性中,若指定为 absolute 时,可以用 top、left、right、bottom、zindex 对 div 进行绝对定位。

- top:规定元素的顶部边缘。
- left:规定元素的左部边缘。
- right:规定元素的右部边缘。
- bottom:规定元素的底部边缘。
- zindex:规定元素的堆积次序。

下面以 top 为例,说明它们的用法,语法格式:

```
Object.style.top =auto |%| length;
```

auto:默认值,通过浏览器计算上边缘的位置。

%:设置以包含元素的百分比计算的上边缘的位置,可使用负值。

length:使用 px、cm 等单位设置元素的上边缘的位置,可使用负值。

Object. style. top 具有读写属性:读,读取对象的值;写,设置对象的值。

例如:

```
var divObj=document.getElementById("test");
var objTop=divObj.style.top;
```

说明:

返回的是 id 为 test 的对象距顶端的坐标,且带有单位 px。如果要进行计算,需要用 parseInt()函数将带有单位的坐标转换成数字。

例 5-4 返回对象左上角的坐标。

参考代码(部分):

```
<body>
<p>返回对象左上角的坐标< /p>
<div id="test" style="position:absolute; width:200px;height:200px; top:100px; left:
300px; background-color:#96C"> </div>
```

```
<script>
var divObj=document.getElementById("test");
alert("对象左上角的坐标 X: "+ divObj.style.top+ "\n 对象左上角的坐标 Y: "+divObj.
style.left);
</script>
</body>
```

程序运行，弹出图 5-9 所示的提示框。

Object. style. top 具有读写属性，但只能读取行内样式的属性值，对于嵌入样式和外部样式，都无法获取。也就是说，只有把元素的样式都写在行内样式上才可以读，否则读不出来。行内样式在真实项目中，无法实现 CSS 和 HTML 的分离，这种方式不常用。

那么，怎么用 JavaScript 获取 CSS 的非行内样式呢？

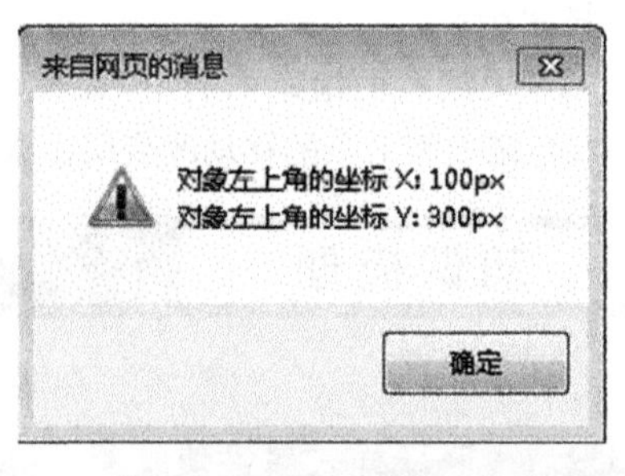

图 5-9　提示框(返回对象左上角的坐标)

2. 获取非行内样式

DOM 标准里有一个全局方法 getComputedStyle，可以获取到当前对象实际样式规则的信息。该方法是只读的，只能读取，若需要赋值，需要用 style 属性处理。语法格式：

```
window.getComputedStyle("元素", "伪类");
```

说明：

两个参数中，第一个参数表示要读取的对象；第二个参数"伪类"是必需的，如果不是伪类，则设置为 null，不过对于现在高版本的浏览器，它不是必需的参数了。而 window 是最顶层对象，可以省略。例如：

```
var style=getComputedStyle(obj, null);
```

另外，很多资料上是这样写的(并没有说明这样写的原因)：

```
var style=document.defaultView.getComputedStyle(obj, null);
```

实际上，getComputedStyle 具有兼容性问题，加前缀"document. defaultView"是为了兼容 Firefox 3.6 及以下版本，不过现在很少有用户会使用 Firefox 3.6。为了使代码更简洁，建议省去前缀。对于桌面设备，兼容性如表 5-3 所示。

表 5-3　getComputedStyle 兼容性

项　　目	Chrome	Firefox	IE	Opera	Safari
基本支持	√	√	9	√	√
伪类元素支持	√	√	×	×	√

IE 9 以下版本，不支持 getComputedStyle，微软公司在 IE 中提供了另一个对象 currentStyle，其功能与 getComputedStyle 类似，获取计算后的样式，也叫当前样式。语法格式：

```
obj.currentStyle;
```

例 5-5　获取一个 div 的宽度，注意浏览器兼容性。

浏览器兼容性通常是通过分支语句来进行判断的。如：

```
if(obj.currentStyle){…}
```

表示如果 obj. currentStyle 返回的是一个对象，则表示是 IE 浏览器，并执行相关的操作。

返回属性的值的方式有两种：中括号和.。如要获取对象的 top 值，代码如下：

```
var top=obj.currentStyle[top];
var top=obj.currentStyle.top;
```

参考代码：

```
<!DOCTYPE >
<html >
<head>
<meta  charset="utf-8" />
<title>currentStyle 和 getComputedStyle 获取样式</title>
<style type="text/css">
#div1{width:100px; height:100px; background:red;}
</style>
</head>
<body>
<div id="div1"></div>
<script >
  var str="",wd;
  var obj=document.getElementById('div1');
  if(obj.currentStyle) {
     str="您使用的是 IE 浏览器";
     wd=obj.currentStyle.width;
    }else  {
    str="您使用的是 非 IE 浏览器";
    wd=getComputedStyle(obj,null).width;
    }
alert(str+"\n div1 的宽为:"+wd) ;
</script>
</body>
</html>
```

用 IE 预览，弹出图 5-10 所示的提示框。用 Chrome 预览，弹出图 5-11 所示的提示框。

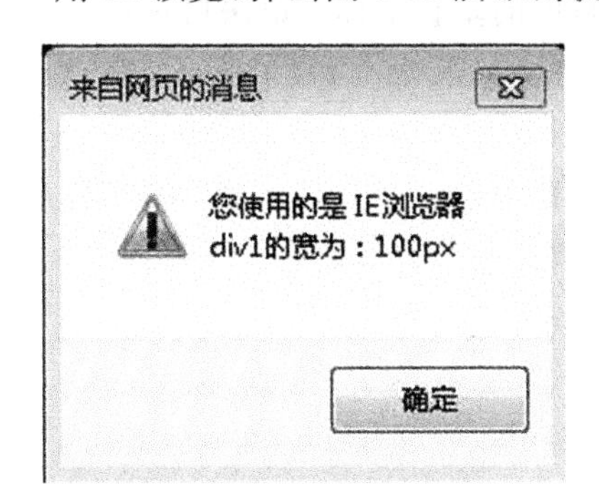

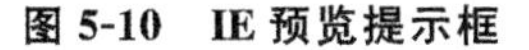

图 5-10 IE 预览提示框

图 5-11 Chrome 预览提示框

使用 currentStyle 或 getComputedStyle 可以获得层在网页中的位置，但是如何获取滚动条滚动的距离呢？

5.2.2 onscroll 事件

当浏览器滚动条滚动时会触发页面 onscroll 事件。浏览器一旦检测到滚动条发生滚动，就可以触发 onscroll 事件，而无须等到滚动行为结束。onscroll 事件可用于捕捉页面垂直和水平滚动的距离。要获取滚动条滚动的距离，可以通过 scrollTop 和 scrollLeft 属性来实现，如表 5-4 所示。

表 5-4　scrollTop、scrollLeft 属性

属　性	描　述
scrollTop	设置或获取位于对象最顶端和窗口中可见内容的最顶端之间的距离
scrollLeft	设置或获取位于对象左边界和窗口中目前可见内容的最左端之间的距离
clientX	返回鼠标指针相对于浏览器页面的水平坐标
clientY	返回鼠标指针相对于浏览器页面的垂直坐标

1. scrollTop

scrollTop 用于获取滚动条相对于其顶部的偏移距离，语法格式：

```
document.documentElement.scrollTop;
```

获取的偏移距离带有单位：px。如果要进行计算，可以用 parseInt()进行处理。

2. scrollLeft

scrollLeft 用于获取滚动条相对于其左侧的偏移距离，语法格式：

```
document.documentElement.scrollLeft;
```

获取的偏移距离带有单位：px。

5.2.3　鼠标坐标

若要获取鼠标坐标，就离不开 event 事件的 clientX、clientY 属性。

1. clientX

clientX 返回当事件被触发时鼠标指针相对于浏览器页面的水平坐标。语法格式：

```
event.clientX;
```

2. clientY

clientY 返回当事件被触发时鼠标指针相对于浏览器页面的垂直坐标。语法格式：

```
event.clientY;
```

3. event 兼容性

在 Firefox 中是不可以直接用 event 的，因为 event 在 IE 中是一个全局变量，在 Firefox 中是局部变量，所以在 Firefox 中使用 event 对象必须通过参数传递的方式把它传入过程中。

```
var e =window.event || arguments.callee.caller.arguments[0];
```

例 5-6　获取单击时鼠标指针坐标。

```
<html>
<head>
<meta  charset="utf-8" />
<title> 获取鼠标指针坐标</title>
<script>
function show_xy(event){
var e=window.event || arguments.callee.caller.arguments[0];
var x=e.clientX;
var y=e.clientY;
alert("单击时鼠标指针:X 坐标: " +x +", Y 坐标: " +y)
}
```

```
</script>
</head>
<body onmousedown="show_xy(event)">
<p>请在文档中单击。一个消息框会提示出单击时鼠标指针的 x 和 y 坐标。</p>
</body>
</html>
```

5.2.4 兼容性

clientX 和 clientY 是鼠标相对于浏览器窗口可视文档区域的左上角的位置；在 DOM 标准中，这两个属性值都不考虑文档的滚动情况，也就是说，无论文档滚动到哪里，只要事件发生在窗口左上角，clientX 和 clientY 都是 0，所以，要想得到事件发生的坐标相对于文档开头的位置，要加上偏移距离。

获取偏移距离 document. documentElement. scrollTop 和 document. documentElement. scrollLeft，适用于 IE、Firefox 浏览器 ，但不适用于谷歌浏览器 Chrome。谷歌浏览器用另外的方式获取：document. body. scrollTop 和 document. body. scrollLeft。

不同的浏览器获取方法不一样，程序设计要解决浏览器兼容性，通常是通过分支结构进行处理的。

1. 获取对象坐标的兼容性处理

```
if(advObject.currentStyle){ //IE
  advTop=advObject.currentStyle.top;
  advLeft=advObject.currentStyle.left;
}
else{  //非 IE
   advTop=getComputedStyle(advObject,null).top;
   advLeft=getComputedStyle(advObject,null).left;
     }
```

2. 获取偏移距离的兼容性处理

```
if(document.documentElement.scrollTop){//非 Chrome
scLeft=document.documentElement.scrollLeft;
scTop=document.documentElement.scrollTop;
}
else{ //Chrome
scLeft=document.body.scrollLeft;
scTop =document.body.scrollTop;
}
```

5.2.5 任务实现

（1）静态页面设计。

（2）使用 getElementById()方法获取层对象，用 currentStyle 或者 getComputedStyle 获取层在页面上的初始位置(层的 top 和 left 样式值)。

（3）根据页面滚动事件，获取滚动条滚动的距离，即 document. documentElement. scrollLeft 和 document. body. scrollLeft。

（4）随着滚动条的移动改变层在页面上的位置：设置层样式的 top 值、left 值(初始值＋滚动距离)。

参考代码：

```
<!DOCTYPE HTML>
<html>
<head>
<meta charset="gb2312" />
<title> 随鼠标滚动的广告图片</title>
<style type="text/css">
#main{text-align:center;}
#adv{
     position:absolute;
     left:50px;
     top:30px;
     z-index:2;
}
</style>
<script>
var advTop; //层距页面顶端距离
var advLeft;
var advObj; //层对象
  function inix(){
   advObj=document.getElementById("adv"); //获得层对象
   if(advObj.currentStyle){
   advTop=parseInt(advObj.currentStyle.top);
   advLeft=parseInt(advObj.currentStyle.left);
     }
else{
advTop=parseInt(getComputedStyle(advObj,null).top);
   advLeft=parseInt(getComputedStyle(advObj,null).left);
}
     }
function move(){
if(document.documentElement.scrollTop){//非 Chrome
advObj.style.top=advTop+parseInt(document.documentElement.scrollTop)+"px";
advObj.style.left=advLeft+parseInt(document.documentElement.scrollLeft)+"px";
}
   else{ //Chrome
     advObj.style.top=advTop+parseInt(document.body.scrollTop)+"px";
     advObj.style.left=advLeft+parseInt(document.body.scrollLeft)+"px";
}
}
window.onload=inix;
window.onscroll=move;
</script>
</head>
<body>
<div id="adv"><img src="images/adv.jpg"/></div>
<div id="main"><img src="images/page.jpg" ></div>
</body>
</html>
```

5.2.6 能力提升：仿百捷QQ在线客服

很多网站都有在线客服，而且在页面滚动时，在线客服位置固定不变。设计QQ在线客服，如图5-12所示。当滚动条垂直或者水平滚动时，QQ在线客服相对浏览器的位置固定，如图5-13所示。QQ在线客服界面上有一个“返回顶部”按钮，单击时，页面返回到顶端；有一个关闭按钮，单击时，关闭QQ在线客服。

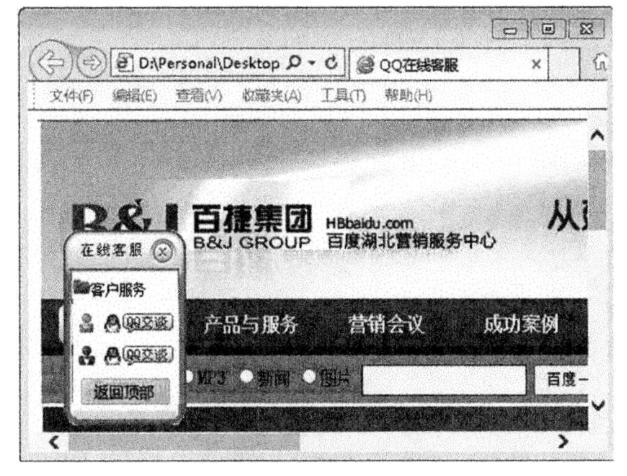

图5-12 QQ在线客服

图5-13 当滚动条垂直或者水平滚动后的效果

分析：

(1)静态页面设计，主要是将QQ在线客服放到一个div中，并且div总是显示在页面的上方。

(2)获取QQ在线客服层在页面上的初始位置，根据页面滚动事件，获取滚动条滚动的距离，随着滚动条的移动改变层在页面上的位置。

QQ在线客服层在页面上滚动，存在兼容性，为了使代码更简洁，进行优化：

```
qqTop=getComputedStyle(qqObj,null).top || qqObj.currentStyle.top;
scTop=document.documentElement.scrollTop || document.body.scrollTop;
```

说明：

使用||运算，代替分支结构，代码更简洁。

(3)设计返回顶部相关代码，scrollTop具有读写属性。如：

```
document.documentElement.scrollTop =0;// 非 Chrome
document.body.scrollTop =0; //Chrome
```

(4)设计关闭QQ在线客服层，可通过style.display来实现。如：

```
document.getElementById("qq").style.display="none";
```

参考代码：

```
<!DOCTYPE >
<html>
<head>
<title>QQ在线客服</title>
<meta  charset="utf-8">
<style>
body{
   text-align:center;
   }
td {
```

```
            text-align:center;
            }
        #qq{
            position:absolute;
            left: 30px;
            top: 100px;
            }
        img{
            border:0;
            }
        #ke{
            text-align:left;
            font-size:9pt
        }
        #tbl td{
            background-color:#FFF;
            height:28px;}
        </style>
        </head>
        <body>
        <div id="qq" >
          <table cellspacing=0 cellpadding=0 width=106>
          <tr><td colSpan=3><img src="images/qq_top.gif" width=106  usemap="#Map"></td>
</tr>
          <tr>
            <td width=7><img  src="images/qq_left.gif" height= 112 width=7></td>
            <td  width=96><table id="tbl" width="100%" border="0" cellspacing="0"
cellpadding="0" >
              <tr><td colspan="2"  id="ke"><img src="images/qq_ico1.gif" > 客户服务</td>
</tr>
              <tr>
                <td ><img src="images/qq_n01.gif" ></td>
                <td ><img src="images/qq.png" ></td>
              </tr>
              <tr>
                <td ><img src="images/qq_v01.gif" ></td>
                <td><img src="images/qq.png" ></td>
              </tr>
              <tr><td colspan="2" ><img  id="top" src="images/totop.png" ></td></tr>
            </table>
            <td width=7><img  src="images/qq_right.gif" height=112 width=7></td></tr>
          < tr> < td colSpan=3><img src="images/qq_bottom.gif" width="106" ></td></tr>
            </table>
          <map name="Map" id="closeqq">
            <area shape="circle" coords="87,18,14" href="javascript:">
          </map>
        </div>
        <img src="images/page.jpg" >
        <script>
        var qqTop,qqLeft,qqObj; //qqTop 层距页面顶端距离
        function $(Id){ //通过参数 Id 获取文本框对象
```

```
        return document.getElementById(Id);
        }
    qqObj=$("qq"); //获得层对象
    qqTop =parseInt(getComputedStyle(qqObj,null).top || qqObj.currentStyle.top);
    //||:兼容 IE 9以下版本
    qqLeft=parseInt(getComputedStyle(qqObj,null).left || qqObj.currentStyle.left);
    window.onscroll=function(){ //||:兼容 Chrome
        qqObj.style.top=qqTop+parseInt(document.documentElement.scrollTop || document.
body.scrollTop)+"px";
        qqObj.style.left=qqLeft+parseInt(document.documentElement.scrollLeft || document.
body.scrollLeft)+ "px";
        }
    $("closeqq").onclick =function(){ //关闭
        $("qq").style.display="none";
        }
    $("top").onclick =function(){ //返回到顶部
        document.body.scrollTop =document.documentElement.scrollTop =0;
        }
    </script>
    </body>
    </html>
```

总　　结

本项目介绍了 JavaScript 动态设置 CSS，说明了 CSS 的常见样式及样式表的类型等，同时还介绍了 JavaScript 访问样式的常用方法。结合具体实例，介绍了使用 JavaScript 改变样式的两种方法是使用 style 属性和 className 属性；使用 display 属性来显示和隐藏对象；使用 style 对象获取内联样式属性值；使用 currentStyle 对象和 getComputedStyle 方法获取最终样式中的属性值；使用 scrollTop 和 scrollLeft 属性访问页面滚动，并处理浏览器兼容性。

实　　训

实训 5.1　改变页面背景颜色

实训目的：

(1)使用 style 或者 display 属性动态设置对象的样式。

(2)掌握访问 body 对象的方法。

实训要求：

页面中有一颜色列表，用户单击其中的颜色，页面的背景色随之更改，如图 5-14 和图 5-15 所示。

图 5-14　默认效果

图 5-15　背景色更改效果

实现思路：

(1)静态页面设计，并给列表加上 onChange 事件。

(2)通过 onChange 事件，读取选择的值，并设置 body 的 style 属性。

参考代码(部分)：

```
<script>
function bgChange(selObj) {
newColor =selObj.options[selObj.selectedIndex].text;
document.body.style.background =newColor;
}
</script>
<body >
<b> 改变页面背景颜色</b> <br>
<form>
  <select SIZE="5" onChange="bgChange(this);">
    <option>Red</option>
    <option>Orange</option>
    <option>Yellow</option>
    <option>Green</option>
    <option>Blue</option>
    <option>White</option>
    <option>Pink</option>
  </select>
</form>
</body>
```

实训 5.2　数字提示幻灯片

实训目的：

(1)学会使用列表显示数字特效。

(2)学会使用 style 或者 display 属性动态设置对象的样式。

(3)学会给对象添加鼠标事件：onmouseover、onmouseout。

实训要求：

带数字提示的幻灯片效果，可以让用户知道一共有多少张图片。本实训任务中五张图片循环显示，并且下面的数字随图片一起切换，当前图片所对应的数字背景改变为红色，当鼠标移到数字上时，可以切换到对应的图片，当鼠标从数字上移开时继续自动播放。效果如图 5-16 所示。

图 5-16　带数字提示的幻灯片效果

实现思路：

(1)页面加载时，使用定时器自动播放图片，更改图片是通过改变 img 标签的 src 属性来实现的。项目 3 中的幻灯片效果是通过数组来实现切换图片的，本实训中不用数组，直接给 src 赋值来实现切换图片。

(2)当播放到相应图片时，相应数字添加了 now 样式，其他图片相应数字的样式还原到默认状态。数字可通过列表来实现，通过 CSS 定义外观。

(3)当鼠标移到数字上时，可以切换到对应的图片，为相应数字添加 now 样式，当鼠标从数字上移开时继续自动播放。

(4)给图片添加鼠标事件。

参考代码：

```
<!DOCTYPE>
<html>
<head>
<meta  charset="utf-8" />
<title>带数字按钮的幻灯片</title>
<style>
#box{
    margin: 0 auto;
    width: 700px;
    height: 280px;
    overflow: hidden;
    position: relative;
}
ul{
    position: absolute;
    left: 300px;
    top: 230px;
    width: 130px;
    list-style:none;
}
li{
    width: 20px;
    height: 20px;
    background:#F60;
    border-radius:10px;
    text-align:center;
    cursor:pointer;
    float:left;
    margin:0 3px;
    }
.now{
    background:red;
    }
img{
    width:800px;
    height:300px;}
</style>
<script>
var oli,timer,j=0;
```

```
window.onload=function(){
  oli =document.getElementsByTagName("li");
  for(i =0; i<oli.length; i++) {
      oli[i].index=i;
      oli[i].onmouseover =function(){
      j=this.index;
          clearTimeout(timer);
          document.getElementById("pic").src="images/"+j+".jpg";
          for (i=0; i<oli.length; i++) oli[i].className ="";
              oli[j].className ="now";
            }
      oli[i].onmouseout =function(){
            j=this.index;
            showPic();
            }
      } //end for
  showPic();
}
function showPic(){
    document.getElementById("pic").src="images/"+j+".jpg";
      for (i=0; i<oli.length; i++) oli[i].className ="";
      oli[j].className ="now";
      j=j<4? j+1:0;
      timer=setTimeout("showPic()",2000);
      }
</script>
</head>
<body>
  <div id="box">
    <img src="images/01.jpg" alt="" id="pic"/>
<ul>
      <li>1</li>
      <li>2</li>
      <li>3</li>
      <li>4</li>
      <li>5</li>
</ul>
</div>
</body></html>
```

实训 5.3　制作带关闭按钮的滚动广告

实训目的：

(1)使用 currentStyle 或 getComputedStyle()获得对象的位置。

(2)使用 display 属性隐藏对象。

(3)使用 scrollTop 获取滚动条滚动的距离。

(4)学会处理浏览器兼容性。

实训要求：

页面中有一个图片(带有一个关闭按钮)。当滚动条向下或向右移动时，图片随滚动条移动，相对于浏览器的位置固定。单击关闭按钮，页面中的图片不显示。

实现思路：

(1)在页面中插入一个层，把图片插入层中。

(2)在关闭按钮层上设置鼠标单击事件，当鼠标单击时调用隐藏层的函数，使用 style 对象的 display 属性来关闭按钮。

(3)在 JavaScript 中设置全局变量，即 floatTop、floatLeft、floatObject，分别表示图片所在层的初始位置和层对象。

(4)设置两个函数 init()和 roll()，init()用来获取层的初始位置，roll()用来设置层随滚动条滚动。

(5)在 init()函数中分别根据 IE 浏览器和 Firefox 浏览器获取层的初始位置。

(6)在 roll()函数中设置层随滚动条滚动。

(7)当页面加载时调用函数 init()，当滚动条滚动时调用函数 roll()。

参考代码：

```
<!DOCTYPE html>
<html>
<head>
<meta  charset="utf-8" />
<title>带关闭按钮的滚动广告</title>
<style type="text/css">
#main{ text-align:center;}
#float{
    position: absolute;
    left: 30px;
    top: 60px;
    z-index: 1;
    width: 139px;
    }
</style>
<script>
var floatTop,floatLeft,floatObject;
function adv_close(){
    document.getElementById("float").style.display="none";
    }
function init(){
floatObject=document.getElementById("float");
     floatTop = parseInt (getComputedStyle (floatObject, null). top || floatObject.
currentStyle.top);   floatLeft = parseInt (getComputedStyle (floatObject, null). left ||
floatObject.currentStyle.left);
}
function roll(){
floatObject. style. top = floatTop + parseInt (document. documentElement. scrollTop ||
document.body.scrollTop) + "px"; floatObject. style. left = floatLeft + parseInt (document.
documentElement.scrollLeft||document.body.scrollLeft) + "px";
}
window.onload=init;
window.onscroll=roll;
</script>
</head>
<body>
```

```
<div id="float"><img src="images/advpic.jpg" width="139" usemap="#Map">
  <map name="Map">
    <area shape="rect" coords="119,3,136,18" href="javascript:" onClick="adv_close
()" title="关闭">  </map>
</div>
<div id="main"><img src="images/contentpic.jpg"></div>
</body>
</html>
```

练　习

一、选择题

1. 当光标移到页面上的某幅图片上时，图片出现一个边框，并且图片放大，这是因为激发了下面的(　　)事件。

A. onClick　　B. onmouseover　　C. onmouseout　　D. onmousedown

2. 页面上有一个文本框和一个类 change，change 可以改变文本框的边框样式，那么使用下面的(　　)就可以实现当光标移到文本框上时，文本框的边框样式产生变化。

A. onmouseover= "className='change' "

B. onmouseover= "this. className= 'change' "

C. onmouseover = "this. style. className= 'change'"

D. onmouseover="this. style. border ='1 solid lpx #ff0000' "

3. 下列选项中，不属于文本属性的是(　　)。

A. font-size　　B. font-style

C. text-align　　D. background-color

4. 页面中有一个 id 为 price 的 div，并且有一个 ID 选择器 price 用来设置 div 的 price 样式，在 IE 浏览器中运行此页面，下面(　　)能正确获取 div 的背景颜色。

A. document. getElementById("price"). currentStyle. backgroundColor

B. document. getElementById("price"). currentStyle. background-color

C. document. getElementById("price"). style. backgroundColor

D. var divobj = document. getElementById("price");
document. defaultView. getComputedStyle(divobj,null). background;

5. 下面选项中(　　)能够获取滚动条与页面顶端的距离。

A. onscroll　　B. scrollLeft　　C. scrollTop　　D. top

6. 编写 JavaScript 函数实现网页背景色选择器，下列选项中正确的是(　　)。

A. function change(color) {window. bgColor=color;}

B. function change(color) {document. bgColor=color;}

C. function change(color) {body. bgColor=color;}

D. function change(color) {form. bgColor=color;}

7. 如果在 HTML 页面中包含如下图片标签，则选项中的(　　)语句能够实现隐藏该图片的功能。

```
< img id= "pic" src= "Sunset.jpg" width= "400" height = "300">
```

A. document. getElementById("pic"). style. display ="visible"

B. document. getElementById("pic"). style. display ="disvisible"

C. document. getElementById("pic"). style. display ="block"

D. document. getElementById("pic"). style. display ="none"

8. 在 HTML 文档中包含如下超链接，要实现当光标移入该链接时，超链接文本大小变为30px，选项中的编码正确的是（　　）。

A. <a href="#" onmouseover="this. style. fontsize=30px">注册</a>

B. <a href="#" onmouseout= "this. style. fontsize=30px">注册</a>

C. <a href="#" onmouseover="this. style. font-size=30px">注册</a>

D. <a href="#" onmouseout="this. style. font-size=30px">注册</a>

9. 下列关于 JavaScript 中 onmouseover 事件描述正确的是（　　）。

A. 单击事件　　B. 双击事件　　C. 光标悬停事件　　D. 光标离开事件

10. 创建自定义 CSS 样式时，样式名称的前面必须加一个（　　）。

A. $　　B. #　　C. ?　　D. 圆点(.)

二、操作题

1. 制作图片展示页面，上面是图片展示区，下面有 5 幅小图片，当光标移到下面 5 幅小图片上时，小图片显示红色边框，并且上面的图片位置显示与小图片一样的大图片；当光标离开小图片时，小图片的边框不显示。

2. 制作跟随光标效果。当鼠标移到某幅小图片上时，显示对应的大图片，并且随着鼠标在小图片上移动，大图片也随着鼠标移动。当鼠标移出小图片时，大图片消失。

项目6 jQuery基础

学习目标

◇ 了解 jQuery
◇ 能搭建 jQuery 开发环境
◇ 了解 jQuery 对象 $
◇ 掌握基本选择器
◇ 掌握过滤选择器
◇ 掌握表单选择器

jQuery 是一套优秀的、流行的 JavaScript 库(框架),其理念为 write less,do more(少写,多做),提倡编写少量的代码实现较复杂的功能;它简单、快速、轻量级,能提供丰富的功能接口。它简单易用,简化了程序员底层兼容性开发的痛苦,适用于现代 Web 网站快速开发需求。它的高效性、高兼容性让其倍受网页开发人员的青睐,而且 jQuery 是一个开源的项目,任何人都可以修改和扩充这个库,这使得 jQuery 的发展比较迅猛,现在已经成为网页开发者必不可少的工具库之一。学习 Web 网站开发,jQuery 技术成为必备技能。

任务 6.1 使用 jQuery 弹出“Hello jQuery!”消息框

任务描述

页面加载后,使用 jQuery 弹出一个警告消息框,显示“Hello Query!”,如图 6-1 所示。

图 6-1 jQuery 弹出一个警告消息框

任务分析

(1)使用 jQuery 弹出一个警告消息框,需要引入 jQuery 库。

(2)使用 jQuery 对象 $,页面加载后,弹出一个警告消息框。

知识梳理

6.1.1 jQuery 入门

jQuery 是一套优秀的 JavaScript 库,它的创始人是美国的 John Resig,于 2006 年 1 月创建。jQuery 库的目的是使得网站开发人员用较少的代码完成更多的功能(write less,do more)。它具有极其简洁的语法并且克服了不同浏览器平台之间的兼容性,极大地提高了程序员编写网站代码的效率。随着人们对 jQuery 的了解以及其开源特性,至今已吸引了来自世界各地的众多 JavaScript 高手加入其团队,越来越多的人开始使用 jQuery 创建项目,并且对 jQuery 进行完善和优化。

6.1.2 jQuery 的功能特点

jQuery 简化了许多 JavaScript 编程任务。它简单而易于理解的 API 将改变编写 JavaScript 的方式,jQuery 的目标是尽可能地强化常用的功能,并尽量消除冗余的任务。在以下几个方面,jQuery 的表现效果非常出色。

◇ 通过各种内建的方法更加便捷地使用 jQuery 迭代和 DOM 操作。

◇ 使用 jQuery 从 DOM 中选择节点将更加简单。jQuery 提供了精密的内建选择器,与在 CSS 中使用的选择器类似。

◇ jQuery 提供了易于理解的插件(plug-in)架构,允许用户非常方便地添加自定义的方法。

◇ jQuery 有助于减少在导航和 UI 功能方面的冗余,CSS 和基于标记的弹出式对话框,动画,渐变以及其他大量的 UI 效果。

6.1.3 jQuery 能做什么

jQuery 库为 Web 脚本编程提供了通用的抽象层,使得它几乎适用于任何编程的情形。由于它容易扩展而且不断有新插件面世,增强它的功能,所以这里无法涵盖它所有可能的用途和功能。抛开这些,就其核心特性而言,jQuery 能够满足下列需求:

1. 取得页面中的元素

如果不使用 JavaScript 库,遍历 DOM 树,以及查找 HTML 文档结构中某个特殊的部分,必须编写很多代码。jQuery 为准确获取需要操纵的文档元素,提供了可靠而富有效率的选择器机制。

2. 修改页面的外观

CSS 虽然为呈现方式提供了一种强大的手段,但当所有浏览器不完全支持相同的标准时,单纯使用 CSS 就会显得力不从心。jQuery 可以弥补这一不足,它提供了跨浏览器的标准来解决的方案。而且,即使在页面已经呈现之后,jQuery 仍然能够改变文档中某个部分的类或者个别的样式属性。

3. 改变页面的内容

jQuery 能够影响的范围并不局限于简单的外观变化，使用少量的代码，jQuery 就能改变文档的内容，可以改变文本、插入或翻转图像、对列表重新排序，甚至对 HTML 文档的整个结构都能重写和扩充。所有这些只需要一个简单易用的 API。

4. 响应用户的页面操作

即使是最强大和最精心的设计的行为，如果无法控制它何时发生，那它也毫无用处。jQuery 提供了捕获各种页面事件(比如用户单击一个链接)的适当方式，而不需要使用事件处理程序搞乱 HTML 代码。此外，它的事件处理 API 也消除了经常困扰 Web 开发人员的浏览器的不一致性。

5. 为页面添加动态效果

为了实现某种交互式行为，设计者也必须向用户提供视觉上的反馈。jQuery 中内置的一批淡入、擦除之类的效果，以及制作新效果的工具包，为此提供了便利。

6. 无须刷新页面

无须刷新页面，即可从服务器获取信息，这种编程模式就是众所周知的 AJAX，它能辅助 Web 开发人员创建出反应灵敏、功能丰富的网站。jQuery 通过消除这一过程中的浏览器特定的复杂性，使开发人员得以专注于服务器端的功能设计。

7. 适应 HTML 5

HTML 5 等技术的出现，让 jQuery 可以在网页上绘制图形、控制多媒体等，它的重要性已经不言而喻了。

8. 简化常见的 JavaScript 任务

除了这些完全针对文档的特性之外，jQuery 还提供了对基本的 JavaScript 结构(例如迭代和数组操作等)的增强。

6.1.4 配置 jQuery 环境

1. 获取 jQuery

jQuery 库可以从官方网站 http://jQuery.com 下载。在选择使用 jQuery 之前常常会考虑 jQuery 应该选择什么版本。

2. jQuery 版本

jQuery 版本是在不断进步和发展的，最新版一般是当时最高技术水平，也是最先进的技术理念。如何选择 jQuery 版本是一个值得思考的问题，下面详细介绍。

jQuery 目前有三个版本：1. x、2. x、3. x。

jQuery 1. x：兼容 IE 6、7、8，使用最为广泛，但目前官方只做 bug 维护，功能不再新增。对于一般项目来说，使用 1. x 版本就可以了，最终版本是 1. 12. 4 (2016 年 5 月 20 日)。

jQuery 2. x：具有与 jQuery 1. x 相同的 API，但是它不兼容 IE 6、7、8，并且 jQuery 2. x 内核发生了改变。目前官方只做 bug 维护，功能不再新增。如果不考虑兼容低版本的浏览器，可以使用 2. x，最终版本是 2. 2. 4 (2016 年 5 月 20 日)。

jQuery 3. x：不兼容 IE 6、7、8，只支持最新的浏览器。它修复了大量的 bug，增加了新的方法，同时移除了一些接口，并修改了少量接口的行为。目前该版本是官方主要更新维护的版本。不过，有些人不推荐使用 3. x 版本，原因是很多老的 jQuery 插件不支持这个版本。但是随着技术的进步和时间的推移，新的插件会逐渐被开发出来。目前最新版本是 3. 2. 1(2017 年 3 月 20 日)。

3. 本书选择的 jQuery 版本

本书选用目前最新版本 jQuery 3.2.1。jQuery 3.2.1 有两种文件：jQuery-3.2.1.js 和 jQuery-3.2.1.min.js。

jQuery-3.2.1.js 是未压缩版本，主要用于测试、学习和开发，大小为 261K。

jQuery-3.2.1.min.js 是经过压缩的版本，具有较小的体积，大小为 86.4K，主要应用于产品和项目。

4. 在页面中引入 jQuery

只需要在页面中引入 jQuery 库文件就可以使用 jQuery。本书将 jQuery 库文件 jQuery-3.2.1.js 放到js 文件夹下，在页面中可使用相对路径引入。在实际应用中，可根据需要调整 jQuery 库路径。

在页面中引入 jQuery 与在页面中引入 JavaScript 一样，通过<script>标签引入，并通过 src 属性指定文件和路径。代码如下：

```
<script src="js/jQuery-3.2.1.js" type="text/javascript"></script>
```

5. 在页面中执行 jQuery

在 jQuery 中，最频繁使用的符号是"$"，jQuery 中的"$"就是 jQuery 的别称，而jQuery()又是jQuery 库提供的一个函数($()又称为工厂函数)。这个函数将返回一个 jQuery 封装后的对象，比如代码 jQuery("#msg")与 $("#msg")的功能是一样的，将返回一个 jQuery 选择的 jQuery 对象，之后就可以调用由 jQuery 提供的丰富的 API 来完成各种操作了。

语法格式：

```
$(选择器); //返回选择器所对应的对象
```

例如，要获取 id 为 v 的对象，代码如下：

```
var vObj=$("#v");
```

它与 document.getElementById("v")的功能相同。

工厂函数是进行 jQuery 代码编写必不可少的部分，当 DOM 加载就绪时，为了创建一个所有浏览器都能运行的页面加载事件，就可以为文档关联 jQuery 的 ready 事件，一般会通过 jQuery 封装 document 来实现，如下面的代码所示：

```
$(document).ready(function() {…});
```

在前面的学习中经常用 window.onload()，它与 $(document).ready()比较如表 6-1 所示。

表 6-1 window.onload()与 $(document).ready()比较

比较项	window.onload()	$(document).ready()
执行时机	在页面所有元素(包括图片、引用文件)加载完后执行	页面中所有 HTML DOM，CSS DOM 结构加载完之后就会执行，其他图片可能没有加载完
编写个数	不能同时写多个，如果同时写多个，后面的将会覆盖前面的	可以同时写多个
简写	无	$(function(){…}); 或 $().ready(function(){…});

6.1.5 jQuery 开发工具

网站开发的工具多种多样，比如可以直接使用记事本或 Notepad++等工具来编写网页，但是这些工具不提供代码提示功能，比如在编写 jQuery 代码时，如果能够有一款具有 jQuery 代码提示功能的工具，会使网站开发人员的开发效率得到大幅提升，特别是对于网站开发的初学者来说，使用具有代码提示功能的编辑器，可以让初学者快速添加 jQuery API。

支持 jQuery 开发的工具比较多，如下所述。

1. Dreamweaver CS6

Dreamweaver 是 Adobe 公司的一款可视化网页设计工具，它原生就附带了对 jQuery 的代码提示功能。因此，在本书中将选用 Dreamweaver CS6 作为代码编写环境。

2. Aptana

Aptana 是目前支持 JavaScript 比较好的工具，不仅支持 jQuery 框架，还支持 Ext、Yui 等。

3. Visual Studio 2015

Visual Studio 是一套基于组件的软件开发工具，可用于构建功能强大、性能出众的应用程序。Visual Studio 2015 和 ASP. NET 5 配合使用 JavaScript，成为强大的前端 Web 开发工具。

6.1.6 jQuery 对象与 DOM 对象

1. DOM 对象

将 HTML 结构描述为一棵 DOM 树，在这棵 DOM 树中的节点都是 DOM 元素节点。可以通过 JavaScript 中的 getElementsByTagName 或者 getElementById 来获取元素节点。用这种方式获取到的 DOM 元素就是 DOM 对象。

2. jQuery 对象

jQuery 对象就是通过 jQuery 包装 DOM 对象后产生的对象。jQuery 对象是 jQuery 独有的。如果一个对象是 jQuery 对象，那么就可以使用 jQuery 里的方法。在 jQuery 对象中无法使用 DOM 对象的任何方法。同样，DOM 对象也不能使用 jQuery 对象里的方法。

3. jQuery 对象与 DOM 对象的转换

(1)将 jQuery 对象转换成 DOM 对象。将一个 jQuery 对象转换成 DOM 对象，有两种转换方式：jQuery 对象[index]和 jQuery 对象. get(index)。

①jQuery 对象是一个数组对象，可以通过[index]的方法，来得到相应的 DOM 对象。例如：

```
var $ v= $ ("# v") ; //返回 jQuery对象
var v= $ v[0]; //返回 DOM对象
```

②jQuery 本身提供的，通过. get(index)方法得到相应的 DOM 对象。例如：

```
var $ v= $ ("# v"); //jQuery对象
var v= $ v.get(0); //DOM对象
```

转换后的对象 v，只能使用 DOM 对象的方法，而不能使用 jQuery 对象的方法。

(2)将 DOM 对象转换成 jQuery 对象。对于一个 DOM 对象，只需要用 $ ()把 DOM 对象包装起来，就可以获得一个 jQuery 对象了。语法格式：

```
$ (DOM对象);
```

例如：

```
var v=document.getElementById("v"); //DOM对象
var $v=$(v); //jQuery对象
```

转换后，$ v 对象就可以使用 jQuery 的方法，但不能使用 DOM 对象的方法。

6.1.7 任务实现

(1)引入 jQuery。

(2)运行 jQuery。

参考代码：

```
<!DOCTYPE html>
<html>
<head>
<meta charset="utf-8" />
<title>Hello jQuery</title>
<!--引入 jQuery -->
<script src="js/jquery-3.2.1.js"></script>
<script>
$(document).ready(function() {
    alert("Hello jQuery!");
  });
</script>
</head>
<body>
</body>
</html>
```

6.1.8 能力提升：jQuery 3.x 新特性介绍

jQuery 最新版本 3.x 增加了一些新特性，也摒弃了一些特性，修复了大量的 bug，提高了性能。

1. 增加的一些特性

(1)for…of 循环，它可以用来遍历一个 jQuery 集合所有的 DOM 元素。语法格式：

```
for (var value of myArray) {…}
```

说明：

value 是变量，myArray 是对象集合。

(2)采用 requestAnimationFrame()来实现动画。所有现代浏览器，包括 IE 10 及以上版本，都支持 requestAnimationFrame。jQuery 3.x 会在内部采用这个 API 来实现动画，以便达到更流畅、更省 CPU 资源的动画效果。

(3)unwrap()，该方法增加了一个可选的选择器参数。

(4)\$.get() 和 \$.post()的新签名。jQuery 3.x 为 \$.get() 和 \$.post() 工具函数增加了新签名，为的是让它们和 \$.ajax() 的接口风格保持一致。

2. 被修改的一些特性

(1):visible 和:hidden。修改了:visible 和:hidden 过滤器的含义，只要元素具有任何布局，包括那些宽度或高度为 0 的情况，元素被认为是 visible。

(2)data()。该调整主要是为了让该方法符合 Dataset API 规范，jQuery 3.x 将所有属性的键都改为驼峰式大小写形式，没有横杠(连字符)。

(3)Deferred 对象。改变了 Deferred 对象的行为，改善了与 Promise/A+的兼容性。

(4)简化了 show/hide。之前的 show/hide 是大兼容，比如 show，无论元素的 display 是写在 style，还是 stylesheet 里，都能显示出来。jQuery 3.0 则不同了，写在 stylesheet 里的 display: none 调用 show 后仍然隐藏。jQuery 3.0 建议采用 class 方式去显示隐藏，或者完全采用 hide 先隐藏(不使用 CSS 代码)，再调用 show 也可以。

3. 已废弃、移除的方法和属性

(1)废弃了 bind()、unbind()、delegate()、undelegate()。用 on()方法提供了统一的访问接口，取代了 bind()、delegate()、live() 。用 off()取代了 unbind()、undelegate()、die()。

(2)移除了 load()、unload()、error()。jQuery 3. x 彻底抛弃了已经废弃的 load()、unload()和 error() 方法。不过依然可以用 on()方法绑定这些事件。

(3)移除 context、support、selector 属性。jQuery 3. x 彻底抛弃了已经废弃的 context、support 和 selector 属性。

(4)bugs 修复。jQuery 3. x 修复了以前版本中的一些重大 bug，如：width()和 height()的返回值不再四舍五入，原来的四舍五入使得在某些情况下很难对元素进行定位；修复 wrapAll()方法的一个 bug。

4. 支持 jQuery 3.0 的浏览器

支持 jQuery 3.0 的浏览器有 Internet Explorer 9＋；Chrome，Edge，Firefox，Safari，Opera（当前版本）。

任务 6.2 读取单元格的数据

任务描述

用 jQuery 读取某单元格的数据，如图 6-2 所示。

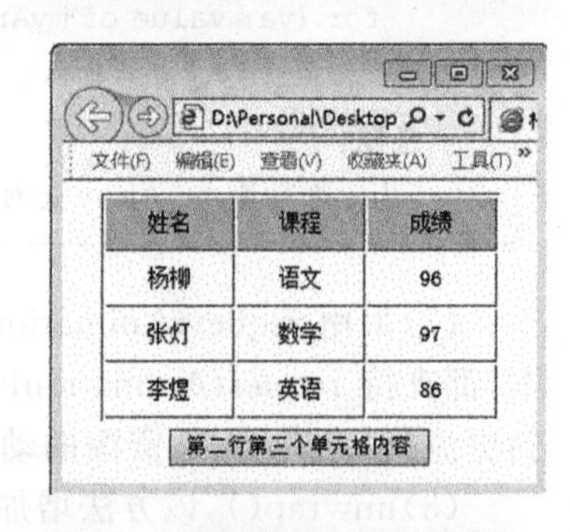

图 6-2 读取某单元格的数据

任务分析

(1)引入 jQuery。

(2)通过 jQuery 选择器读取某单元格的数据。

知识梳理

6.2.1 jQuery 选择器

jQuery 选择器是一个字符串表达式，用于识别 DOM 中的元素。

jQuery 的选择器是其核心功能，功能强大，种类很多，它既是 jQuery 的重点，也是比较复杂的内容，只有灵活掌握了选择器，才能游刃有余地操纵 jQuery。在 jQuery 中，选择器按照选择的元素类别可以分为如下 4 种。

➢ 基本选择器：基于元素的 id、CSS 样式类、元素名称等使用基于 CSS 的选择器机制查找页面元素。

➢ 层次选择器：通过 DOM 元素间的层次关系获取页面元素。

➢ 过滤选择器：根据某类过滤规则进行元素的匹配，又可以细分为简单过滤选择器、内容过滤选择器、可见性过滤选择器、属性过滤选择器、子元素过滤选择器以及表单对象属性过滤选择器。

➢ 表单选择器：可以在页面上快速定位某类表单对象。

jQuery 的选择器支持 CSS 规范中的多数选择符，只要浏览器启用了 JavaScript，就能够使用这种选择符，这样不用担心各种浏览器的兼容性，而且 jQuery 的 CSS 选择器具有较高的选择性能，同时 jQuery 继承了 Path 语言的部分语法，这样可以对 DOM 元素进行快速而准确的选择。

6.2.2 基本选择器

jQuery 的基本选择器与 CSS 的选择器相似，有如下 3 种。

➢ 标签选择器：按 HTML 元素的标签名称进行选择。

➢ ID 选择器：取得文档中指定 id 的元素。

➢ 类选择器：根据 CSS 类来进行选择。

jQuery 还包含一个使用“*”的通配符选择器，用于选择所有的页面元素，几个元素之间还可以进行组合。jQuery 基本选择器的描述如表 6-2 所示。

表 6-2 jQuery 基本选择器的描述

选择器	描述	返回	示例
#id	根据给定的 id 匹配一个元素	单个元素	$('#test')选取 id 为 test 的元素
.class	根据给定的类名匹配元素	集合元素	$('.test')选取所有 class 为 test 的元素
element	根据给定的元素名匹配元素	集合元素	$('p')选取所有的＜p＞元素
*	匹配所有元素	集合元素	$('*')选取所有的元素
selector1, selector2, …, selectorN	将每一个选择器匹配到的元素合并后一起返回	集合元素	$('div, span, .myClass')选取所有＜div＞、＜span＞和拥有 class 为 myClass 的标签的一组元素

1. ID 选择器

ID 选择器返回单个元素，id 前面必须跟一个 # 号，以表明这是 jQuery 的 ID 选择器。例如，将 id="one"的元素背景色设置为黑色，代码如下：

```
$(document).ready(function() {
        $('#one').css('background', '#000');
    });
```

说明：

css()是 jQuery 的一个方法，用于设置或返回匹配元素的样式属性。设置时带两个参数——属性和属性值，获取时带一个参数——属性。

2. 类选择器

类选择器与 ID 选择器的不同在于，使用前缀“.”表示是一个类选择器，无论是类选择器还是 ID 选择器，都与 CSS 选择器具有相同的语法。例如，将 class="cube"的元素背景色设为黑色：

```
$(document).ready(function () {
        $('.cube').css('background', '#000');
    });
```

3. element 选择器

element 选择器即元素选择器，通过 HTML 标签来选择。例如，将 p 元素的文字大小设置为 12px，代码如下：

```
$(document).ready(function() {
        $('p').css('fontSize', '12px');
});
```

4. * 选择器

通配符 * 选择器，表示一次性选中页面上的所有元素。例如，将页面中的所有元素的字体颜色设置为红色，代码如下：

```
$(document).ready(function() {
        $('*').css('color', '#FF0000');
    })
```

5. 并列选择器

并列选择器，通过“,”同时使用多个选择器的组合，可以同时更改选中标签的样式或内容。例如，将 p 元素和 div 元素的 margin 设为 0，代码如下：

```
$(document).ready(function () {
    $('p, div').css('margin', '0');
    });
```

例 6-1 jQuery 基本选择器示例，通过按钮分别测试，如图 6-3 所示。

图 6-3 jQuery 基本选择器示例

(1)设计静态页面。

(2)引入 jQuery 库。

(3)设计按钮测试代码。如：

```
<input onclick="test('#one')" type="button" value="测试 #one">
```

test 函数的参数由按钮传入相应的选择器：

```
function test(selector){
$(selector).css('background',"#bbffaa");
  }
```

预览页面，分别测试。当单击“测试.mini”按钮时，效果如图 6-4 所示。

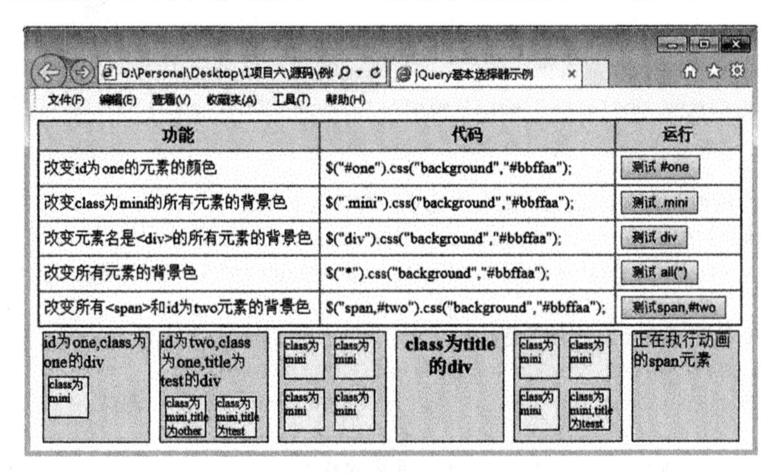

图 6-4　单击“测试.mini”按钮的效果

参考代码：

```
<!DOCTYPE HTML>
<html>
<meta charset="utf-8">
<title>jQuery 基本选择器示例</title>
<style type="text/css">
table{width:730px;}
td{border:#999 1px solid;padding:5px;}
.title{text-align:center;font-size:20px;font-weight:bolder;}
.head{background-color:#ddd;font-weight:bolder;}
.head td{text-align:center;}
div,span{width:110px;height:110px;margin:5px;background:#ddd;border:#000 1px sol-
id;float:left;font-size:17px;}
div.mini{width:40px;height:40px;background- color:#ddd;font-size:12px;}
</style>
<script src="js/jquery-3.2.1.js" type="text/javascript"></script>
<script >
  function test(selector){
$(selector).css("background","#bbffaa");
  }
</script>
</head>
<body>
<table width="930" border="1" cellspacing="0">
  <tr class="head">
    <td width="40%">功能</td>
    <td width="42%">代码</td>
    <td width="18%">运行</td></tr>
```

```
        <tr>
          <td>改变 id 为 one 的元素的颜色</td>
          <td>$("#one").css("background","#bbffaa");</td>
          <td><input onclick="test('#one')" type="button" value="测试 #one"></td>
</tr>
        <tr>
          <td> 改变 class 为 mini 的所有元素的背景色</td>
          <td>$(".mini").css("background","#bbffaa");</td>
          <td><input onclick="test('.mini')"  type="button" value="测试.mini"></td>
</tr>
        <tr>
          <td>改变元素名是<div> 的所有元素的背景色</td>
          <td>$("div").css("background","#bbffaa");</td>
          <td><input onclick="test('div')" type="button" value="测试 div"></td></tr>
        <tr>
          <td>改变所有元素的背景色</td>
          <td>$("*").css("background","#bbffaa");</td>
          <td><input onclick="test('*')" type="button" value="测试 all(*)"></td></tr>
        <tr>
          <td >改变所有<span> 和 id 为 two 元素的背景色</td>
          <td>$("span,#two").css("background","#bbffaa");</td>
          <td><input onclick="test('span,#two')" type="button" value="测试 span,#two">
</td> </tr></table>
      <div class="one" id="one">id 为 one,class 为 one 的 div
      <div class="mini">class 为 mini< /div></div>
      <div title="test" class="one" id="two">id 为 two,class 为 one,title 为 test 的 div
      <div title="other" class="mini">class 为 mini,title 为 other</div>
      <div title="test" class="mini">class 为 mini,title 为 test</div></div>
      <div class="one">
      <div class="mini">class 为 mini</div>
      <div class="mini">class 为 mini</div>
      <div class="mini">class 为 mini</div>
      <div class="mini">class 为 mini</div></div>
      <div class="none" style="display: none;">style 的 display 为 none 的 div </div>
      <div class="title">class 为 title 的 div</div>
      <div class="one">
            <div class="mini">class 为 mini</div>
            <div class="mini">class 为 mini</div>
            <div class="mini">class 为 mini</div>
            <div title="test" class="mini">class 为 mini,title 为 test</div>
      </div>
      <span id="move">正在执行动画的 span 元素</span>
      </body>
      </html>
```

6.2.3 层次选择器

网页的 DOM 结构表现为树状结构，在选择元素时，通过 DOM 元素之间的层次关系，可以获取需要的元素，比如当前节点的后代节点、父子关系的节点、兄弟关系的节点等。层次选择器的选择规则如表 6-3 所示。

表 6-3　层次选择器的选择规则

选　择　器	描　　述	返　　回	示　　例
ancestor descendant 后代选择器	选取 ancestor 元素里的所有 descendant 后代元素	集合元素	$(“div span”)选取<div>里的所有的<span>元素(所有的后代元素，层次关系是祖先和后代)
parent > child 父子选择器	选取 parent 元素下的 child 子元素	集合元素	$(“div > span”)选取<div>元素下元素名是<span>的子元素(根据父元素匹配所有的子元素，层次关系是父子关系)
prev + next 相邻选择器	选取紧接在 prev 元素后的 next 元素	集合元素	$(“. one + div”)选取 class 为 one 的下一个兄弟元素<div>
prev～siblings 兄弟选择器	选取 prev 元素之后的所有兄弟元素	集合元素	$(“#two ～ div”)选取 id 为 two 的元素后面的所有<div>兄弟元素

1. 后代选择器

使用后代选择器，可以选择祖先下面所有的子元素，无论是嵌套在哪一个层次，都可以使用后代选择器。有如下的 HTML 元素结构：

```
<div>
   <span>123</span>
     <p>
        <span>456</span>
     </p>
</div>
```

当使用 jQuery 代码：

```
$ ("div span").css("color","# FF0000");
```

结果：div 下的每一个 span 元素，字体颜色都设为红色。

2. 父子选择器

后代选择器会匹配所有的后代元素，而父子选择器(直系子元素)只会匹配当前父元素下的所有第一代子元素。

使用上面的 HTML 元素结构，当使用 jQuery 代码：

```
$("div>span").css("color","#FF0000");
```

结果：只有 div 下的第一代 span 元素，“123”的字体颜色会设为红色，而“456”的字体颜色是不会变为红色的，因为“<span>456</span>”不是 div 的第一代子元素。

3. 相邻选择器

相邻选择器允许选择相邻的元素，它匹配指定元素后面的元素。有如下 HTML 结构：

```
<p class="item"></p>
<div>123</div>
<div>456</div>
<span class="item"></span>
<div>789</div>
```

当使用 jQuery 代码：

```
$ (".item + div").css("color","# FF0000");
```

结果：只有“123”和“789”会变为红色，而“456”的字体颜色是不会变为红色的，因为<div>

456</div>不是 class="item"元素的下一个兄弟元素 div。

4. 兄弟选择器

与相邻选择器不同的是，兄弟选择器会选择当前元素之后的所有兄弟元素。有如下 HTML 结构：

```
<div class="inside">G1</div>
<div>G2</div>
<span>G3</span>
<div>G4</div>
```

当使用 jQuery 代码：

```
$ (".inside ~ div").css("color","# FF0000");
```

结果：G2 和 G4 会变为红色，因为<div>G2</div>和<div>G4</div>是 class="inside"元素后面的兄弟元素 div。

例 6-2 层次选择器示例，通过按钮分别测试，如图 6-5 所示。

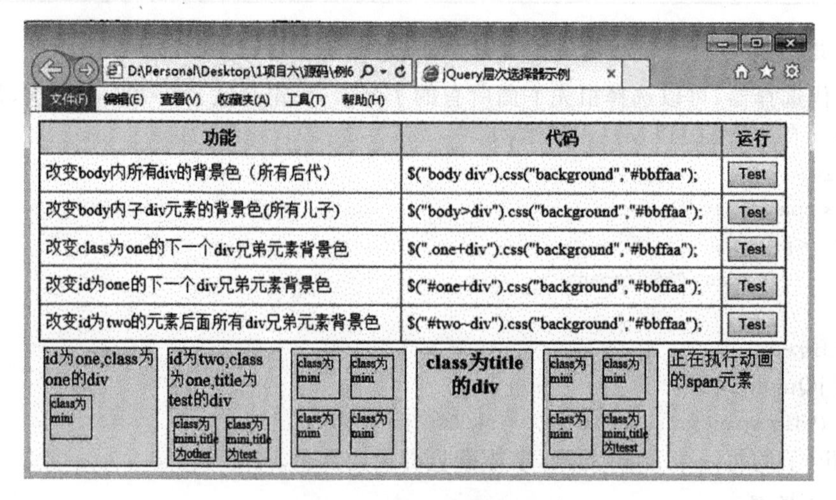

图 6-5 层次选择器示例

(1)设计静态页面。

(2)引入 jQuery 库。

(3)设计按钮测试代码。

可从例 6-1 复制，更改上面的表格内容，注意按钮传递的参数。表格部分参考代码：

```
<table border="1" cellspacing="0">
  <tr class="head">
    <td> 功能</td>
    <td> 代码</td>
    <td> 运行</td></tr>
  <tr>
    <td> 改变 body 内所有 div 的背景色(所有后代)</td>
    <td>$ ("body div").css("background","# bbffaa");</td>
    <td><input onclick="test('body div')" type="button" value="Test"></td></tr>
  <tr>
    <td>改变 body 内子 div 元素的背景色(所有儿子)</td>
    <td>$ ("body>div").css("background","#bbffaa");</td>
```

```
        <td><input onclick="test('body>div')" type="button" value="Test"></td></tr>
      <tr>
        <td>改变 class 为 one 的下一个 div 兄弟元素背景色</td>
        <td>$(".one+div").css("background","#bbffaa");</td>
        <td><input onclick="test('.one+div')" type="button" value="Test"></td></tr>
         <tr>
        <td>改变 id 为 one 的下一个 div 兄弟元素背景色</td>
        <td>$("#one+div").css("background","#bbffaa");</td>
        <td><input onclick="test('#one+div')" type="button" value="Test"></td>
        </tr>
         <tr>
        <td>改变 id 为 two 的元素后面所有 div 兄弟元素背景色</td>
        <td>$("#two~div").css("background","#bbffaa");</td>
        <td><input onclick="test('#two~div')" type="button" value="Test"></td></tr>
</table>
```

预览页面，分别测试。当单击第四行的“测试”按钮时，效果如图 6-6 所示。

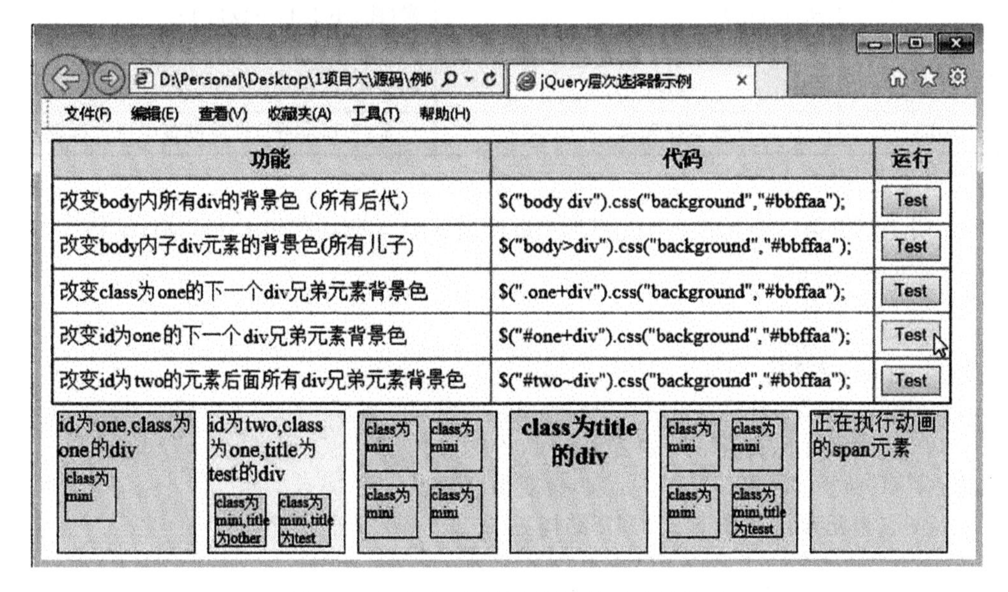

图 6-6　单击第四行的“测试”按钮时的效果

6.2.4　过滤选择器

除了基本选择器和层次选择器之外，jQuery 的强大之处是可以通过特定的过滤规则来筛选出所需的 DOM 元素。类似于 CSS 中的伪类选择器的语法，过滤选择器以冒号开头。过滤选择器根据其过滤规则的种类，又可以分为：基本过滤选择器、内容过滤选择器、可见性过滤选择器、属性过滤选择器、子元素过滤选择器和表单对象属性过滤选择器。

下面分别对这几种不同的过滤选择器进行介绍。

1. 基本过滤选择器

基本过滤选择器也可以称为简单过滤选择器，它是过滤选择器中使用最为广泛的一种，主要用来选择首、尾、指定索引、奇数位或偶数位等。基本过滤选择器的规则列表如表 6-4 所示。

表 6-4　基本过滤选择器规则

语法构成	描　　述	示　　例
:first	选取第一个元素	$("li:first")选取所有<li>元素中的第一个<li>元素
:last	选取最后一个元素	$("li:last")选取所有<li>元素中的最后一个<li>元素
:even	选取索引是偶数的所有元素(index 从 0 开始)	$("li:even")选取索引是偶数的所有<li>元素
:odd	选取索引是奇数的所有元素(index 从 0 开始)	$("li:odd")选取索引是奇数的所有<li>元素
:eq(index)	选取索引等于 index 的元素(index 从 0 开始)	$("li:eq(1)")选取索引等于 1 的<li>元素
:gt(index)	选取索引大于 index 的元素(index 从 0 开始)	$("li:gt(1)")选取索引大于 1 的<li>元素(注:大于 1,不包括 1)
:lt(index)	选取索引小于 index 的元素(index 从 0 开始)	$("li:lt(1)")选取索引小于 1 的<li>元素(注:小于 1,不包括 1)
:not(selector)	选取去除所有与给定选择器匹配的元素	$("li:not(.three)")选取 class 不是 three 的元素
:header	选取所有标题元素,如 h1～h6	$(":header")选取网页中所有标题元素

(1):first 和:last

:first 用于获取第一个元素,:last 用于获取最后一个元素。有如下 HTML 结构:

```
<span>G1</span>
<span>G2</span>
<span>G3</span>
```

当使用 jQuery 代码:

```
$('span:first').css('color', '#FF0000');
$('span:last').css('color', '#FF0000');
```

结果:G1(first 元素)和 G3(last 元素)会变为红色。

(2):not 取非元素。有如下 HTML 结构:

```
<div>G1</div>
<div class="wrap">G2</div>
```

当使用 jQuery 代码:

```
$('div:not(.wrap)').css('color', '#FF0000');
```

结果:G1 会变为红色,G2 不变。

(3):even 和:odd。:even 取偶数索引元素,:odd 取奇数索引元素,索引从 0 开始。有如下 HTML 结构:

```
<table width="200" cellpadding="0" cellspacing="0">
    <tbody>
        <tr><td>A</td></tr>
        <tr><td>B</td></tr>
        <tr><td>C</td></tr>
        <tr><td>D</td></tr>
    </tbody>
</table>
```

当使用 jQuery 代码：

```
$('tr:even').css('background', '#f00');
$('tr:odd').css('background', '#00f');
```

结果：偶数行背景颜色变为红色，奇数行背景颜色变为蓝色。

(4)：eq(x) 取指定索引的元素。HTML 结构如上面所述，当使用 jQuery 代码：

```
$('tr:eq(2)').css('background', '#FF0000');
```

结果：tr：eq(2)表示第 3 行，它的背景色会变为红色。

(5)：gt(x)和：lt(x)。：gt(x)取大于 x 索引的元素，：lt(x)取小于 x 索引的元素。有如下 HTML 结构：

```
<ul>
    <li>L1</li>
    <li>L2</li>
    <li>L3</li>
    <li>L4</li>
    <li>L5</li>
</ul>
```

当使用 jQuery 代码：

```
$('ul li:gt(2)').css('color', '#FF0000');
$('ul li:lt(2)').css('color', '#0000FF');
```

结果：：gt(2)表示索引大于 2，索引从 3 开始，也就是第 4 个元素，所以 L4 和 L5 会变为红色；：lt(2)表示索引小于 2，索引是 1、0，也就是第 1、2 两个元素，因此，L1 和 L2 会是蓝色，L3 是默认颜色。

(6)：header 取 H1～H6 标题元素。有如下 HTML 结构：

```
<h1>H1</h1>
<h2>H2</h2>
<h3>H3</h3>
<h4>H4</h4>
<h5>H5</h5>
<h6>H6</h6>
```

当使用 jQuery 代码：

```
$(':header').css('background', '#EFEFEF');
```

结果：H1～H6 的背景色都会变色。

2. 内容过滤选择器

内容过滤选择器可以根据 HTML 文本内容进行过滤选择，包含的过滤规则如表 6-5 所示。

表 6-5　内容过滤选择器过滤规则

语法构成	描　　述	示　　例
：contains(text)	选取含有内容为"text"的元素	$("div：contains('相机'")选取含有文本内容"相机"的<div>元素
：empty	选取不包含子元素或者文本为空的元素	$("div：empty")选取不包含子元素的<div>空元素
：has(selector)	选取含有选择器所匹配的元素	$("div：has(p)")选取包含子元素的<div>元素
：parent	选取含有子元素或文本的元素	$("div：parent")选取拥有子元素的<div>元素

(1)：contains(text)取包含 text 文本的元素。有如下 HTML 结构：

```
<dl>
    <dt>技术</dt>
    <dd>jQuery,.NET, CLR</dd>
    <dt>SEO</dt>
    <dd>关键字排名</dd>
    <dt>其他</dt>
    <dd></dd>
</dl>
```

当使用jQuery代码：

```
$('dd:contains("jQuery")').css('color', '#FF0000');
```

结果：第一个dd会变为红色。

(2):empty取不包含子元素或文本为空的元素。HTML结构如上面的dl结构，当使用jQuery代码：

```
$('dd:empty').html('jQuery添加的内容');
```

结果：最后一个dd会出现“jQuery添加的内容”。

说明：

html()是jQuery里的方法，功能与innerHTML相似。

(3):has(selector)取含有选择器所匹配的元素。有如下HTML结构：

```
<div>A</div>
<div><span>B</span></div>
```

当使用jQuery代码：

```
$('div:has(span)').css('border', '1px solid #000');
```

结果：包含span元素的div(B)添加了边框。

(4):parent取包含子元素或文本的元素。有如下HTML结构：

```
<ol>
    <li></li>
    <li>A</li>
    <li></li>
    <li>D</li>
</ol>
```

当使用jQuery代码：

```
$('li:parent').css('color', '#f00');
```

结果：A、D变为红色。

3. 可见性过滤选择器

jQuery 3.x稍微修改了:hidden和:visible的含义：从jQuery 3.x版本开始；如果一个元素只要有任何布局盒，即使宽度和(或)高度为0，那么它将被视为visible。例如，
元素和没有内容的内联元素都能通过:visible选择器被选择。

如果一个元素没有任何布局盒，那么它将被视为hidden。例如，
元素和没有内容的内联元素将不能通过:hidden选择器被选择。

使用可见性选择器在很大程度上可能会有性能问题，因为它可能会迫使浏览器重新渲染页面才能够确定它的可见性。

4. 属性过滤选择器

属性过滤选择器可以基于HTML元素的属性来选择特定的元素，除了根据不同的属性来选择元素外，还可以根据不同的属性值来选择元素。属性过滤选择器的过滤规则如表6-6所示。

表 6-6 属性过滤选择器过滤规则

名　称	说　明	举　例
[attribute]	匹配包含给定属性的元素	查找所有含有 id 属性的 div 元素：$("div[id]")
[attribute=value]	匹配给定的属性是某个特定值的元素	查找所有 name 属性是 news 的 input 元素：$("input[name='news']")
[attribute!=value]	匹配给定的属性不包含某个特定值的元素	查找所有 name 属性不是 news 的 input 元素：$("input[name!='news']")
[attribute^=value]	匹配给定的属性是以某些值开始的元素	查找所有 name 属性是以 news 开始的 input 元素：$("input[name^='news']")
[attribute$=value]	匹配给定的属性是以某些值结尾的元素	查找所有 name 以 letter 结尾的 input 元素：$("input[name$='letter']")
[attribute*=value]	匹配给定的属性包含某些值的元素	查找所有 name 包含 man 的 input 元素：$("input[name*='man']")
[attrFilter1] [attrFilter2] …… [attrFilterN]	复合属性选择器，可同时满足多个条件	找到所有含有 id 属性，并且它的 name 属性是以 man 结尾的元素：$("input[id][name$='man']")

5. 子元素过滤选择器

子元素过滤选择器是指根据父元素中的某些过滤规则来选择子元素，例如可以选择父元素的第一个子元素（:first-child）或者最后一个子元素（:last-child），或者父元素中特定位置的子元素，其过滤规则如表 6-7 所示。

表 6-7 子元素过滤选择器过滤规则

名　称	说　明	举　例
:nth-child(index/even/odd/equation)	匹配其父元素下的第 N 个元素或奇、偶元素，index 是从 1 开始的	在每个 ul 中查找第二个 li：$("ul li:nth-child(2)")
:first-child	只匹配第一个子元素	在每个 ul 中查找第一个 li：$("ul li:first-child")
:last-child	只匹配最后一个子元素	在每个 ul 中查找最后一个 li：$("ul li:last-child")
:only-child	只有一个子元素的才会被匹配	在 ul 中查找有唯一子元素的 li：$("ul li:only-child")

nth_child 可以根据指定的索引位置、奇数位、偶数位等来匹配元素，这个选择规则常用来选择具有某些特定集合性质的元素中的子元素，nth-child() 选择器详解如下：

(1):nth-child(even/odd)：能选取每个父元素下的索引值为偶/奇数的元素。

(2):nth-child(2)：能选取每个父元素下的索引值为 2 的元素。

(3):nth-child(3n)：能选取每个父元素下的索引值是 3 的倍数的元素。

(4):nth-child(3n + 1)：能选取每个父元素下的索引值是 3n + 1 的元素。

6. 表单对象属性过滤选择器

表单对象属性过滤选择器可以根据表单中某对象的属性特征来获取表单元素，其过滤规则如表6-8所示。

表 6-8　表单对象属性过滤选择器过滤规则

名　称	说　明	举　例
:enabled	匹配所有可用元素	查找所有可用的 input 元素：$("input:enabled")
:disabled	匹配所有不可用元素	查找所有不可用的 input 元素：$("input:disabled")
:selected	匹配所有被选中元素(复选框、单选框等，不包括 select 中的 option)	查找所有选中的选项元素：$("select option:selected")
:checked	匹配所有选中的 option 元素	查找所有选中的复选框元素：$("input:checked")

可以看到，使用表单对象属性过滤选择器，可以对表单中的控件元素的可用(enabled)、不用(disabled)，Checkbox 控件的选择(checked)与 select 控件的选中(selected)这些属性行选择，这使得在开发表单时可以快速地选中所需要的控件。

6.2.5　表单选择器

在学习表单对象属性过滤选择器之后，接下来看看 jQuery 的表单选择器。表单选择器提供了灵活的方法来选择表单中的元素，举例来说，如果要统一为表单中的 input 控件设置样式或者是属性，使用表单选择器可以快速一次到位地进行设置。jQuery 中表单选择器的选择规则如表 6-9 所示。

表 6-9　表单选择器选择规则

名　称	说　明	举　例
:input	匹配所有 input、textarea、select 和 button 元素	查找所有的 input 元素：$(":input")
:text	匹配所有的文本框	查找所有文本框：$(":text")
:password	匹配所有密码框	查找所有密码框：$(":password")
:radio	匹配所有单选按钮	查找所有单选按钮：$(":radio ")
:checkbox	匹配所有复选框	查找所有复选框：$(":checkbox")
:submit	匹配所有提交按钮	查找所有提交按钮：$(":submit")
:image	匹配所有图像域	匹配所有图像域：$(":image")
:reset	匹配所有重置按钮	查找所有重置按钮：$(":reset")
:button	匹配所有按钮	查找所有按钮：$(":button")
:file	匹配所有文件域	查找所有文件域：$(":file")

可以看到，表单选择器可以匹配当前文档或者是某一个表单内部的所有表单元素，比如可以同时选中所有的按钮或者是输入框。

6.2.6 任务实现

(1)设计静态页面。

(2)引入 jQuery 库文件。

```
<script src="js/jquery-3.2.1.js"></script>
```

(3)用 jQuery 实现 click 事件。

```
var tdText=$("#myTable tr:eq(1)").find("td:eq(2)").text();
```

说明：

$("#myTable tr:eq(1)")是用后代选择器选取 id 为 myTable 的表格中的所有行(tr)，再通过过滤选择器 eq(1)，选取第二行。

find("td:eq(2)")是在第二行中通过过滤选择器选取第三个单元格。

text()表示选取文本。

参考代码(部分)：

```
<script src="js/jquery-3.2.1.js" ></script>
<script type="text/javascript">
function checks(){
    var tdText=$("#myTable tr:eq(1)").find("td:eq(2)").text();
    alert("该单元格的值是:"+tdText);
}
</script>
```

6.2.7 能力提升:仿京东商品选项

如图 6-7 所示，商品有多个选项，根据用户不同的选择，自动生成相应的价格，如图 6-8 所示。

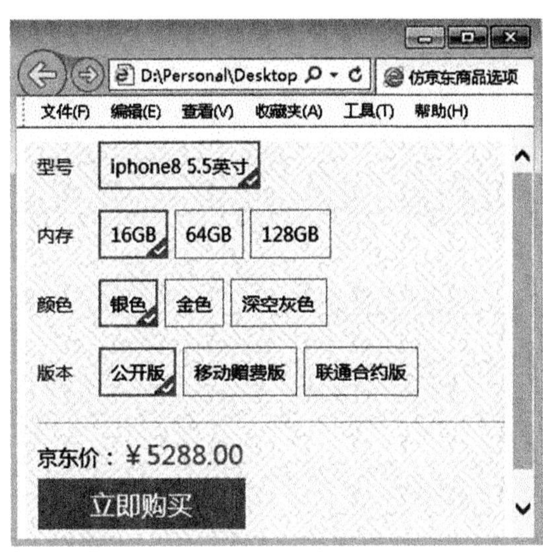

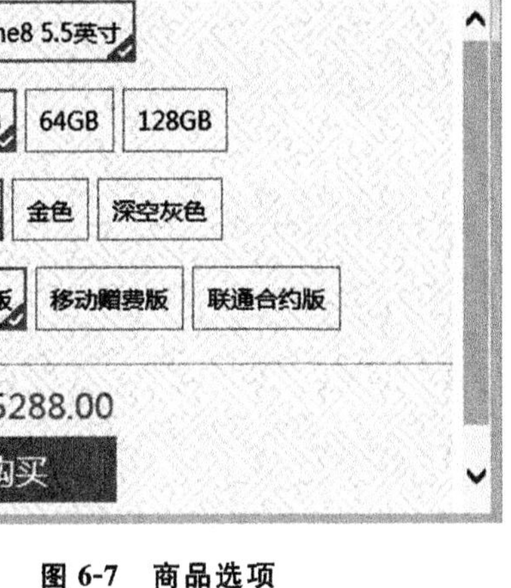

图 6-7 商品选项

图 6-8 不同的选择，价格不同

实现：

(1)表示不同选项的样式，可用 CSS 来实现。

(2)根据用户选择的不同选项，生成不同的价格。本例中，根据不同内存容量来改变价格。

参考代码：

```
<!DOCTYPE HTML>
<html>
<head>
<title>仿京东商品选项</title>
<meta charset="utf-8">
<style type='text/css'>
*{margin:0;padding:0;}
#wrap{
    width:360px;
    height:300px;
    margin:10px auto;
    padding-left:10px;
    background-image:url(images/bg.gif)
}
#top{
    width:360px;
    height:210px;
    border-bottom:1px solid #bbb;
    font-family:'Microsoft yahei';
}
#top p{
    margin-bottom:15px;
}
#top p font{
    font-size:14px;
    color:#666;
    margin-right:15px;
}
#top p span{
    font-size:14px;
    border:1px solid #999;
    display:inline-block;
    padding:8px;
    cursor:pointer;
}
#top p span.on{
    border:2px solid #f60;
    padding:7px;
    background:url(images/on.png) no-repeat right bottom;
}
#bottom{
    width:360px;
    height:100px;
    padding-top:10px;
    font-family:'Microsoft yahei';
}
#bottom p font{
    color:#f60;
    font-size:20px;
    margin-right:20px;
}
#bottom button{
```

```
    width:160px;
    height:38px;
    font-family:'Microsoft yahei';
    margin-top:5px;
    font-size:20px;
    background:#f60;
    color:#fff;
    border:none;
}
</style>
<script src="js/jquery-3.2.1.js"></script>
<script>
$(function(){
  var p=0;
  $("span").click(function(){//改变样式
      $(this).addClass("on").siblings().removeClass("on");
  })
  $("#rom span").click(function(){//改变价格,根据不同的选项
        $(this).index()==2? p=500: //三目运算
        $(this).index()==3? p=1000:p=0;
        $("#price").html(5288+p);
  })
});
</script>
</head>
<body>
<div id="wrap">
  <div id="top">
    <p id='model'>
        <font > 型号</font>
        <span class="on">iphone8 5.5 英寸</span>
    </p>
    <p id='rom'>
        <font> 内存</font>
        <span class="on">16GB</span>
        <span>64GB</span>
        <span>128GB</span>
    </p>
    <p id='color'>
        <font > 颜色</font>
        <span class="on">银色</span>
        <span> 金色</span>
        <span> 深空灰色<span>
    </p>
    <p id='banben'>
        <font> 版本</font>
        <span class="on"> 公开版</span>
        <span> 移动赠费版</span>
        <span> 联通合约版</span>
    </p>
  </div>
  <div id="bottom">
```

```
        <p> 京东价:<font>￥<span id='price'>5288</span>.00</font></p>
        <button> 立即购买< /button>
    </div>
</div>
</body>
</html>
```

总　结

本项目主要介绍了jQuery库、jQuery的应用环境设置及jQuery的选择器。jQuery选择器主要有基本选择器、层次选择器、过滤选择器等，它的目的就是能够方便地定位到文档中的元素。

实　训

实训6.1　改变列表奇数项背景

实训目的：

熟悉jQuery的选择器：基本选择器、后代选择器、过滤选择器。

实训要求：

当用户单击标题时改变列表中奇数项的背景颜色，如图6-9所示。

图6-9　改变列表中奇数项的背景颜色

实现思路：

建立HTML页面，添加样式美化页面。通过基本选择器选择标签h2，通过后代选择器、过滤选择器选择奇数项。

参考代码(部分)：

```
<script  src="js/jquery-3.2.1.js">
</script>
<script type="text/javascript">
  $(function() {
    $("h2").click(function() {
  $("ul li:odd").css("background", "#ffe773");
    });
  });
</script>
</head>
<body>
<h2>jQuery学习参考书</h2>
<ul>
  <li>jQuery入门与提高</li>
  <li>jQuery权威指南教程</li>
  <li>锋利的 JQuery</li>
  <li>JavaScript高级编程</li>
  <li>jQuery实战案例精粹</li>
  <li>jQuery实战</li>
</ul>
</body>
```

实训 6.2　设置表单元素背景

实训目的：

熟悉 jQuery 的选择器：表单选择器。

实训要求：

(1)选中文档界面中的所有文本域，设置其背景色为黄色。

(2)密码框背景色为红色。

(3)为网页上所有的按钮指定字体为加粗显示。

(4)为网页上所有的单选按钮设置背景色，如图6-10所示。

图 6-10　设置表单元素背景

实现思路：

关键代码：

```
<script >
$(function() {
  $(":text").css("background","#FFC");   //设置所有 input 元素的背景色
  $(":password").css("background","red"); //隐藏所有密码框对象
  $(":button").css("font-weight","bold"); //显示按钮对象的字体
  $(":radio").css("background","#0F0");    //设置单选按钮的背景色
});
</script>
```

实训 6.3　读出表格任意单元格内容

实训目的：

(1)熟悉 jQuery 的选择器。

(2)熟悉 jQuery 设置 CSS 方法。

(3)了解鼠标事件。

实训要求：

(1)单击任意单元格，读取该单元格内容，并弹出信息框。

(2)鼠标移到某单元格时，该单元格改变背景颜色；移出时还原。

实现思路：

(1)静态页面部分可从任务 6.2 中拷贝。

(2)要读取单元格内容，就要用到 jQuery 的选择器，并且要给单元格设置单击事件。

```
$("#myTable td ").click(function(){…});
```

(3)改变背景颜色，要用到 jQuery 的选择器，并且要给单元格设置 mouseover、mouseout 事件。还要用到 jQuery 的方法 css()，用于设置 CSS。

参考代码：

```
<!DOCTYPE html >
<html >
<head>
<meta  charset="gb2312" />
<title> 根据选择器查找节点</title>
<style type="text/css">
body{
    text-align:center;
    }
td  {width:80px;
```

```
        font-size:12px;
        text-align:center;
        border:1px solid #666;
        }
    table{
        border:1px solid #666;
        margin:0 auto;
        }
    tr{
        height:40px;
        }
    </style>
    <script src="js/jquery-3.2.1.js" ></script>
    <script type="text/javascript">
    $(function(){
      $("#myTable td ").click(function(){
            alert("该单元格的值是:"+$(this).text());
            });
      $("#myTable td ").mouseover(function(){
            $(this).css("background","#abc");
            });
      $("#myTable td ").mouseout(function(){
            $(this).css("background","");
            });
    })
    </script>
    </head>
    <body>
    <table border="0" cellpadding="2" cellspacing="0" id="myTable">
    <tr bgcolor="#CCCCCC"><td> 姓名</td><td >课程</td><td>成绩</td></tr>
    <tr><td>杨柳</td><td>语文</td><td>96</td></tr>
    <tr><td>张灯</td><td>数学</td><td>97</td></tr>
    <tr><td>李煜</td><td>英语</td><td>86</td></tr>
    </table>
    </body>
    </html>
```

预览效果如图 6-11 所示。鼠标移到表格中的效果如图 6-12 所示。

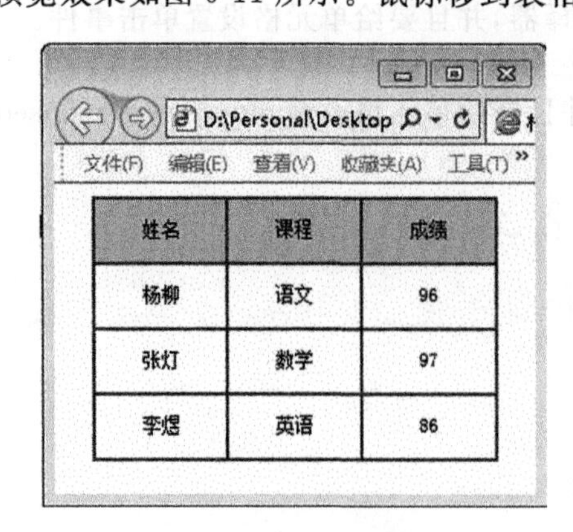

图 6-11　预览效果

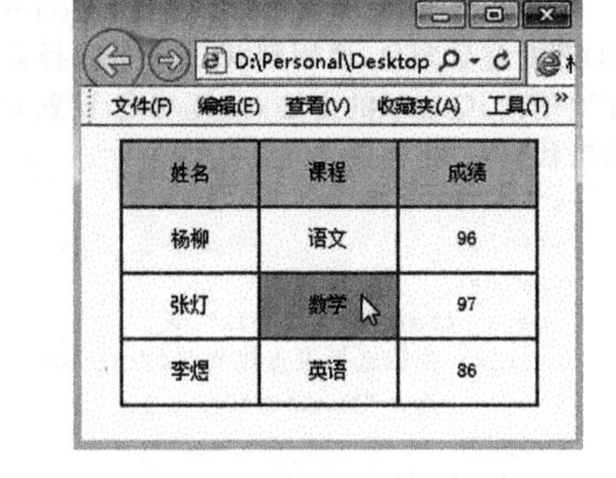

图 6-12　鼠标移到表格中的效果

例如,单击第三行第二列的单元格时,弹出图 6-13 所示的信息框。

图 6-13 弹出的信息框

练 习

一、选择题

1. 以下关于 jQuery 的描述错误的是(　　)。

A. jQuery 是一个 JavaScript 函数库

B. jQuery 极大地简化了 JavaScript 编程

C. jQuery 的宗旨是“write less,do more”

D. jQuery 的核心功能不是根据选择器查找 HTML 元素

2. 在 jQuery 中,下列关于文档就绪函数的写法错误的是(　　)。

A. $(document).ready(function() {})

B. $(function(){})

C. $(document)(function(){})

D. $().ready(function(){})

3. 下面(　　)不是 jQuery 选择器。

A. 基本选择器　　B. 层次选择器　　C. 表单选择器　　D. 节点选择器

4. 以下选项(　　)不能够正确地得到这个标签:

```
<input id = "btnGo" type = "button" value= "单击我" class = "btn"/>
```

A. $("#btnGo")　　B. $(".btnGo")

C. $(".btn")　　D. $("input[type=button]")

5. 在 HTML 页面中有如下结构的代码:

```
<div id = "header"><h3 ><span >S3N 认证考试</span></h3 >
  <ul>
    <li>一</li>
    <li>二</li>
    <li>三</li>
    <li>四</li>
  </ul >
</div>
```

下列选项(　　)所示 jQuery 不能够让汉字四的颜色变成红色。

A. $("#header ul li:eq(3)").css("color","red")

B. $("#header li:eq(3)").css("color","red")

C. $("#header li:last").css("color","red")

D. $("#header li:gt(3)").css("colorv, "red")

6. 在 HTML 页面中有如下结构的代码：

```
<ul id ="p-list">
  <li>苹果 iPhone 8</li>
</ul>
```

以下(　　)方法不能让“苹果 iPhone 8”隐藏。

A. $("#p－list li:nth－child(0)").hide()

B. $("# p－list li:only－child").hide()

C. $("# p－list li:last－child").hide()

D. $("# p－list li:first－child").hide()

7. 有以下标签：

```
<input id="textContent" class="txt" type="text" value="张三"/>
```

不能够正确地获取文本框里面的值“张三”的语句是(　　)。

A. $('.txt').val()

B. $('.txt').attr('value')

C. $('# txtContent').text()

D. $('# txtContent').attr('value')

8. 使用 jQuery 检查<input type＝"hidden" id＝"id" name＝"id"/>元素在网页上是否存在的代码是(　　)。

A. if($('#id')){…}

B. if($('#id').length> 0){…}

C. if($('#id')).length()> 0){…}

D. if($('#id').size> 0){…}

9. 执行下面语句

```
$(document).ready(function() {
  $('#click').click(function(){ alert('click one time')};
  $('#click').click(function(){ alert('click two times')};
});
```

单击按钮<input type＝"button" id＝"click" value＝"点击我"/>，会有什么效果？(　　)

A. 弹出一次对话框，显示 click one time

B. 弹出一次对话框，显示 click two times

C. 弹出两次对话框，依次显示 click one time，click two times

D. JS 编译错误

10. 页面中有 3 个元素：<div>div 标签</div><span>span 标签<span><p>p 标签</p>。如果这 3 个标签要触发同一个事件，那么正确的写法是(　　)。

A. $('div,span,p').click(function(){…})

B. $('div||span||p').click (function (){…})

C. $('div＋span＋p').click(function(){…})

D. $('div～span～p1').click(function(){…})

二、操作题

1. 制作有 8 项的垂直列表，其中第二项、第三项和第五项设置 title 属性为 mytitle，完成下列各题。

(1)选择列表项第一项，添加＃69C 的背景色。

(2)将奇数项的背景设置为＃FF9，偶数项的背景设置为＃FFC。

(3)将 title 属性为 mytitle 的列表项背景设置为＃999。

2. 制作有 8 项的水平列表，当光标经过列表中某一项时，改变该项的背景颜色。

项目7 jQuery的事件

学习目标

◇ 掌握 jQuery 有关属性操作的方法
◇ 掌握 jQuery 有关 CSS 操作的方法
◇ 掌握 jQuery 页面初始化事件
◇ 掌握 jQuery 事件
◇ 掌握 jQuery 事件绑定
◇ 了解 jQuery 事件冒泡

JavaScript 和 HTML 的交互是通过事件实现的。JavaScript 采用异步事件驱动编程模型，当文档、浏览器、元素或与之相关对象发生特定事情时，浏览器会产生事件。JavaScript 指定事件处理程序就是把一个方法赋值给一个元素的事件处理程序属性。每个元素都有自己的事件处理程序属性，这些属性名称通常为小写，如 onclick 等，将这些属性的值设置为一个方法。jQuery 在 JavaScript 的基本的事件处理机制的基础上，对其进行了增强和扩展。jQuery 不但提供了十分简洁的事件处理语法，而且也对事件处理机制本身做了很大的增强，同时也具有更好的兼容性。jQuery 事件处理方法是 jQuery 中的核心方法(函数)。

任务 7.1 鼠标经过切换图片

任务描述

在页面中有四幅小图片和一个图片展示区域，当鼠标移入某幅小图片时，在图片展示区域可看到其对应的大图片。为凸显当前的小图片状态，当前小图片显示边框，其他三幅小图片透明度设为 0.5，如图 7-1 所示。切换效果如图 7-2 所示。

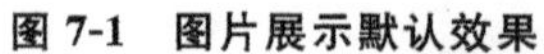

图 7-1　图片展示默认效果

图 7-2　切换效果

任务分析

(1)设置静态页面,并用 CSS 美化。

(2)设置鼠标事件,把小图片的 src 属性的值设为大图片的 src 的值。

(3)设置边框和透明度。

知识梳理

jQuery 框架提供了很多方法,事件方法是添加一个函数到被选元素的事件处理程序。jQuery 中很多方法都是用同一个函数实现获取和设置的。jQuery 中常用方法如表 7-1 所示。

表 7-1　jQuery 中常用方法

常用方法	说　明
$()	$()是 jQuery()的简写
attr()	取得或设置一个属性的值
prop()	取得或设置一个属性的值,主要用于固有属性
removeAttr()	删除相应的属性
css()	取得或设置一个元素的 css 值
addClass()	追加指定的类名
removeClass()	移除指定的类名
toggleClass()	如果节点存在该样式,则移除;如果不存在,则追加
hasClass()	判断节点是否存在该样式,返回布尔值
html()	取得或设置文本内容
text()	取得或设置文本内容
val()	取得或设置 input 文本框的值
on()	给对象绑定一个或多个事件处理程序
off()	移除通过 on() 方法添加的事件处理程序

续表

常用方法	说　明
is()	如果元素集合中有一个元素符合表达式，返回 true
eq()	以对象形式获取第 index 个元素，位置从 0 算起
index()	返回相应元素的索引值，从 0 开始计数
get()	以数组形式取得所有匹配的节点集合
trim()	清除字符串两端的空格

7.1.1 属性操作方法

属性操作方法主要有 attr()、prop()和 removeAttr()。

attr()函数用于设置或返回当前 jQuery 对象所匹配的元素节点的属性值。如果 attr()函数执行的是“设置属性”操作，则返回当前 jQuery 对象本身；如果是“读取属性”操作，则返回读取到的属性值。removeAttr()用于删除指定的属性。

1. 读取属性

返回元素节点的属性值，语法格式：

```
jObject.attr(attributeName);
```

表示获取对象 jObject 的属性名为 attributeName 的值。

例如，要获取 id 为 photo 的图片的 src 属性，需要传递一个参数，即属性名：

```
$("#photo").attr("src");
```

2. 设置属性

设置匹配元素的属性，可以设置一个属性，也可以一次设置多个属性。设置元素节点的属性值，语法格式：

```
jObject.attr(attributeName,value);
```

(1)设置一个属性。设置一个属性需要传递两个参数，即属性名和属性值，如：

```
$("#photo").attr("src","test.jpg");
```

(2)多个属性的设置。设置多个属性需要传递多个参数，即属性名和属性值对，如：

```
$("#photo").attr({ "src": "test.jpg", "alt": "Test Image" });
```

3. attr()与 prop()

prop()与 attr()操作类似。jQuery 中可以通过 prop()和 attr()获取、设置属性，这两者是有区别的。

(1)如果添加属性名称后，该属性就会生效的元素，通常使用 prop()。

(2)如果属性具有 true 和 false 两个值，应使用 prop()。

(3)其他情况，则使用 attr()。

比如用 attr("checked")获取 checkbox 的 checked 属性时，当复选框选中的时候可以取到值，值为"checked"，但当复选框没选中时，获取值就是 undefined，而不是 false。但用 prop()方法获取 checkbox 的 checked 属性时，则会依据是否选中，返回 true 或者 false。因此，在 jQuery 中获取和设置 checked 属性，应该使用 prop()方法，不要使用 attr()方法。

例如，有一复选框，HTML 代码：

```
<input type="checkbox" checked="checked" haha="hello" >
```

jQuery 代码：

```
var v1 =$ ('input').prop("checked"); //返回 true
var v2 =$ ('input').attr("checked"); /*返回"checked",在标签上有 checked= "checked",
这是不会变的*/
var v3 =$ ('input').attr("haha"); //返回"hello",自定义属性
var v4 =$ ('input').prop("haha"); //返回 undefined,根本没有这个固有属性
```

4. removeAttr()

从每一个匹配的元素中删除相应的属性，语法格式：

```
removeAttr(属性名)
```

例如，要删除图片的 alt 属性：

```
$ ("img").removeAttr("alt");
```

如果删除多个属性，可以采用如下写法：

```
$ ("img").removeAttr("src alt");//img的 src 和 alt 都会被删除
```

7.1.2 CSS 相关方法

1. css()

css()方法用于获取和设置样式属性，而 attr()用于获取和设置元素的属性。

(1)获取指定样式属性的属性值。例如，获取 id 为 d1 的 style 样式的 color 的值：

```
$ ("#d1").css("color")
```

(2)设置匹配元素的一个样式属性值：

```
$ ("div").css("backgroundColor","red")
```

(3)设置多个样式：

```
$ ("div").css({fontSize:"30px",color:"red"})
```

注意格式，属性名称不能用引号，属性值需要用引号，如果属性值是数字，可以省略引号。特别注意，font-size 和 background-color 这样的属性名称，应采用驼峰格式，即中间要去掉中横杠，第二个单词首字母要大写，例如 font-size 应写成 fontSize，backgroun-color 要写成 backgroundColor，并要加上大括号。

2. addClass()

addClass()追加样式。例如，为 id 为 two 的对象追加样式 divClass2：

```
$ ("#two").addClass("divClass2");
```

3. removeClass()

removeClass()移除样式。例如，移除 id 为 two 的对象的 class 名为 divClass 的样式：

```
$ ("#two").removeClass("divClass");
```

移除多个样式：

```
$ (#two).removeClass("divClass divClass2");//用空格分隔
```

4. toggleClass()

toggleClass()切换类名，“切换”是指，如果该元素上已存在指定的类名，则移除掉；如果不存在，则添加该类名。例如，重复切换 anotherClass 样式：

```
$ ("#two").toggleClass ("anotherClass");
```

5. hasClass()

hasClass()判断是否含有某种样式。例如，判断 id 为 two 的元素是否有 another 样式：

```
$ ("#two").hasClass("another");
```

它与$("#two").is(".another")等价。

例 7-1 高亮显示文本。

参考代码：

```
<html >
<head>
<meta  charset="utf-8" />
<title> 高亮显示自己</title>
<script src="js/jquery-3.2.1.js" ></script>
<script>
  $(function() { $("div").click(function() {
      $(this).css("color", "red").siblings().css("color", "black");
      });
  });
</script>
</head>
<body> 单击文本,如是 div,则高亮显示自己
<div>div aa</div>
<div>div bb</div>
<p>p1</p>
<div>div dd</div>
</body>
</html>
```

例 7-2 实现复选框的全选、反选，如图 7-3 所示。

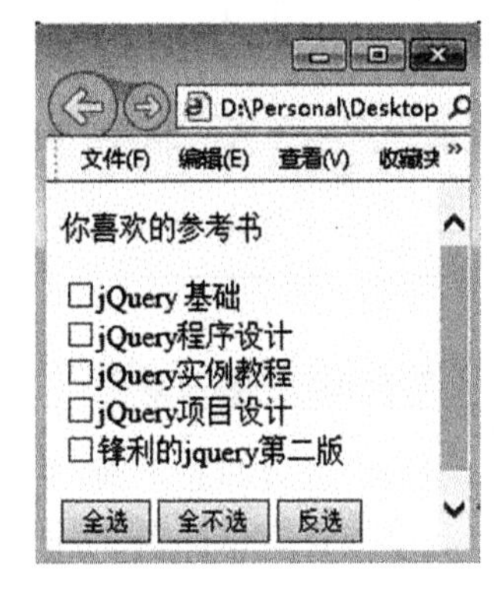

图 7-3 复选框的全选、反选

反选时，先读取状态值，取反后，再设置，代码如下：

```
$(this).prop("checked",!$(this).prop("checked"));
```

参考代码：

```
  <!DOCTYPE html >
<html >
<head>
<meta charset="utf-8" />
<title> 全选按钮</title>
<script src="js/jquery-3.2.1.js" ></script>
<script >
$(function () {
    $("#selAll").click(function() {
```

```
            $("#playlist input").prop("checked", true);
                });
            $("#unselAll").click(function() {
              $("#playlist input").prop("checked", false);
                });
            $("#reverse").click(function() {
                $("#playlist input").each(function() {
            $(this).prop("checked",!$(this).prop("checked"));
                });
    });
});
</script>
</head>
<body>
<p> 你喜欢的参考书</p>
<div id="playlist">
  <input type="checkbox" />jQuery基础<br />
   <input type="checkbox" />jQuery程序设计<br />
   <input type="checkbox" />jQuery实例教程<br />
   <input type="checkbox" />jQuery项目设计<br />
   <input type="checkbox" />锋利的jquery第二版<br />
</div><p></p>
   <input type="button" value="全选" id="selAll" />
   <input type="button" value="全不选" id="unselAll" />
   <input type="button" value="反选" id="reverse" /><p></p>
</body>
</html>
```

说明：

如果将例7-2中的反选代码中的prop()换成attr()，则在反选时，结果并不是希望的结果。

7.1.3 任务实现

(1)设置静态页面，并用CSS美化。

(2)设置鼠标事件，把小图片的src属性的值设为大图片的src的值。

```
$("#big").attr("src",this.src);
```

(3)设置边框。

增加边框：$(this).addClass("on")

移去边框：$(this).removeClass("on")

(4)设置透明度。

```
$(this).css("opacity",1).siblings().css("opacity",0.5);
```

参考代码：

```
<!DOCTYPE html>
<html >
<head>
<meta  charset="gb2312" />
<title> 无标题文档</title>
<style>
```

```
    div img {
          width:70px;
          height:70px;
          margin:0 6px;
          }
    .on {
          border:1px solid red;
          cursor:pointer;
    }
    </style>
    <script src="js/jquery-3.2.1.js"></script>
    </head>
    <body>
    <center>
    <p><img src="images/1.jpg" width="600" height="300" id="big" /></p>
    <div>
    <img src="images/1.jpg"/><img src="images/2.jpg" /><img src="images/3.jpg" /><img
src="images/4.jpg" /></div>
    </center>
    <script>
    $(function(){
        $("div img:first").addClass("on").siblings().css("opacity",0.5);
          })
    $("div img").mouseover(function(){
        $("#big").attr("src",this.src);
          $(this).addClass("on").css("opacity",1).siblings().removeClass("on").css("
opacity",0.5);
      });
    </script>
    </body>
    </html>
```

7.1.4 能力提升:仿国美商品展示——手风琴特效

要求:

(1)开始时图片横向排列,第一张图片展开,其他图片折叠,如图 7-4 所示。

图 7-4　初始状态

(2)当鼠标移动到某张图片上时,该图片展开,其他图片折叠。例如,将鼠标移到第二张图片上,效果如图 7-5 所示。

图 7-5　鼠标移到第二张图片上的效果

(3)当鼠标从图片上移开后,恢复到初始状态。

实现原理:

每一个 li 中有两张图片,第一张是小的,第二张是大的。展开时显示大图片,折叠时显示小图片,可通过 jQuery 控制图片的 left 值和 width 值来实现。

参考代码:

```
<html >
<head>
<meta charset="utf-8">
<title> 仿国美商品展示--手风琴特效</title>
<style type="text/css">
.box{
      position: relative;
      width: 980px;
      height: 350px;
      margin:0 auto;}
li{
      list-style: none;
      float: left;
      width: 140px;
      height: 350px;
      overflow: hidden;}
li a {
      display: block;
      position: relative;
      width: 430px;
      left:0;
      transition: all 0.4s ease;}
li.act {
      width: 280px;}
li.act a {
    left: -140px;}</style>
```

```
<script src="js/jquery-3.2.1.js" ></script>
  </head>
<body >
<div class="box">
<ul>
  <li class="active"><a href="#" ><img src="images/11.jpg"><img src="images/12.
jpg"></a></li>
  <li><a href="#" ><img src="images/21.jpg"><img src="images/22.jpg"></a></li>
  <li><a href="#" ><img src="images/31.jpg"><img src="images/32.jpg"></a></li>
  <li><a href="#" ><img src="images/41.jpg"><img src="images/42.jpg"></a></li>
  <li><a href="#" ><img src="images/51.jpg"><img src="images/52.jpg"></a></li>
</ul>
</div>
<script>
  $(function(){
     $('.box').find('li').mouseover(function(){
          $(this).addClass('act').siblings().removeClass('act');
          });
$('.box').find('li').mouseout(function(){
          $("li").removeClass('act').first().addClass('act');
        });
   });
</script>
</body>
</html>
```

任务 7.2 设计网站登录框特效

任务描述

登录表单的使用率非常高，在设计表单时，要考虑到用户体验，如图 7-6 所示。

(1)默认时出现文字提示，文本以浅色显示。

(2)文本框获得焦点时，如果文本框的值为默认值，则设置为空，并且将文本颜色设为正常。

(3)文本框失去焦点时，如果文本框的值为空，则设置为默认值，文本颜色变浅。

(4)单击“登录”按钮，判断用户是否有输入，若没有给出提示。

图 7-6 登录表单

任务分析

(1)默认时出现文字提示,文本以浅色显示,可以通过 CSS 来实现。
(2)获得焦点,使用 focus 事件处理。
(3)失去焦点,使用 blur 事件处理。
(4)“登录”按钮,使用 click 事件处理。

知识梳理

jQuery 扩展了 JavaScript 的事件处理机制,不仅提供了更加简洁的处理语法,同时也具有更好的兼容性,这使得开发人员使用 jQuery 的事件处理后,就不用担心不同浏览器之间的兼容性了。

7.2.1 常用的事件

jQuery 的一些常用事件如表 7-2 所示。

表 7-2 jQuery 的常用事件

事件描述	支持元素或对象
$(document).ready()	将函数绑定到文档的就绪事件(当文档完成加载时)
click( )	鼠标单击某个对象
dblclick( )	鼠标双击某个对象
focus( )	元素获得焦点
blur( )	元素失去焦点
mouseover()	鼠标被移到某元素之上
mouseout()	鼠标从某元素移开
mousemove()	鼠标在元素上移动
change()	用户改变域的内容(input, textarea, select)
hover()	元素在鼠标悬停与鼠标移出的事件中进行切换
keydown( )	键盘的某个键被按下
keyup( )	键盘的某个键被松开
keypress( )	键盘的某个键被按下或按住
scroll()	滚动文档的可视部分
submit( )	提交按钮被单击

7.2.2 页面初始化事件

$(document).ready 即页面加载事件,是 jQuery 提供的事件处理模块中最重要的一个函数,它可以极大地提高 Web 应用程序的响应速度。页面加载事件的语法格式:

```
$(document).ready(function(){…})
```

可以直接简写为:

```
$(function(){ … })
```

例如:

```
$(function(){
alert("你好,这个提示框最先弹出!");
    });
```

onload 事件与其功能相同,但必须要等到所有元素下载完成后才会执行,这会影响执行的效率。

7.2.3 绑定事件

jQuery 封装了 DOM 元素的事件处理方法。jQuery 还提供了 on()函数和 off()函数,专门用于事件的绑定与解绑。一般会在页面加载事件中为 DOM 中的元素关联绑定事件。

1. on()函数

on()函数提供了绑定事件处理程序所需的所有功能,用于统一取代以前的 bind()、delegate()、live()等事件方法。即使是执行 on()函数之后新添加的元素,只要它符合条件,绑定的事件处理函数也对其有效。该函数可以为同一元素、同一事件类型绑定多个事件处理函数。触发事件时,jQuery 会按照绑定的先后顺序,依次执行绑定的事件处理函数。语法格式:

```
jQueryObject.on(events[,selector][,data],handler );
```

或

```
jQueryObject.on(eventsMap[,selector][,data]);
```

参数说明,如表 7-3 所示。

表 7-3　on()函数参数说明

参　数	描　述
events	String 类型,一个或多个用空格分隔的事件类型和可选的命名空间,例如"click"、"focus click"、"keydown. myPlugin"
eventsMap	Object 类型,一个 Object 对象,其每个属性对应事件类型和可选的命名空间(参数 events),属性值对应绑定的事件处理函数(参数 handler)
selector	可选,String 类型,一个 jQuery 选择器,用于指定哪些后代元素可以触发绑定的事件。如果该参数为 null 或被省略,则表示当前元素自身绑定事件(实际触发者也可能是后代元素,只要事件流能到达当前元素即可)
data	可选,任意类型的元素触发事件时,都需要通过 event. data 传递给事件处理函数数据
handler	Function 类型,指定的事件处理函数

(1)不带可选参数的绑定,格式:

```
jQueryObject.on(events, handler);
```

例如,给 p 元素绑定单击事件,代码如下:

```
$("p").on("click",handler);
```

(2)带可选参数 selector 的绑定。

带可选参数 selector 的绑定,要在这些 selector 的任意一个公共祖辈元素上绑定事件。在 body 元素上绑定 click 事件处理函数 handler,如果这个 click 事件是由其后代的 p 元素触发的,就执行 handler,代码如下:

```
$(document.body).on("click", "p", handler);
```

有如下 HTML 代码:

```
<div id="n1">
    <p id="n2"><span>CodePlayer</span></p>
    <p id="n3"><span>专注于编程开发技术分享</span></p>
</div>
<p id="n4">Google</p>
```

若执行 jQuery 代码：

```
$("div").on("click", "p", function(){
    //这里的 this 指向触发单击事件的 p 元素
    alert( $(this).text() );
});
```

结果：只有 id 为 n2、n3 的 p 元素可以触发该事件，因为它们两个是 div 的后代元素。

(3)一次绑定多个事件。on()还可以一次绑定多个事件，例如，为所有 a 元素绑定 click、mouseover、mouseleave 事件，代码如下：

```
$("a").on("click mouseover mouseleave", function(){…});
```

jQuery 中标准的事件绑定是 on()。另外，jQuery 还提供了一些绑定标准事件的简单方式，比如 $("#button1").click()这样的绑定方式。

如果要删除通过 on()绑定的事件，请使用 off()函数。

2. off()函数

off()函数是移除元素上绑定的一个或多个事件的事件处理函数，用于统一取代以前的 unbind()、undelegate()、die()等事件方法。语法格式：

```
jQueryObject.off([events[,selector][,handler]])
```

或

```
jQueryObject.off(eventsMap[,selector])
```

参数与 on()的一致。

要移除绑定的事件，off()函数指定的选择器必须与 on()函数传入的选择器一致。例如，要删除所有 a 元素的单击事件，代码如下：

```
$("a").off("click")
```

7.2.4 合成事件 hover()

hover()事件是一个模仿鼠标悬停事件（鼠标移动到一个对象上面及移出这个对象）的方法。将两个事件函数绑定到匹配元素上，元素在鼠标进入与鼠标移出的事件中进行切换，这个方法实际上是 mouseover 和 mouseout 事件的合并，当光标移入时，触发 mouseover 事件，当光标移开时，触发 mouseout 事件。语法格式：

```
hover(over, out)
```

参数 over 表示鼠标移入对象时要执行的事件处理程序，out 表示鼠标移出时要执行的事件处理程序，事件处理程序通常用匿名函数实现。例如：

```
$("h2").hover(//为 h2 元素定义切换事件
            //当鼠标移入 h2 里面时，调用第一个函数，执行 show 方法
        function(){$("#content").show("fast");},
    //当鼠标移出 h2 元素时，调用第二个函数，执行 hide 方法
function(){ $("#content").hide("fast");
});
```

hover 事件可用如下方法代替：

```
$("h2").mouseover(function(){
  $("#content").show("fast");
});
$("h2").mouseout(function(){
$("#content").hide("fast");
});
```

或者用 on()绑定 mouseover 和 mouseout 事件实现：

```
$("h2").on("mouseover mouseout",function(event){
if(event.type =="mouseover"){
  $("#content").show("fast"); //鼠标悬浮
}else if(event.type =="mouseout"){
  $("#content").hide("fast");  //鼠标离开
}
})
```

7.2.5 特殊事件 one()

one()函数用于为每个匹配元素绑定一次性事件处理函数。通过 one()函数绑定的事件处理函数都是一次性的，只有首次触发事件时会执行该事件处理函数。触发之后，jQuery 就会移除当前事件的绑定。语法格式：

```
jQueryObject.one( events [, data ], handler )
```

例如，只有第一次单击时，执行该事件处理函数，执行后，one()会立即移除绑定的事件处理函数：

```
$("#btn").one("click", function(){
    alert("只弹出一次提示框!");
});
```

7.2.6 事件对象 event

event 对象是触发事件的时候传递给事件处理函数的一个对象，这个对象中存在触发事件的基本信息，如触发事件的事件源、键盘码(如果存在)等基本信息。

event 对象的常用属性和方法如表 7-4 所示。

表 7-4 event 对象的常用属性和方法

属性与方法	说　　明
type 属性	获取事件的类型
pageX/ pageY 属性	获取鼠标相对于页面的 x 坐标和 y 坐标
clientX/clientY	获取鼠标相对于浏览器窗口可视文档区域的左上角的位置
stopPropagation()	阻止事件冒泡
preventDefault()	阻止默认事件行为

有时候需要用到 event，较常用的是阻止事件的冒泡行为。

7.2.7 事件冒泡

1. 事件冒泡介绍

如果元素间嵌套，且都绑定了相同的事件类型，则触发内部元素事件时外部元素也会触发。之所以叫冒泡，因为传递是层层向外的，像水泡一样往外冒。例如 body 中含有 div，div 中含有 span，3 个元素(body、div、span)都绑定了 click 事件，当 span 被单击时，3 个元素都会触发 click 事件，触发顺序为：span—div—body。

2. 处理事件冒泡

(1)阻止事件冒泡：

```
$("span").on("click",function(event){//event 事件对象
//..doSomeThing
event.stopPropagation();//停止事件传播(冒泡),当然也可以改为 return false;
});
```

(2)阻止默认行为。网页中有的元素有默认行为,例如表单有自动提交的行为、单击链接后会跳转等。例如,校验表单:

```
<input type="submit" id="sub" />
$("#sub").on("click",function(event){
//表单内容不合法
event.preventDefault();//阻止默认行为(表单提交)
//也可以改为 return false;
});
```

7.2.8 任务实现

(1)默认时出现文字提示,文本以浅色显示,可以通过 CSS 来实现。

(2)获得焦点,使用 focus 事件处理。

```
$(this).focus(function(){ //获得焦点时,如果值为默认值,则设置为空
  $(this).removeClass("bgtext");//移除文本颜色变浅
  if($(this).val()==vdefault)  $(this).val("");
  });
```

(3)失去焦点,使用 blur 事件处理。

```
$(this).blur(function(){ //失去焦点时,如果值为空,则设置为默认值
if ($(this).val()==""){
    $(this).val(vdefault);
    $(this).addClass("bgtext"); //文本颜色变浅
    }
});
```

(4)"登录"按钮,使用 click 事件处理。

参考代码:

```
<!DOCTYPE html>
<html>
<head>
<meta  charset="utf-8" />
<title> 登录框特效</title>
<style type="text/css">
table{
    margin:0 auto;
    width:300px;
    background-image:url(images/bg.gif);
    }
td{
    height:35px;
    line-height:35px;
    border: 1px  dotted #256F96;
    font-size:14px;
}
.right{
    text-align:right;
}
.center{
    text-align:center;
```

```
    }
    .border{
        border:1px solid #000;
    }
    .title{
      font-weight:bold;
      text-align:center;
      height:25px;
    }
    .bgtext{color:#aaa}

    </style>
    <script src="js/jquery-3.2.1.js"></script>
    <script>
    $(function() {
    $(":text").each(function(){
        var vdefault =$(this).val();    //保存当前文本框的值
        $(this).addClass("bgtext");   //文本颜色变浅
            $(this).focus(function(){$(this).removeClass("bgtext");//移除文本颜色变浅
            if($(this).val() ==vdefault) $(this).val("");
            });
        $(this).blur(function(){
            if ($(this).val() ==""){
            $(this).val(vdefault);
            $(this).addClass("bgtext"); //文本颜色变浅
            }
        });
          });
      $(":button").click(function () { //提交按钮
          if ($("#user").val()=="请输入用户名")
            { alert("请输入用户名");
return;}
          if ($("#pwd").val()=="请输入密码") {
              alert("请输入密码");
              return;}
          alert("留言已提交,谢谢!")
        })
    })
    </script>
    </head>
    <body >
    <table width="30%" border="1" cellspacing="0" cellpadding="0">
      <tr><td colspan="2" class="title">用 户 登 录</td></tr>
      <tr>
        <td class="right"> 用户名:</td>
        <td><input type="text" id="user" value="请输入用户名" class="border"/></td>
      </tr>
      <tr>
        <td class="right">密   码:</td>
        <td><input type="text" id="pwd" value="请输入密码" class="border"/></td>
      </tr>
      <tr>
```

```
        <td colspan="2" class= "center"><input type="button" value="登  录"/></td>
      </tr>
    </table>
    </body>
    </html>
```

7.2.9 能力提升:仿百捷用户留言表单

在网页中,表单的使用率非常高,一个表单的设计其实也不是简单的事情,用户体验是必须要考虑的事情。用户留言表单是用来收集用户意见或建议的。如果不重视用户体验,就会致使网站流失大量用户。仿百捷用户留言表单如图 7-7 所示。

要求:

(1)默认时出现文字提示,文本以浅色显示。

(2)文本框获得焦点时,如果文本框的值为默认值,则设置为空,并且将文本颜色设为正常,同时变换文本输入框的边框样式,如图 7-8 所示。

(3)文本框失去焦点时,如果文本框的值为空,则设置为默认值。文本颜色变浅,还原文本输入框的边框样式。

(4)单击"提交"按钮,判断用户是否有输入,若没有输入就给出提示。留言和姓名是必填项,电话和 QQ 号不是必填项,但是要么不填,要填就必须符合相关的数据格式要求。

(5)单击"重填"按钮,文本输入框的值恢复默认状态。

图 7-7 用户留言默认状态

图 7-8 用户留言输入状态

参考代码:

```
<!DOCTYPE html>
<html >
<head>
<meta  charset="utf-8" />
<title>用户留言</title>
<style>
#msg_win{
  margin:0 auto;
  border: 1px solid #256F96;
  background-image:url(images/bg.gif);
  width:285px;
  padding:3px;
}
#msg_title{
```

```
        font-weight:bold;
        text-align:center;
        height:25px;
      }
      .r2 {
        color: #F00;
        font-size: 14px;
      }
      .text{
          border:1px solid #CCC;
          padding:5px;
          line-height:14px;
          width:200px;
          font-size:12px;
          border-radius:4px;/* IE9+、Firefox4+、Chrome、Opera */
          box-shadow:#CCC 0 0 5px;/* IE9+、Firefox4+、Chrome、Opera */
      }
      .text:focus{
          border:1px solid #31b6e7;
          background-color:#FFF;
          box-shadow:#0178a4 0 0 5px;
          }
      tr{height:26px;}
      .bgtext{color:#aaa;}
      </style>
      <script src="js/jquery-3.2.1.js"></script>
      </head>
      <body>
      <div id="msg_win" >
      <table width="100%" height="207" border="0" cellpadding="1" cellspacing="1" style
="font-size:12px">
      <tr>
      <td colspan="2" id="msg_title"> 欢 迎 留 言</td>
      </tr>
        <tr>
          <td width="35" align="right" >留言</td>
          <td width="226" ><textarea  cols="28" rows="4"  id="txt"  class="text">请在
此输入留言,我们会尽快与您联系。</textarea>
            <span class="r2">*</span></td>
        </tr>
        <tr>
          <td align="right" >姓名</td>
          <td ><input value="填写您的名字" type="text"  id="namee"  class="text">
            <span class="r2">*</span></td>
        </tr>
        <tr>
          <td  align="right" > 电话</td>
          <td ><input value="填写您的手机或固话" type="text"  id="tel"  class="text">
</td>
        </tr>
        <tr>
```

```
            <td align="right">QQ</td>
            <td style="text-align:left"><input value="填写您的 QQ 号码"  type="text"  id=
"qq" class="text"></td>
          </tr>
          <tr>
            <td height="31" colspan="2" align="center">
              <input name="input" type="button"  value="提交" onclick="Check()"/>
                  <input type="button" name="reset" id="reset" value=
"重填" onclick="resetbtn()">
             </td>
          </tr>
          </table>
      </div>
      <script>
      $(function(){
          $("textarea,:text").each(function(){
              var vdefault =$(this).val();   //保存当前文本框的值
              $(this).addClass("bgtext");  //文本颜色变浅
                $(this).focus(function(){
                $(this).removeClass("bgtext");//移除文本颜色变浅
                if(this.value ==vdefault) this.value="";
                  });
          $(this).blur(function(){
              if ($(this).val() =="") {
                $(this).val(vdefault);
                $(this).addClass("bgtext");
                }
               });
          });
      })
      function resetbtn(){ //重填按钮
        $("textarea,:text").addClass("bgtext");
        $('#txt').val("请在此输入留言,我们会尽快与您联系。");
        $('#namee').val("填写您的名字");
        $('#tel').val("填写您的手机或固话");
         $('#qq').val("填写您的 QQ 号码");
      }
      function Check() { //提交按钮
        var val=$("#txt").val();
        var nam=$("#namee").val();
        var tel=$("#tel").val();
        var qq=$("#qq").val();
        if (val=="请在此输入留言,我们会尽快与您联系。") {
           alert("请输入留言");
            return;}
        if (nam=="填写您的名字") {
           alert("请输入姓名");
           return;}
      if ( tel !="填写您的手机或固话") {
          var tel1=/^0((\d{2}-\d{8})|(\d{3}-\d{7}))$ /;//固定电话
          var tel2=/^1[0-9]{10}$ /;//手机
```

```
        if (! tel1.test(tel)  || ( ! tel2.test(tel))) {
                alert("固定电话格式:027-87879090\n手机号码为11位");
                return; }
    }
    if ( qq ! ="填写您的 QQ 号码") {
      var tt2 =/^\d{5,11}$ /;
      if (! tt2.test(qq)){
                alert("请输入正确的 QQ 号码");
                return;}
      }
    alert("留言已提交,谢谢!")
    }
    </script>
    </body>
    </html>
```

总　结

本项目主要介绍了 jQuery 中的事件与方法，主要有与属性相关的方法 attr()和 prop()、与 CSS 相关的方法、页面初始化事件、事件绑定与解绑、事件冒泡等。

实　训

实训 7.1　显示与隐藏详细信息

实训目的：

熟悉 jQuery 的方法与事件，如 mouseover 事件、mouseout 事件、addClass 方法、removeClass 方法。

实训要求：

如图 7-9 所示，参考书的详细信息是隐藏的。当鼠标滑到参考书标题时，参考书详细信息显示，如图 7-10 所示；当鼠标滑出参考书标题时，参考书详细信息隐藏。

图 7-9　参考书详细信息隐藏

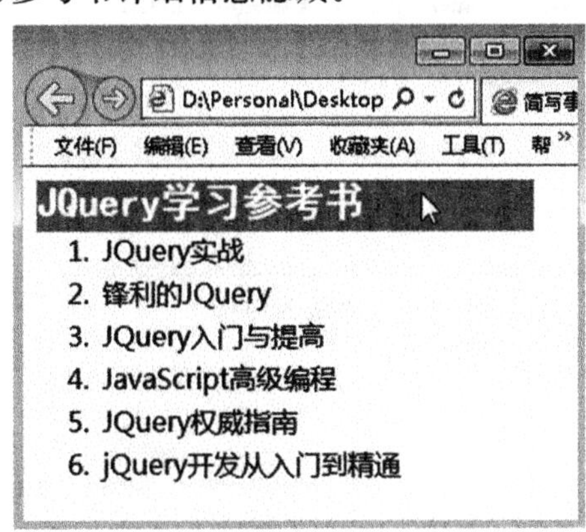

图 7-10　参考书详细信息显示

实现思路：

(1)通过 CSS 设置参考书详细信息为隐藏。

(2)鼠标滑到，用 addClass 方法，设置参考书详细信息显示。

(3)鼠标滑出，用 removeClass 方法，设置参考书详细信息隐藏。

主要参考代码：

(1)CSS 部分：

```
ul{
    background:#FF9;
    margin:0px;
    display:none;
}
.show{display:block;}
```

(2)jQuery 部分：

```
<script>
    $(document).ready(function(e) {
        $("h2").mouseover(function(){
            $(this).next().addClass("show");
            });
        $("h2").mouseout(function(){
            $(this).next().removeClass("show");
        });
    });
</script>
```

实训 7.2　网购评价——字数提示

实训目的：

熟悉 jQuery 的方法与事件：keyup 事件、val 方法、text 方法。

实训要求：

在网购评价中，允许用户在文本域输入 100 个字，如图 7-11 所示。当用户每输入一个字，提示文字就显示还可以输入多少个字，如图 7-12 所示。当用户输入的字符长度超过 100 个字时，提示用户，已输满字数了，并截去超过的部分，如图 7-13 所示。

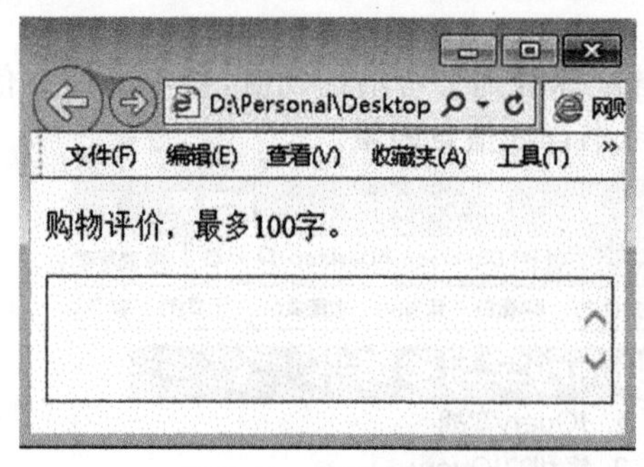

图 7-11　未输入评价

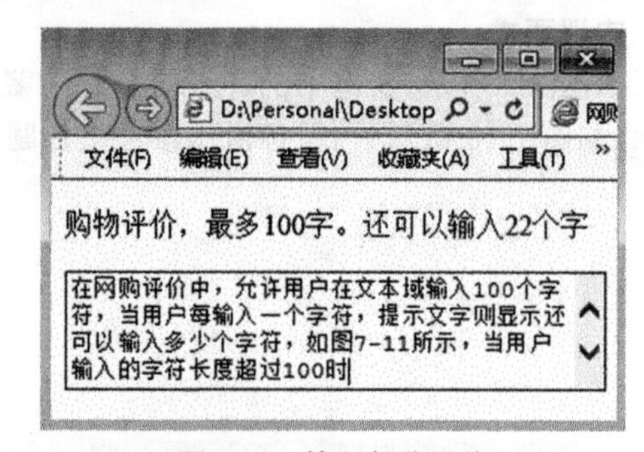

图 7-12　输入部分评价

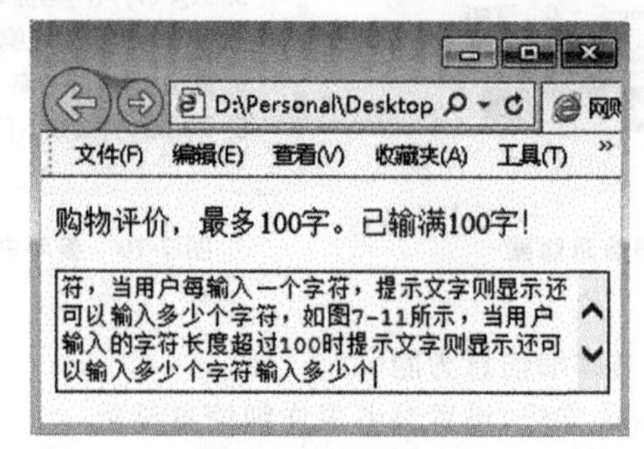

图 7-13　已输满字数

实现思路：

(1)用 keyup 事件来捕捉输入字数的变化。

(2)用 length 属性获取文本域中内容的长度，并做出处理。

主要参考代码：

```
<script>
    $(function(){
    var text,counter;
    text=$("textarea").val();//获取文本域内容
    counter=text.length;//获取文本域内容的长度
    $(document).keyup(function() { //按键弹起时触发
        text=$("textarea").val();//重新获取文本域内容
        counter=text.length;//重新获取文本域内容的长度
        if (counter ==0){
            $("#word").text("");
            return;
                }
        if(counter>100){
          $("#word").text("已输满 100 字!");//长度大于 100 时提示
              $("textarea").val( text.substr(0,100));
              }
          else
          $("#word").text("还可以输入"+(100-counter)+"个字");
    });
});
</script>
<body>
  <p > 购物评价，最多 100 字。<span id="word" class="textColor"></span></p>
   <p class="input"><textarea  maxlength="110" class="input"></textarea></p>
</body>
```

练　习

一、选择题

1. 用(　　)来实现为一个指定元素的指定事件(如 click)绑定一个事件处理函数。

A. click (type)　　B. onmouseover(type)　　C. one(type)　　D. on(type)

2. 下面选项中(　　)不属于 jQuery 的事件处理函数。

A. click()　　B. on(type)　　C. one(type)　　D. trigger(type)

3. 在一个表单中，如果想要给输入框添加一个输入验证，可以用下面的(　　)事件实现。

A. hover(over,out)　　B. keypress(fn)　　C. change()　　D. change(fn)

4. 当一个文本框中的内容被选中时，如果想要执行指定的方法，可以使用下面(　　)事件来实现。

A. click (fn)　　B. change(fn)　　C. select(fn)　　D. on(fn)

5. 引发事件冒泡时，要阻止事件冒泡可以使用(　　)语句。

A. preventDefault()　　B. stop　　C. stopPropagation()　　D. return null

二、操作题

完成用户登录界面的信息页面，“用户名”和“密码”文本框初始提示“请输入信息”文字，当文本框获得焦点时，提示文字消失，如果文本框没有输入内容，失去焦点后，本框提示默认文字。

项目8 jQuery操作DOM

学习目标

◇ 掌握 jQuery 中节点的增、删、改、复制的方法

◇ 掌握 jQuery 中节点的遍历方法

在使用 JavaScript 编写网页代码的过程中，多数时间都在操纵 DOM，比如动态地向 DOM 添加显示节点或者是动态地更改页面上元素的 CSS 和属性等。DOM 是一种与浏览器、平台和语言无关的接口，它可以让用户代码访问任何浏览器中呈现的元素，可以将 DOM 看作是网页呈现的一种标准。使用 jQuery 在文档树上查找节点非常容易，它通过灵活的 jQuery 选择器来完成。

任务8.1 设计节点移动操作效果

任务描述

如图 8-1 所示，通过三个按钮将元素在左、右列表中移动。“批量右移”按钮是将左边选中的项移动到右边。“全部右移”按钮可以将左边列表中的所有选项全部移动到右边。“全部左移”按钮的功能是从右向左移动全部选项。

图 8-1 元素移动

任务分析

(1)设计静态页面，并用 CSS 控制页面的外观。

(2)节点移动需要用 jQuery 来操作 DOM 节点。

(3)给按钮绑定事件。

知识梳理

jQuery 最强大的特性之一就是它能够简化在 DOM 中选择元素的任务。它充当了JavaScript

与网页之间的接口，它以对象结构而非纯文本的形式来表现 HTML 的文档结构。DOM 中的对象结构与家谱有几分类似。当提到对象结构中元素之间的关系时，会使用类似描述家庭关系的术语，比如父元素、子元素，等等。如，在 HTML 页面中，<html>是其他所有元素的祖先元素，换句话说，其他所有元素都是<html>的后代元素。<head><body>元素是<html>的子元素(但并不是它唯一的子元素)。

8.1.1 创建节点

在实际项目开发中，动态创建的节点主要包括元素、文本和属性。创建元素节点可以使用 jQuery 的工厂函数 $()来完成。语法格式：

```
$(html 标签);
```

$(html 标签)方法会根据传入的 HTML 标记字符串，创建一个 DOM 对象，并将这个 DOM 对象包装成一个 jQuery 对象后返回。

例如，创建一个<li>元素，一个 div 元素，一个 p 节点，代码如下：

```
var jObj1=$("<li></li>");//不带内容的节点
var jObj2=$("<div>这是新插入的节点 div</div>");//带内容的节点
var jObj3=$("<p title='提示'>新插入的节点 p</p>");//带内容和属性的节点
```

当创建单个元素时，要注意闭合标签和使用标准的 XHTML 格式。例如创建一个<p> 元素，使用 $("<p/>")或者("<p></p>")，但不要使用 $("<p>")或者大写的 $("<P/>")。

动态创建的新元素节点不会被自动添加到文档中，而是需要使用其他方法将其插入文档中。

8.1.2 插入节点

动态创建的新元素节点并没有进入文档中，还需要将新建的元素插入 DOM 树中，才能显示在页面中。jQuery 提供了几种插入节点的方法，如表 8-1 所示，示例中原有 HTML 结构：<p>我想说：</p>。

表 8-1 插入节点的方法

方　法	说　明	示　例
append()	为所有匹配的元素的内部追加内容	$("p").append("<b>你好</b>"); 结果：<p>我想说：<b>你好</b></p>
appendTo()	将所有匹配元素添加到另一个元素的元素集合中	$("<b>你好</b>").appendTo("p"); 结果：<p>我想说：<b>你好</b></p>
prepend()	为所有匹配的元素的内部前置内容	$("p").prepend("<b>你好</b>"); 结果：<p><b>你好</b>我想说：</p>
prependTo()	将所有匹配的元素前置到另一个元素的元素集合中	$("<b>你好</b>").prependTo("p"); 结果：<p><b>你好</b>我想说<p>
after()	在每个匹配的元素之后插入内容	$("p").after("<b>你好<b>"); 结果：<p>我想说：</p><b>你好</b>
insertAfter()	将所有匹配的元素插到指定的元素的后面	$("<b>你好</b>").insertAfter("p"); 结果：<p>我想说：</p><b>你好</b>
before()	将每个匹配的元素之前插入内容	$("p").before("<b>你好</b>"); 结果：<b>你好</b><p>我想说：</p>
insertBefore()	将所有匹配的元素插到指定的元素的前面	$("<b>你好</b>").insertBefore("p"); 结果：<b>你好</b><p>我想说：</p>

例 8-1 插入节点的方法应用,如图 8-2 所示。

图 8-2 插入节点的方法应用

参考代码:

```
<!DOCTYPE html>
<html>
<head>
<meta  charset="utf-8" />
<title> 动态增加节点</title>
<script src="js/jquery-3.2.1.js"></script>
<script>
function t1(){
    var lobj =$("<li> 新增加的节点 li(append)</li>");
    $('ul').append(lobj);
}
function t2(){
    $('<li> 在前面增加 li 节点 prependTo()</li> ').prependTo($('ul'))
}
function t3(){
    $('ul').after('<p> 在 ul 后面增加 P 标签 after</p> ')
}
function t4(){
    $('<p> 在 ul 前增加 P 标签 insertBefore</p> ').insertBefore($('ul'))
}
</script>
</head>
<body>
<ul>
  <li> 东风</li>
  <li> 西风</li>
  <li> 南风</li>
  <li> 北风</li>
  </ul>
  <table width="253" height="70" border="0" cellpadding="0" cellspacing="0">
    <tr>
      <td><input type="button" value="增加 li 节点" onclick="t1();" /></td>
      <td><input type="button" value="在前面增加 li 节点" onclick="t2();" /></td>
    </tr>
    <tr>
```

```
<td><input type="button" value="在 ul 后面增加 P 标签" onclick= "t3();" /> </
td>
        <td><input type="button" value="在 ul 前增加 P 标签" onclick="t4();" /></td>
      </tr>
    </table>
  </body>
</html>
```

8.1.3 任务实现

(1)设计静态页面,并用 CSS 控制页面的外观。

(2)节点移动需要用 jQuery 来操作 DOM 节点。获取左边下拉框中选中的 option 标签,代码如下:

```
var $option =$("#leftID option:selected");
```

判断是否有选中的列表项,代码如下:

```
$option.length>0 ? $("#rightID").append($option):alert("请选择要移动的项,可多选");
```

获取左边下拉框中所有的 option 标签,代码如下:

```
var $option =$("#leftID option");
```

将选中的 option 标签移动到右边的下拉框中:

```
$("#rightID").append($option);
```

(3)给按钮绑定事件。

参考代码:

```
<!DOCTYPE html>
<html>
<head>
<meta  charset="utf-8" />
<title>标签移动到右边的下拉框中</title>
<style>
#box{
    width:260px;
    margin:0 auto;
    background-image:url(images/bg.gif);
    }
select{
    width:60px;
    margin:6px 6px;
    height:120px;
    padding:8px 3px;
    border:1px solid;
    }
</style>
<script  src="js/jquery-3.2.1.js"></script>
</head>
<body>
<table width="260"  id="box" cellspacing="0" >
  <tr>
    <td width="60"><select  multiple size="10" id="leftID">
      <option> 选项 A</option>
      <option> 选项 B</option>
```

```
            <option> 选项 C</option>
            <option> 选项 D</option>
            <option> 选项 E</option>
            <option> 选项 F</option>
          </select>
        </td>
        <td width="108"><input type="button" value="批量右移>>" id="rightMoveID" />
<br><br>
            <input type="button" value="全部右移>>" id="rightMoveAllID" /><br><br>
            <input type="button" value="<<全部左移" id="leftMoveAllID" />
        </td>
        <td width="60"><select multiple size="10"   id="rightID"></select></td>
      </tr>
    </table>
    <script type="text/javascript">
      $("#rightMoveID").click(function() {//批量右移
    var $option =$("#leftID option:selected");
       $option.length>0 ?   $("#rightID").append($option):alert("请选择要移动的项,可多
选");
      });
      $("#rightMoveAllID").click(function() { //全部右移
    $("#rightID").append($("#leftID option"));
      });
      $("#leftMoveAllID").click(function() {//全部左移
          $("#leftID").append($("#rightID option"));
    });
    </script>
    </body>
    </html>
```

在浏览器中预览,选中两个选项(选择多项时,配合 Ctrl 键),如图 8-3 所示,单击“批量右移”按钮,结果如图 8-4 所示。

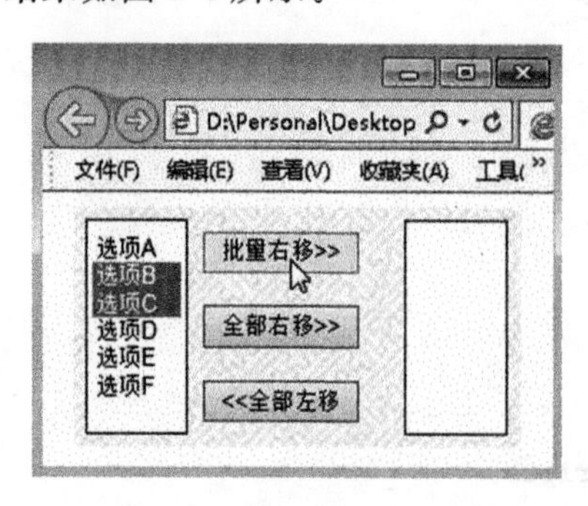

图 8-3　单击“批量右移”按钮

图 8-4　批量移动结果

8.1.4　能力提升:仿留言板前端更新效果

如图 8-5 所示,用户输入昵称和留言内容后,单击“提交留言”按钮,就可以将留言显示在上面的留言板里。当用户没有输入内容时,文本框里显示提示信息,并且文本以较浅的颜色显示。

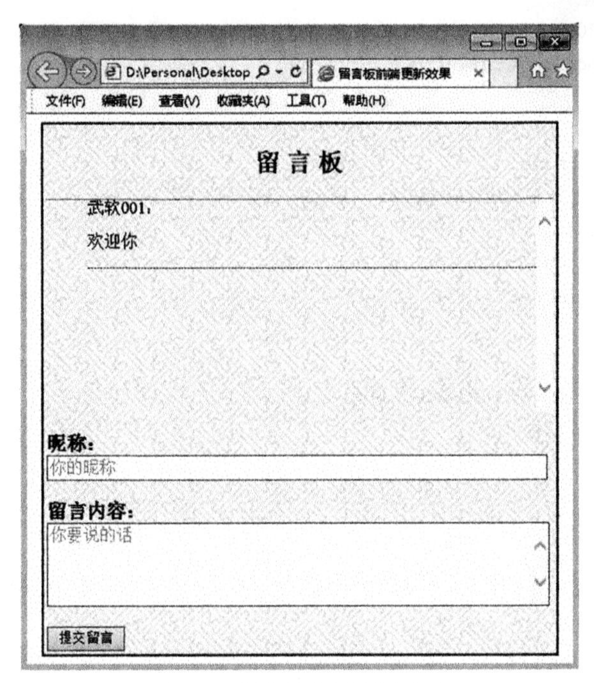

图 8-5　留言板前端更新效果

(1)输入框获得焦点时，如果值为默认值，则设置为空，并且移除文本颜色变浅的样式。

```
if(this.value ==vdefault) this.value ="";
$(this).removeClass("text1");//移除文本颜色变浅
```

(2)失去焦点时，如果值为空，则设置为默认值，添加文本颜色变浅的样式。

```
if (this.value ==""){
    this.value =vdefault;//设置为默认值
    $(this).addClass("text1");   //文本颜色变浅
    }
```

(3)给 button 添加鼠标单击事件。判断文本内容是否是用户输入的内容，如果是，则执行插入节点操作，代码如下：

```
var msg =$("<li>"+ Name+":<p>"+Content+"</p></li>");//生成新元素
$("ul").append(msg);//添加新留言
```

重置文本框内容与样式，代码如下：

```
$("#name").val("你的昵称").addClass("text1");//重置文本框
$("textarea").val("你要说的话").addClass("text1");
```

否则，弹出提示，代码如下：

```
alert("请输入你的昵称，你要说的话");
```

参考代码：

```
<!DOCTYPE html>
<html>
<head>
<meta  charset="utf-8" />
<title> 留言板前端更新效果</title>
<style>
table{
    margin:0 auto;
    width:500px;
```

```
        height:480px;
        background-image:url(images/bg.gif);
    }
    ul{
        list-style:none;
        border-top:1px solid #999;
        height:200px;
        overflow-x:auto;
        overflow-y:scroll;
    }
    li{
        border-bottom:1px dashed #666;
        line-height:16px;
    }
    .text{
        width:98%;
        font-size:16px;
    }
    .text1{color:#aaa}
    h2{text-align:center;}
    </style>
    <script type="text/javascript" src="js/jquery-3.2.1.js"></script>
    <script>
    $(function() {
    $(".text").each(function(){
        var vdefault =this.value;   //保存当前文本框的值
        $(this).addClass("text1");  //文本颜色变浅
        $(this).focus(function(){
        $(this).removeClass("text1");//移除文本颜色变浅
        if(this.value ==vdefault) this.value =""; //获得焦点时,如果值为默认值,则设置为空
          });
        $(this).blur(function(){ //失去焦点时,如果值为空,则设置为默认值
          if (this.value ==""){
            this.value =vdefault;
            $(this).addClass("text1");   //文本颜色变浅
            }
          });
        });
       $("#btn").click(function() {//给 button 添加鼠标单击事件
        var Name =$("# name").val();
        var Content =$("textarea").val();
        if(Name! ="你的昵称" && Content! ="你要说的话") {//判断文本内容是否为默认值
        var msg =$("<li>"+Name+":<p>"+Content+"</p></li>");//生成新元素
        $("ul").append(msg);//添加新留言
        $("#name").val("你的昵称").addClass("text1");//重置文本框
        $("textarea").val("你要说的话").addClass("text1");
        } else alert("请输入你的昵称,你要说的话"); //如果用户没有输入,弹出提示
    });
    });
    </script>
```

```
    </head>
    <body>
    <table width="600" border="1" cellspacing="0" cellpadding="3">
      <tr><td>
        <h2> 留 言 板</h2>
         <ul>
        <li> 武软 001:<p> 欢迎你</p></li>
        </ul>
    <form >
      <h3> 昵称：<input type="text" id="name" class="text" value="你的昵称" /></h3>
      <h3> 留言内容：<textarea class="text" rows="4" id="Content"> 你要说的话</textarea>
</h3>
      <input type="button" value="提交留言" id="btn"/>
    </form>
      </td> </tr>
    </table>
    </body>
    </html>
```

任务8.2 设计邮件删除效果

任务描述

邮件删除效果如图 8-6 所示。在每一封邮件前面有一个复选框，下面有一个复选框，用于控制全选或全不选。删除按钮可以删除被选中的邮件。删除前给出提示信息。

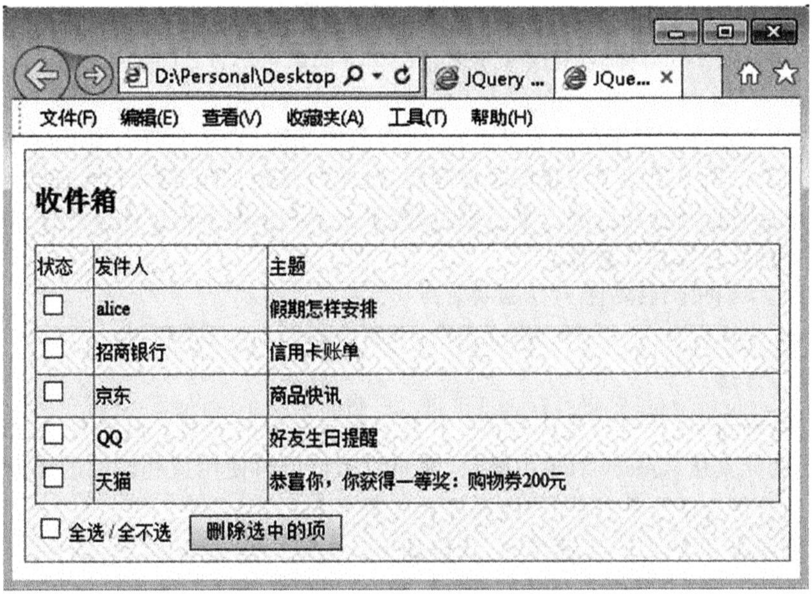

图 8-6 邮件删除效果

任务分析

(1)设计静态页面,并用 CSS 控制外观。
(2)给全选复选框绑定事件。
(3)给删除按钮绑定事件。

知识梳理

8.2.1 删除节点

如果文档中某一个元素多余,那么应将其删除。jQuery 提供了三个删除节点的方法,即 remove()、detach() 和 empty()。

1. remove()方法

remove()方法的作用是从 DOM 中删除所有匹配的元素,传入的参数用于根据 jQuery 表达式类筛选元素。

语法格式:

```
jObject.remove()
```

例如,有如下 HTML 代码:

```
<ul>
<li>苹果</li>
<li>香蕉</li>
<li>葡萄</li>
<li>荔枝</li>
</ul>
```

如果删除<ul>节点中的第 2 个<li>元素节点,代码如下:

```
$("ul li:eq(1)").remove();//获取第 2 个<li> 元素节点,将它删除
```

说明:

remove()方法不会把匹配的元素从 jQuery 对象中删除,当某个节点用 remove()方法删除后,该节点所包含的所有后代节点将同时被删除,这个方法返回值是一个指向已被删除的节点的引用,因此以后可以再使用这些元素。不过,除了这个元素本身得以保留之外,其他的比如绑定的事件、附加的数据等都会被移除。

```
var $li =$("ul li:eq(1)").remove();
$li.appendTo("ul");//把刚删除的节点又重新添加到<ul> 元素里
```

2. detach()方法

detach()和 remove()一样,是从 DOM 中去掉所有匹配的元素。但需要注意的是,这个方法不会把匹配的元素从 jQuery 对象中删除,因而将来可以再使用这些匹配的元素。与 remove()不同的是,所有绑定的事件、附加的数据都会保留下来。

例如,要删除第 2 个<li>元素节点,代码如下:

```
var $li =$("ul li:eq(1)").detach();
```

把刚删除的节点又重新添加到<ul>元素里:

```
$li.appendTo("ul");
```

3. empty()方法

严格来讲,empty()方法并不是删除节点,而是清空节点,它能清空元素中的所有后代节点。语法格式:

```
jObject.empty()
```

例如,清空第2个<li>元素节点里的内容:

```
$("ul li:eq(1)").empty();  /*获取第2个<li>元素节点后,清空此元素里的内容,注意是元素里面*/
```

8.2.2 复制节点

复制节点clone(),语法格式:

```
$(selector).clone(Events,deepEvents)
```

说明:

参数Events可选,布尔值,用来规定事件处理函数是否被复制。默认为false。true:复制元素的所有事件处理。false:不复制元素的事件处理。

参数deepEvents可选,布尔值,用来规定是否对事件处理程序和复制的元素的所有子元素的数据进行复制。

例如,将第2个<li>元素节点复制,并将它追加到<ul>元素中:

```
$("ul li:eq(1)").clone().appendTo("ul");//复制当前单击的节点,并将它追加到<ul>元素中
```

8.2.3 替换节点

如果要替换某个节点,jQuery提供了相应的方法,即replaceWith和replaceAll()。

replaceWith()方法将所有匹配的元素都替换成指定的HTML或者DOM元素。

例如,要将网页中<p>你最喜欢的水果是</p> 替换成<strong> 你最不喜欢的水果是</strong>,可以使用如下jQuery代码:

```
$("p").replaceWith("<strong>你最不喜欢的水果是</strong>");
```

也可以使用repalceAll()来实现,该方法与replaceWith()方法的作用相同,只是颠倒了replaceWith的操作,如下jQuery代码:

```
$("<strong>你最不喜欢的水果是</strong>").replaceAll("p");
```

8.2.4 任务实现

(1)设计静态页面,并用CSS控制外观。给奇数行加背景:

```
$("#email tr:odd").css("backgroundColor","#dee");
```

(2)给全选复选框绑定事件。设置邮件前面的复选框的状态与全选复选框的状态一致:

```
$("#email input").prop("checked",$(this).prop("checked"));
```

(3)给删除按钮绑定事件。删除前进行判断处理:

```
if($("#email input").length<1){//没有邮件
alert("邮件已经全部删除!");
return;}
if($("#email input:checked").length<1){//没有选中邮件
alert("请选择要删除的邮件");
return;}
if(!confirm("确实要删除选中的邮件吗"))  return;//确认删除
```

删除选中的邮件：

```
if($(this).prop('checked')) $(this).parent().parent().remove();
```

参考代码：

```
<!DOCTYPE html>
<html>
<head>
<meta  charset="utf-8"/>
<title>JQuery 制作邮件删除效果</title>
<style>
table{
    width:500px;;
    border:1px #999 solid;
    border-collapse:collapse;
    margin:6px  auto;
    font-size:12px;
    background-image:url(images/bg.gif)
}
td {
    line-height:25px;
    overflow:hidden;
    border:1px #999 solid;
    border-collapse:collapse;
}
</style>
<script type="text/javascript" src="js/jquery-3.2.1.js"></script>
<script>
$(function() {
    $("#email tr:odd").css("backgroundColor","#dee");
    $("#chkAll").click(function(){ //全选/全不选
      $("# email input").prop("checked",$(this).prop("checked"));
    });
    $("#btn").click(function() {//删除选中邮件
      if( $("#email input").length <1) {alert("邮件已经全部删除!");return;}
      if( $("# email input:checked").length <1) {alert("请选择要删除的邮件");return;}
      if(!confirm("确实要删除选中的邮件吗")) return;
      $("#email input").each(function(){
          if($(this).prop('checked')) $(this).parent().parent().remove();
        })
        $("#chkAll").prop("checked",false);
    });
      $("#email input").click(function(){ //判断是否全选
    $("#email input:checked").length ==5 ? $("#chkAll").prop("checked",true):$("#
chkAll").prop("checked",false);
  });
})
</script>
</head>
```

```
<body>
<table width="500" border="2" cellspacing="0" cellpadding="6">
  <tr>
    <td >
   <h2> 收件箱</h2>
   <table id="email">
    <tr>
      <td width="36"> 状态</td>
      <td width="112"> 发件人</td>
      <td width="336"> 主题</td>
    </tr>
    <tr>
      <td><input name="Select" type="checkbox" value="Select"></td>
      <td>alice</td>
      <td> 假期怎样安排</td>
    </tr>
    <tr>
      <td>< input name="Select" type="checkbox" value="Select"></td>
      <td> 招商银行</td>
      <td> 信用卡账单</td>
    </tr>
    <tr>
      <td><input name="Select" type="checkbox" value="Select"></td>
      <td> 京东</td>
      <td> 商品快讯</td>
    </tr>
    <tr>
      <td><input name="Select" type="checkbox" value="Select"></td>
      <td> QQ</td>
      <td> 好友生日提醒 </td>
    </tr>
    <tr>
      <td><input name="Select" type="checkbox" value="Select"></td>
      <td> 天猫</td>
      <td> 恭喜你,你获得一等奖:购物券 200 元</td>
    </tr>
</table>
<input id="chkAll" type="checkbox" value="Select"> 全选 / 全不选    
<input type="button" name="button" id="btn" value="删除选中的项">
  </td></tr>
</table>
</body>
</html>
```

8.2.5 能力提升:仿京东购物车管理

购物车管理涉及节点的相关操作,如图 8-7 所示。

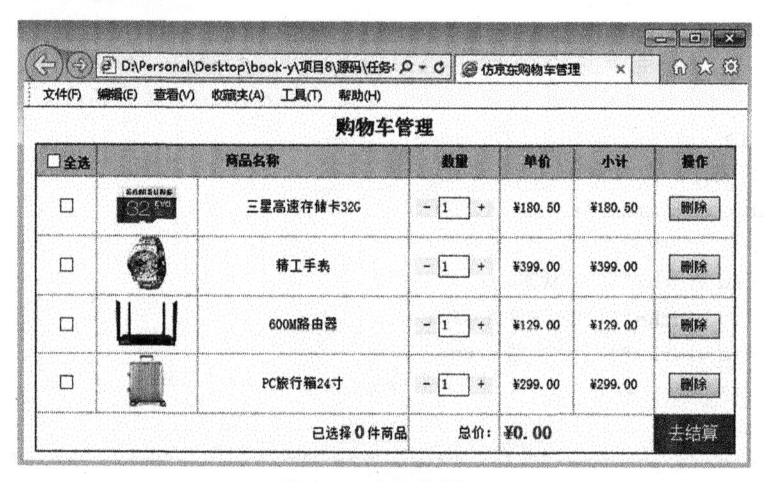

图 8-7　购物车管理

要求：

(1)购物车中商品数量更改有两种方式:键盘和鼠标。

(2)输入限制为两位整数。

(3)小计和总价都自动更新。

(4)对输入的商品数量进行验证,输入非法数据时,给出提示信息,并且自动置1,同时更新相关数据。

(5)商品总价和已选商品数量,根据商品前面的复选框来计算。

(6)当要删除某一商品时,给出提示,以确认删除。删除后更新相关数据。

实现：

(1)更改商品数量,可用鼠标和键盘事件来实现,并更新相关数据。

(2)从购物车中删除商品,用 delRow()来实现。

(3)用"+"来实现商品数量加1。

(4)用"－"来实现商品数量减1。

(5)用 getTotal()来计算总价。

JavaScript 以独立的文件保存,文件名为 order. js,页面中引入该文件。静态部分参考代码：

```
<!DOCTYPE html>
<html>
<head>
<meta charset="gb2312" />
<title> 仿京东购物车管理</title>
<style type="text/css">
table{
    border: 1px solid  #333;
      width:680px;
      margin:0 auto;
      padding:0;
}
td{
      text-align:center;
      font-size:13px;
      height:28px;
      border: 1px dotted #333;
```

```
        }
.title{
        font-weight:bold;
        background-color: #cccccc;
        font-size:16px;
}
h3{
        text-align:center;
        margin:5px;
}
img {
        width:60px;
        height:50px;
}
#price img {
        width:30px;
        height:18px}
.min,.add{
        cursor:pointer;
        border:none;
        text-align:center;
        }
input[type="text"]{
        width:26px;}
# jie{
        background-color:#F00;
        color:#FFF;
        font-size:16px;
}
#sum,# jiansu{
        padding: 3px;
        font-size: 18px;
        color: #F00;
        font-weight: bolder;
            }
</style>
<script  src="js/jquery-3.2.1.js"></script>
<script src="js/order.js"></script>
</head>
<body>
<h3> 购物车管理</h3>
<table cellpadding= "0" cellspacing= "0"  id= "order">
  <tr class="title">
    <td width="59"><input type="checkbox" name="all" id="chkAll">全选</td>
    <td colspan="2">商品名称</td>
    <td width="88">数量</td>
    <td width="71">单价</td>
    <td width="77">小计</td>
    <td width="76">操作</td>
  </tr>
```

```
    <tr id="row0">
      <td><input type="checkbox"></td>
      <td width="99"><img src="images/p1.jpg" title="三星高速存储卡 32G"></td>
      <td width="208" height="36">三星高速存储卡 32G</td>
      <td><input type="button"  value="-" class="min" ><input  type="text" size="
3" maxlength="2" value="1" ><input type="button"  value="+" class="add" >
      </td>
      <td>&yen;180.50</td>
      <td>&yen;180.50</td>
      <td><input  type="button" value="删除" onclick='delRow("0")' /></td>
    </tr>
     <tr id="row1">
      <td><input type="checkbox"></td>
      <td width="99"><img src="images/p2.jpg"  title="精工手表"></td>
      <td width="208" height="36">精工手表</td>
      <td><input type="button"  value="-" class="min" ><input  type="text" size=
"3" maxlength="2" value="1" ><input type="button"  value="+" class="add" >
      </td>
      <td>&yen;399.00</td>
      <td>&yen;399.00</td>
      <td><input  type="button" value="删除" onclick='delRow("1")' /></td>
    </tr>
     <tr id="row2">
      <td><input type="checkbox"></td>
      <td width="99"><img src="images/p3.jpg" title="600M路由器"></td>
      <td width="208" height="36">600M路由器</td>
      <td><input type="button"  value="-" class="min" ><input  type="text" size=
"3" maxlength="2" value="1" ><input type="button"  value="+" class="add" >
      </td>
      <td>&yen;129.00</td>
      <td>&yen;129.00</td>
      <td><input  type="button" value="删除" onclick='delRow("2")' /></td>
    </tr>
     <tr id="row4">
      <td><input type="checkbox"></td>
      <td width="99"><img src="images/p4.jpg"  title="PC旅行箱 24 寸"></td>
      <td width="208" height="36">PC旅行箱 24 寸</td>
      <td><input type="button"  value="-" class="min" ><input  type="text" size=
"3" maxlength="2" value="1" ><input type="button"  value="+" class="add" >
      </td>
      <td>&yen;299.00</td>
      <td>&yen;299.00</td>
      <td><input  type="button" value="删除" onclick='delRow("4")' /></td>
    </tr>
    <tr id="trLast">
      <td colspan="3" style="text-align:right">已选择< span id="jiansu" >0</span>件
商品</td>
      <td  style="text-align:right">总价:</td>
      <td colspan="2"  id="sum" style="text-align:left">&yen;0.00</td>
      <td  id="jie">去结算</td>
```

```
    </tr>
  </table>
  </body>
  </html>
```

order.js 文件参考代码：

```
  // JavaScript Document
  $(function(){
    var rowId,rowTemp,k,t,j;
    $(":text").on("keyup",function(e){
      if( $ (this).val()=="" ||isNaN($(this).val())|| $(this).val()=="0" ) {
      //判断数量是否合法
  alert("商品数量为 1-99 的整数");
        $(this).val("1");}k=parseFloat($(this).parent().parent().find("td:eq(4)").
text().slice(1)); //取单价，去掉 &yen
        $ (this).parent().parent().find("td:eq(5)").html("&yen;"+ ($(this).val()*k
).toFixed(2));//计算小计
      getTotal();//更改商品数量后，重新计算总价
     });
    $(".add").on("click",function(){//+ 1
  t= $(this).parent().find(':text');
      t.val(parseInt(t.val())+1>99 ? 99: parseInt(t.val())+1);k=parseFloat($(this).
parent().parent().find("td").eq(4).text().slice (1));$(this).parent().parent().find
("td").eq(5).html("&yen;"+(t.val()*k ).toFixed(2));
      getTotal();
    });//end +1
    $(".min").on("click",function(){//-1
      t=$(this).parent().find(':text');
      t.val(t.val()-1<1? 1:t.val()-1);k=parseFloat($(this).parent().parent().find
("td").eq(4).text().slice (1));$(this).parent().parent().find("td").eq(5).html("&yen;"+
(t.val()*k ).toFixed(2));
      getTotal();
      });//end -1
  $("#chkAll").click(function () {
      $("#order :checkbox").prop("checked",$(this).prop("checked"));
      if($(this).is(":checked"))  getTotal()
      else {
        $("#sum").html("&yen;0.00");
        $('#jiansu').html(0);}
      });
  $(":checkbox:not(:first)").on("click",function(){
      getTotal();
      var sel =$('#order tr:gt(0)').find(":checkbox:checked");
      sel.length == 4? $("#chkAll").prop("checked", true): $("#chkAll").prop
("checked",false);
      });
  }); //end $(ready)
  function delRow(row){
      if (confirm("确实要删除该商品吗?")) {//删除前提示
        $("#row"+row).remove();
        getTotal();//删除订单后，重新计算总价
```

```
            }
        }
    function getTotal(){
        var total=0,i=0;
        $ ('#order tr:gt(0)').find(":checkbox").each(function(){
            if($ (this).is(":checked")){
             total +=parseFloat( $ (this).parent().parent().find("td:eq(5)").text().
slice (1));
            i +=parseInt( $ (this).parent().parent().find(":text").val());
            }
        });
        $ ('#sum').html("&yen;"+total.toFixed(2));
        $ ('#jiansu').html(i);
      };
```

在浏览器中预览，更改商品数量，效果如图 8-8 所示。

如果在“数量”输入框中输入了非法数据，会弹出警告信息框，如图 8-9 所示。

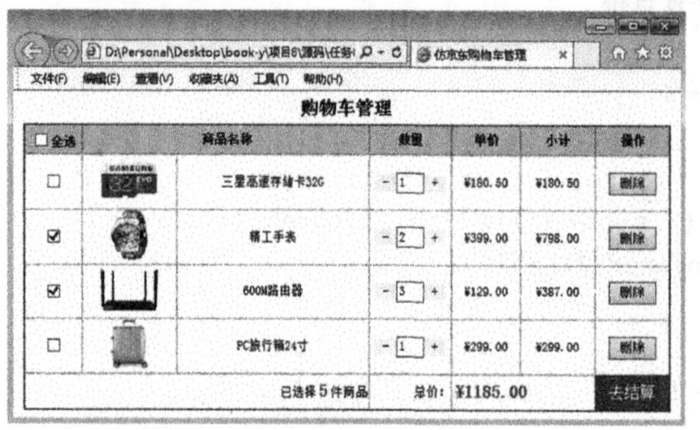

图 8-8 购物车管理效果(更改商品数量)

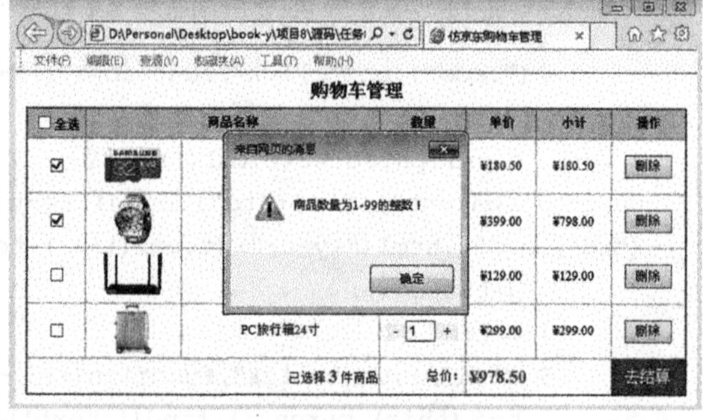

图 8-9 警告信息框

任务8.3 带数字导航的幻灯片效果

任务描述

网上有各种各样的幻灯片效果，如图 8-10 所示，共有 5 张图片，开始时显示第一张图片，每隔 2 秒图片自动切换到下一张，每一张图片显示对应的数字，当前图片显示的数字的背景与其他的不同，显示为红色，背景为圆形。当鼠标移到某一数字上时，立即显示该数字对应的图片，并停止播放。当鼠标离开数字时，从当前数字启动自动播放。

图 8-10 幻灯片效果

任务分析

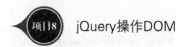

(1)设计 HTML 页面,应用 CSS 实现数字外观,美化页面。
(2)定义两个全局变量,一个变量用于控制定时器,另一个变量用于控制当前显示的数字。
(3)定义函数 showPic(),实现页面装载后,启动自动播放。
(4)定义 mouseover 事件,实现显示该数字对应的图片,并停止自动播放。
(5)定义 mouseout 事件,实现图片启动自动播放。

知识梳理

jQuery 中有很多遍历节点的方法,例如 find()、filter()、next()、siblings()、parents()、children()等。下面介绍常用的几种方法。

8.3.1 向上遍历祖先元素

1. parent()

parent()返回 selector 匹配元素的直接父元素。语法格式:

```
$ (selector).parent([filter])
```

该方法可以接受一个选择器来过滤返回的父元素。

2. parents()

parents()返回匹配元素的所有祖先节点,一直向上直到文档根元素 html。语法格式:

```
$ (selector).parents([filter])
```

该方法可以接受一个选择器来过滤返回的祖先节点。

注意:parent()与 parents()的区别,parent()返回直接父节点,parents()返回所有的祖先节点,另外,$("html").parent()返回 document 节点,而$("html").parents()则返回空。

8.3.2 向下遍历子孙元素

1. children()

children()返回元素的直接子元素。语法格式:

```
children ([childrenSelector])
```

该方法可以接受一个参数来过滤返回的子元素。

2. find()

find()返回元素匹配的所有后代元素。语法格式:

```
$ (selector).find(Selector)
```

例如,从所有的段落开始,进一步搜索下面的 span 元素。

HTML 代码:

```
<p> <span>Hello</span>, how are you?</p>
```

jQuery 代码:

```
$("p").find("span")
```

结果:

```
<span>Hello</span>
```

$("p").find("span")与 $("p span")功能相同。

8.3.3 同级遍历兄弟元素

1. siblings()

siblings()返回当前元素的所有兄弟元素，语法格式：

```
$(selector).siblings([selector])
```

该方法可以接受一个可选参数来过滤返回的兄弟元素。

2. next()

next()返回当前元素的下一个兄弟元素。语法格式：

```
$(selector).next([selector])
```

该方法可以接受一个可选参数来过滤返回的兄弟元素。

3. nextAll()

nextAll()返回当前元素后面的所有兄弟元素。语法格式：

```
$(selector).nextAll([selector])
```

该方法可以接受一个可选参数来过滤返回的兄弟元素。

4. prev()/prevAll()

prev()/prevAll()与 next()/nextAll()的用法相同，作用相近，只是搜索的方向相反。

8.3.4 过滤

1. filter()

filter()从当前匹配的元素集合中筛选出符合 selector 条件的子集合，用来减少匹配的范围。语法格式：

```
$(selector).filter(selector)
```

例如，有 HTML 代码：

```
<p>Hello</p><p>Hello Again</p><p class="selected">And Again</p>
```

jQuery 代码：

```
$("p").filter(".selected")
```

结果：

```
<p class="selected">And Again</p>
```

2. first()

first()返回当前匹配元素集合中的第一个元素。语法格式：

```
$(selector).first()
```

3. last()

last()返回当前匹配元素集合中的最后一个元素。语法格式：

```
$(selector).last()
```

4. eq(index)

eq(index)返回当前匹配元素集合指定位置 index 的元素。语法格式：

```
$(selector).eq(index/-index)
```

索引从 0 开始，负数表示按从尾到头的顺序进行排列。

5. has()

has()是从当前元素集合中返回具有特定子元素的元素集合，排除不具备对应子元素的元素。语法格式：

```
$(selector).has(selector/element)
```

子元素可以用参数 selector 或者元素对象来进行匹配。

6. is()

is()是根据选择器、元素或 jQuery 对象来检测匹配元素集合，如果这些元素中至少有一个元素匹配给定的参数，则返回 true，否则返回 false。语法格式：

```
$(selector).is(selector)
```

8.3.5 each(callback)

each()函数封装了十分强大的遍历功能，使用也很方便。参数 callback 对应每个匹配的元素所要执行的函数。

每次执行传递进来的函数时，函数中的 this 关键字都指向一个不同的 DOM 元素（每次都是一个不同的匹配元素）。而且，在每次执行函数时，都会给函数传递一个表示作为执行环境的元素在匹配的元素集合中所处位置的数字值作为参数（从零开始的整型数）。

例如，HTML 代码：

```
< img/> < img/>
```

jQuery 代码：

```
$("img").each(function(i){
this.src = "test" + i + ".jpg";
});
```

结果：

```
<img src="test0.jpg" />  <img src="test1.jpg" />
```

迭代两个图像，并设置它们的 src 属性。参数 i 通过迭代，分别赋予了 0 和 1。

例 8-2 遍历节点。如图 8-11 所示，上面有 6 个 div 和 2 个 p 对象，其中的第四个 div 的 id 为 d4，下面有几个按钮，按钮执行的是其左边的 jQuery 代码，使上面的对象背景颜色改变。

div1111 div2222 div3333 id="d4"的div p5555 div6666 p7777 div8888

$("body").children().css("backgroundColor","white");	还原
$("#d4").next().css({fontSize:"20px",backgroundColor:"red"});	提交
$("#d4").nextAll().css("backgroundColor","red")	提交
$("#d4").prev().css("backgroundColor","red")	提交
$("#d4").prevAll().css("backgroundColor","red")	提交
$("#d4").siblings().css("backgroundColor","red")	提交
$("#d4").siblings("div").css("backgroundColor","red")	提交

图 8-11 遍历节点实例

为了让 div 和 p 显示在一行，可用 CSS 来设置：

```
div,p {
    width:110px;
    display:inline;
}
```

按钮执行的代码，可设置其 onclick 事件：

```
onclick='$("#d4").next().css("backgroundColor","red")'
```

注意表格中第二行，设置多个样式属性的写法。

表格及按钮的参考代码：

```
<table width="523" height="188" border="1" cellpadding="0" cellspacing="0">
  <tr>
    <td width="438" height="25">$("body").children().css("backgroundColor","
white"); </td>
    <td width="79"><input type="button" name="button9" id="button9" value="还原"
onclick='$("body").children().css("backgroundColor","white")'/></td>
  </tr>
  <tr>
    <td height="27">$("#d4").next().css({fontSize:"20px",backgroundColor:"red"});
</td>
    <td><input type="button" name="button" id="button" value="提交" onclick='$("
#d4").next().css({fontSize:"16px",backgroundColor:"red"});'/></td>
  </tr>
  <tr>
    <td height="26">$("#d4").nextAll().css("backgroundColor","red")</td>
    <td><input type="button" name="button2" id="button2" value="提交"  onclick='
$("#d4").nextAll().css("backgroundColor","red")'/></td>
  </tr>
  <tr>
    <td height="23">$("#d4").prev().css("backgroundColor","red")< /td>
    <td><input type="button" name="button3" id="button3" value="提交"  onclick='
$("#d4").prev().css("backgroundColor","red")' /></td>
  </tr>
  <tr>
    <td height="28">$("#d4").prevAll().css("backgroundColor","red")< /td>
    <td><input type="button" name="button4" id="button4" value="提交" onclick='
$("#d4").prevAll().css("backgroundColor","red")'/></td>
  </tr>
  <tr>
    <td height="28">$("#d4").siblings().css("backgroundColor","red")< /td>
    <td><input type="button" name="button5" id="button5" value="提交" onclick= '
$ ("# d4").siblings().css("backgroundColor","red")'/></td>
  </tr>
  <tr>
    <td height="29">$("#d4").siblings("div").css("backgroundColor","red")</td>
    <td><input type="button" name="button7" id="button7" value="提交" onclick='
$("#d4").siblings("div").css("backgroundColor","red")'/></td>
  </tr>
</table>
```

8.3.6 任务实现

(1)设计 HTML 页面,应用 CSS 实现数字外观,美化页面。

用列表实现圆形数字,通过 CSS 来控制外观:

```
li{
  width: 20px;
  height: 20px;
  background:#F60; /* 非当前图片时,数字背景色* /
  border-radius:10px; /* 设置圆形的半径 * /
  margin:0 3px; /* 设置数字间距* /
  text-align:center;
  cursor:pointer;
  float:left;
  list-style:none;
}
```

(2)定义两个全局变量,一个变量用于控制定时器,另一个变量用于控制当前显示的数字。

(3)定义函数 showPic(),实现页面装载后,启动自动播放。通过变量 i 来控制当前显示的图片,代码如下:

```
$ ("# pic").attr("src","images/"+ i+ ".jpg");
```

设置数字的背景变化,代码如下:

```
$ ("li").removeClass("now").eq(i- 1).addClass("now");
```

(4)定义 mouseover 事件,实现显示该数字对应的图片,并停止播放。

(5)定义 mouseout 事件,实现图片启动自动播放。

参考代码:

```
<! DOCTYPE html>
<html>
<head>
<meta  charset="utf-8"/>
<title> 带数字提示的幻灯片</title>
<style>
*{ margin:0;padding:0;}
#box{
  margin: 0 auto;
  width: 700px;
  height: 280px;
  overflow: hidden;
  position: relative;
}
#box  div{
  position: absolute;
  overflow: hidden;
}
#d2{
  width:100% ;
  height:30px;
  position:absolute;
  left:0;
  top:240px;
}
#d2 ul{
```

```
    position:absolute;
    left:40%;
    top:0;}
  #d2 li{
    width: 20px;
    height: 20px;
    background:#F60;
    border-radius:10px;
    margin:0 3px;
    text-align:center;
    cursor:pointer;
    float:left;
    list-style:none;
  }
  #d2 li.now{background:red;}
  </style>
  </head>
  <body>
    <div id="box">
      <img src="images/1.jpg" alt="" id="pic"/>
     <div  id="d2">
  <ul>
          <li> 1</li>
          <li>2</li>
          <li>3</li>
          <li>4</li>
          <li>5</li>
      </ul>
    </div>
    </div>
  <script  src="js/jquery-3.2.1.js"/></script>
  <script>
  var timer,i=1;
  showPic();
  $("li").mouseover(function(){
      clearTimeout(timer);
      i=$(this).index()+1;
      $("#pic").attr("src","images/"+i+".jpg");
      $("li").removeClass("now").eq(i-1).addClass("now");
      })
  $("li").mouseout(function(){
      i=$(this).index()+1;
      showPic();
      })
  function showPic(){
    $("#pic").attr("src","images/"+i+".jpg");
    $("li").removeClass("now").eq(i-1).addClass("now");
    i =i <5? i+1:1;
    timer=setTimeout("showPic(i)",2000);
  }
  </script>
  </body>
  </html>
```

8.3.7 能力提升:仿京东商品五角星评分特效

要求:

(1)初始状态时,效果如图 8-12 所示,星星全部不亮,右边显示为 0 分,即未评分。

(2)当鼠标移到星星上面的时候(没有单击鼠标),当前星星以及其前面的星星要亮起来,后面的星星不亮,并且星星的右侧出现提示分,如图 8-13 所示。鼠标离开后还原。

(3)当鼠标在星星上单击的时候,实现评价打分,此时,当前星星以及其前面的星星要亮起来,后面的不亮,并显示分数。

(4)打分后,鼠标移开,亮起来的星星和分数不变,评价打分完成,如图 8-14 所示。

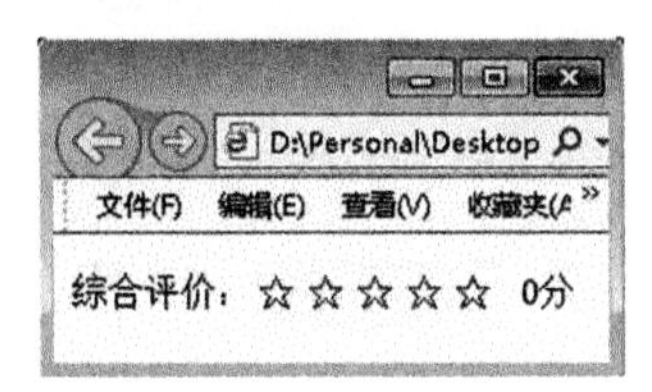

图 8-12 初始状态

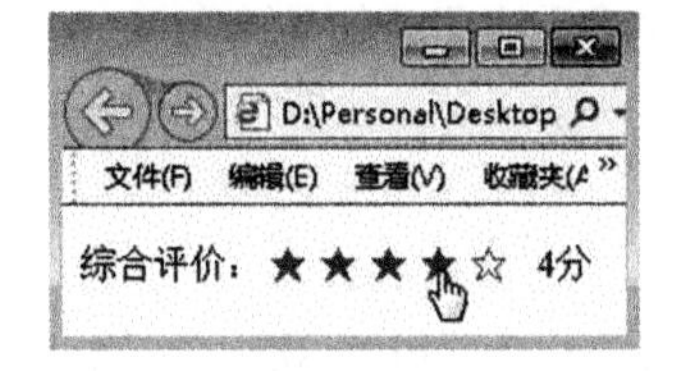

图 8-13 鼠标移到星星上面

图 8-14 评价打分完成

分析:

(1)给所有的星星注册 mouseover 事件,让当前星星和前面所有的星星变亮(实心),让后面所有的星星不亮(空心)。

```
$ (this).text(wjx_s).prevAll().text(wjx_s);// 前面所有的星星变亮(实心)
$ (this).nextAll().text(wjx_k);// 后面所有的星星不亮(空心)
```

(2)注册 mouseout 事件和 mouseover 事件。

鼠标没有单击而离开时,把所有的星星变成空心。

```
$ (this).children().text(wjx_k);// 还原
```

(3)注册 click 事件。单击鼠标时,为被单击的星星做上标记,让被单击的星星以及前面的星星变成实心,后面的星星变为空心。

(4)修改后面显示的分数。

参考代码:

```
<! DOCTYPE html>
<html >
<head>
<meta charset="UTF-8">
<title> 仿京东商品五角星评分特效</title>
<style>
ul, li {
    padding: 0;
    margin: 0;
    }
.comment {
    color: red;
    height:30px;
    line-height:30px;
}
.comment li {
    float:left;
    list-style: none;
```

```
        margin:3px;
        cursor:pointer;
    }
    td{
        font-size: 16px;
        background-color:#FFC;
    }
    .red{
        color:red;
    }
    </style>
    <script src="js/jquery-3.2.1.js"></script>
    <script>
    $(function(){
      var wjx_s ="★";
      var wjx_k ="☆";
      $(".comment li").mouseover(function () {
          $(this).text(wjx_s).prevAll().text(wjx_s);//变成实心
          $(this).nextAll().text(wjx_k);//星星变成空心
          $(".ff").text($("li:contains('★')").length+"分");//显示分数
          });
      $(".comment").mouseout(function () {
          $(this).children().text(wjx_k);
          $("li.curr").text(wjx_s).prevAll().text(wjx_s);
          $(".ff").text($("li:contains('★')").length+"分");
      });
      $(".comment li").click(function () {
        $(this).addClass("curr").siblings().removeClass("curr");//做标记
        $(this).text(wjx_s).prevAll().text(wjx_s);
        $(this).nextAll().text(wjx_k);
        $(".ff").text($("li:contains('★')").length+"分").addClass("red");
        })
    })
    </script>
    </head>
    <body>
    <table width="232" border="0" cellspacing="0" cellpadding="0">
      <tr><td width="80" >综合评价:</td>
        <td width="120"  >
        <ul class="comment">
        <li title="很差">☆</li>
        <li title="比较差">☆</li>
        <li title="一般">☆</li>
        <li title="好">☆</li>
        <li title="非常好">☆</li></ul></td>
        <td width="32" class="ff">0 分</td>
      </tr>
    </table>
    </body>
    </html>
```

总　结

jQuery 中的 DOM 操作比 JavaScript 中的 DOM 操作简单方便很多。本项目详细介绍了 jQuery 中的 DOM 操作,如节点创建、节点增加、节点删除、节点复制、节点替换、节点遍历等。

(1)使用 $ ()方法可以创建节点。

(2)使用 append()、appendTo() 等方法插入节点。

(3)使用 remove()、detach()、empty()来删除节点。

(4)使用 clone()复制节点,使用 replaceWith()替换节点。

(5)使用 find()、filter()、nextAll()、preAll()、parents()、children()、siblings()等来遍历节点。

实　训

实训 8.1　增加与替换列表项

实训目的:

掌握 jQuery DOM 节点的操作方法。

实训要求:

如图 8-15 所示,实现两个按钮的功能。

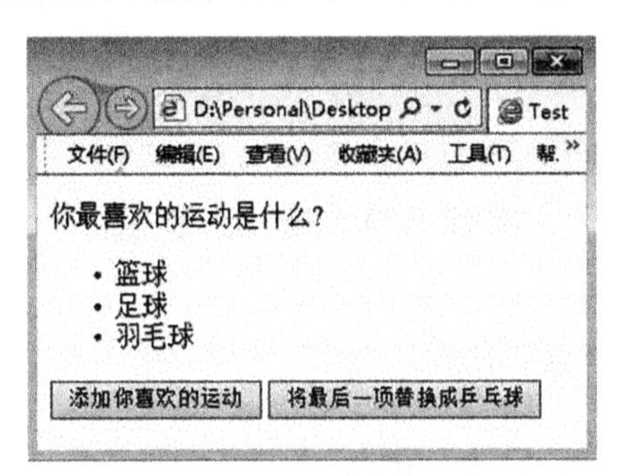

图 8-15　DOM 节点的操作方法

实现思路:

(1)添加你喜欢的运动,可通过 prompt()接收用户的输入。

```
var str=prompt("你最喜欢的运动是什么","游泳");
$("ul").append("<li>"+str+"</li");
```

(2)将最后一项替换成乒乓球。

```
$("li:last").replaceWith("<li>乒乓球</li>");
```

实训 8.2　简单的购物车管理

实训目的:

掌握 jQuery 遍历 DOM 节点、增加与删除方法。

实训要求:

如图 8-16 所示,实现购物车的简单管理。增加商品与删除商品,总价要重新计算,如图 8-17所示。

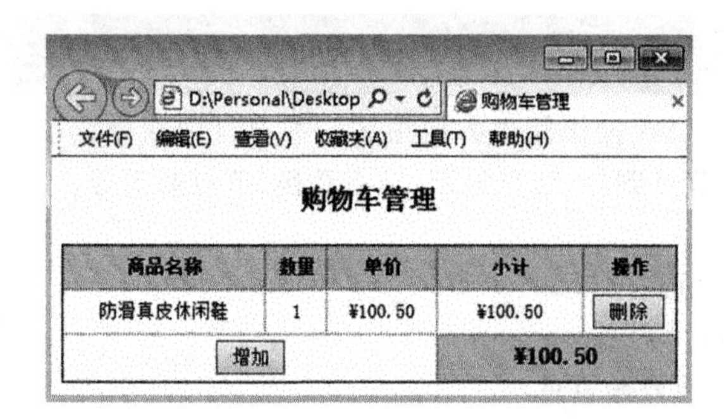

图 8-16 简单的购物车管理

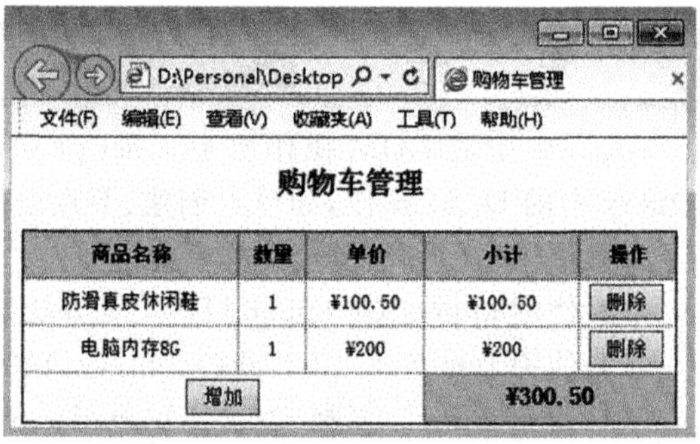

图 8-17 增加、删除商品，总价要重新计算

实现思路：

(1)增加商品。生成一新的 jQuery 对象 tr，并传入一个参数作为 id，再把对象 tr 插到表格中。

(2)删除商品。将传入的 id 作为删除的对象。

(3)计算总价。

```
var total= 0;
$ ('#order tr:not(:first)').each(function () {
    $ (this).find('td:eq(3)').each(function(){
        total +=parseFloat($ (this).text().substr(1)); //求和得总价
        })
    })
$ ("# sum").html("&yen;"+total.toFixed(2));
```

实训 8.3 遍 历 节 点

实训目的：

掌握 jQuery 遍历 DOM 节点的方法。

实训要求：

如图 8-18 所示，表格上面的 HTML 代码：

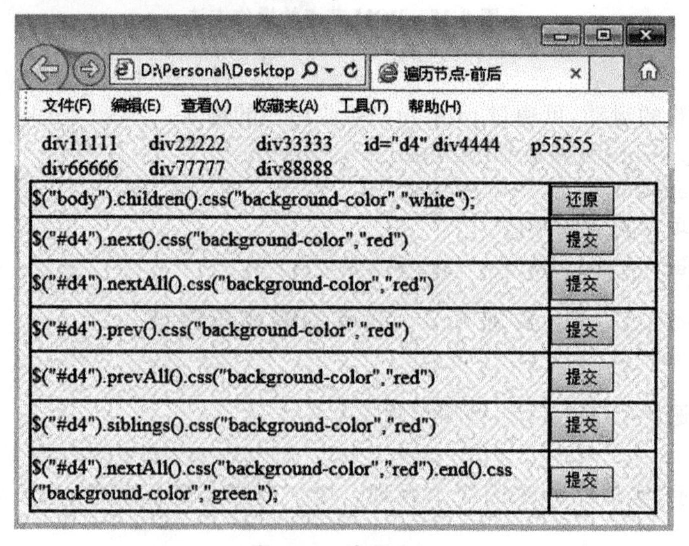

图 8-18 遍历节点

```
<div>div11111</div>
<div>div22222</div>
<div>div33333</div>
<div id="d4">id="d4" div4444</div>
<p>p55555</p><br />
<div>div66666</div>
<div>div77777</div>
<div>div88888</div>
```

让表格右边的按钮执行其左边的代码。

实现思路：

(1)设置静态页面。要使块级标签显示在一行，使用：display:inline。

(2)给按钮的 click 事件添加代码。如：

```
onclick='$("#d4").nextAll().css("background-color","red")'
```

实训 8.4　仿国美购物车管理

实训目的：

(1)掌握 jQuery 遍历 DOM 节点、增加与删除的方法。

(2)学会绑定事件的方法。

实训要求：

购物车管理涉及节点的相关操作。如图 8-19 所示，为了模拟更真实的购物车管理，在购物车上面增加了商品列表，以便添加商品到购物车中。

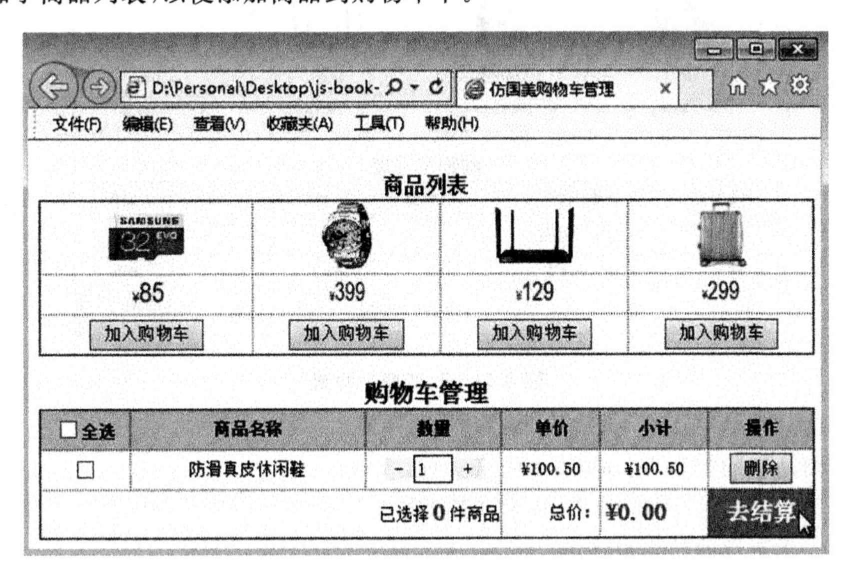

图 8-19　购物车管理

要求：

(1)购物车中商品数量更改有两种方式：键盘和鼠标。

(2)键盘更改商品数量，输入限制为两位整数，最大值为 99。对输入的商品数量进行验证，输入非法数据时，给出提示信息，并且自动置 1，同时更新小计和总价。

(3)没有勾选商品时，“去结算”为灰色；选择了商品时，“去结算”可用，如图 8-20 所示。

(4)“全选”复选框可用于选中全部商品或全部不选择。

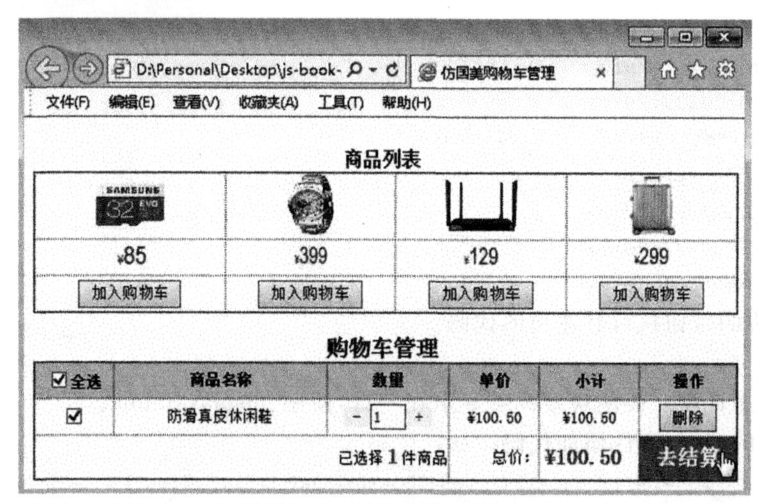

图 8-20 “去结算”可用

(5)对购物车中新加入的商品更改数量,小计和总价都自动更新,如图 8-21 所示。

(6)当要删除某一商品时,给出提示,以确认删除。删除后更新相关数据。

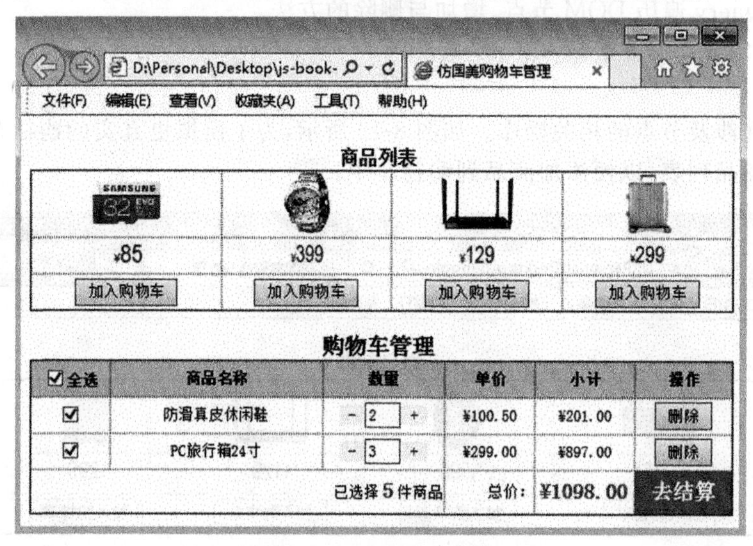

图 8-21 改变商品数量

实现思路:

(1)增加商品到购物车,用 addRow()来实现。

(2)从购物车中删除商品,用 delRow()来实现。

(3)用“+”来实现商品数量加 1。

(4)用“-”来实现商品数量减 1。

(5)用鼠标和键盘更改商品数量,更新相关数据。

(6)用 getTotal()来计算总价。

参考代码:

```
<!DOCTYPE html>
<html>
<head>
<meta charset="gb2312" />
```

```
<title>仿国美购物车管理</title>
<style type="text/css">
table{
    border: 1px solid  #333;
      width:600px;
      margin:0 auto;
      padding:0;
}
td{
      text-align:center;
      font-size:13px;
      height:28px;
      border: 1px dotted #333;
      }
.title{
      font-weight:bold;
      background-color: #cccccc;
      font-size:16px;
}
h4,h3{
      text-align:center;
      margin:0
}
#imgP img {
      width:60px;
      height:50px;
}
#price img {
      width:30px;
      height:18px}
.min,.add{
      cursor:pointer;
      border:none;
      text-align:center;
      }
input[type="text"]{
      width:26px;}
.jie{
      background-color:#999;
      color:#FFF;
      font-size:18px;
      font-weight:bold;;
      }
.go{
      background: #f40;
    cursor: pointer;}
#sum,# jiansu{
      padding: 3px;
      font-size: 18px;
      color: #F00;
```

```
            font-weight: bolder;
                }
        </style>
        <script  src="js/jquery-3.2.1.js"></script>
        <script>
        $(function(){
          var rowId,rowTemp,k,t,j;
          $("#order").on("keyup",":text",function(e){
            if( $(this).val()=="" ||isNaN($(this).val())|| parseInt($(this).val())<1 ) {
//判断数量是否合法
              alert("商品数量必须是 1-99 的整数!");
            $(this).val("1");}
        k=parseFloat($(this).parent().parent().find("td:eq(3)").text().slice(1));
//取单价,去掉 &yen
        $(this).parent().parent().find("td:eq(4)").html("&yen;"+($(this).val()*k).
toFixed(2));//计算小计
            getTotal();//更改商品数量后,重新计算总价
          });
          $("#order").on("click",".add",function(){//+1
            t=$(this).parent().find(':text');
          t.val(parseInt(t.val())+1>99 ? 99: parseInt(t.val())+1);
        k=parseFloat($(this).parent().parent().find("td").eq(3).text().slice(1));
//取单价,去掉 &yen
        $(this).parent().parent().find("td").eq(4).html("&yen;"+(t.val()*k).toFixed
(2));//计算小计
            getTotal();
          });//end +1
          $("#order").on("click",".min",function(){//-1
            t=$(this).parent().find(':text');
            t.val(t.val()-1<1? 1:t.val()-1);
        k=parseFloat($ (this).parent().parent().find("td").eq(3).text().slice(1));
//取单价,去掉 &yen
        $(this).parent().parent().find("td").eq(4).html("&yen;"+(t.val()*k).toFixed
(2));//计算小计
            getTotal();
            });//end -1

        $("#chkAll").click(function () {
            $("#order :checkbox").prop("checked",$(this).prop("checked"));
          if ($(this).prop("checked"))  getTotal()
            else {
              $("#sum").html("&yen;0.00");
              $('#jiansu').html(0);}
        });

        $("#order").on("click",":checkbox",function(){
            getTotal();
            $(":checkbox:not(:first)").on("click",function(){
              getTotal();
              var sel =$('#order tr:gt(0)').find(":checkbox:checked");
```

```
            var noSel =  $('#order tr:gt(0)').find(":checkbox");
            sel.length ==noSel.length?
        $("#chkAll").prop("checked",true):$ ("#chkAll").prop("checked",false);
            });
          });

        }); //end $(ready)

        function addRow(pname,price){
          rowId=$("#order").find("tr").length;
          rowTemp ='<tr id="row'+rowId+'"><td><input type="checkbox"></td> ';
          rowTemp +='<td>'+pname+'</td><td> '
          rowTemp +='<input type="button"  value="-" class="min"> ';
          rowTemp +='<input type="text" value="1"  size="3" maxlength="2" > ';
          rowTemp +='<input type="button"  value="+" class="add"> ';
          rowTemp +='</td><td >&yen;'+price+'</td><td>&yen;'+price+'</td> ';
          rowTemp +='<td ><input  type="button" value="删除" onclick=delRow("'+rowId+'")
    /></td></tr> ';
          $("#trLast").before(rowTemp);//在 id 为 trLast 的行前面插入新行
          getTotal();//加入新商品后,计算总价
          $("#chkAll").prop("checked",false);
         }
        function delRow(row){
        if (confirm("确实要删除该商品吗?")) {//删除前提示
              $("#row"+row).remove();
           getTotal();//删除订单后,重新计算总价

           }
        }

        function getTotal(){
           var total=0,i=0;
           $('#order tr:gt(0)').find(":checkbox").each(function(){
              if($(this).prop("checked")){
              total +=
        parseFloat( $ (this).parent().parent().find("td:eq(4)").text().slice (1));
              i +=
        parseInt( $(this).parent().parent().find(":text").val());
              }
           });
          $('#sum').html("&yen;"+total.toFixed(2));
          $('#jiansu').html(i);
          i!=0 ? $('#jie').addClass('go'): $('#jie').removeClass('go');
         };
        </script>
        </head>
        <body><br>
        <h4> 商品列表</h4>
        <table  cellspacing="0" cellpadding="0">
           <tr id="imgP">
```

```
        < td width="216"><img src="images/p1.jpg" title="三星高速存储卡 32G"></td>
        <td width="182"><img src="images/p2.jpg"  title="精工手表"></td>
        <td width="182"  ><img src="images/p3.jpg" title="600M路由器"></td>
        <td width="182"><img src="images/p4.jpg"  title="PC旅行箱 24寸"></td>
      </tr>
      <tr id="price">
        <td><img src="images/1.jpg"></td>
        <td><img src="images/2.JPG"></td>
        <td><img src="images/3.JPG"></td>
        <td><img src="images/4.JPG"></td>
      </tr>
      <tr>
        <td height="30"><input type="button"  value="加入购物车" onClick='addRow("三星高速存储卡 32G","85.00")' ></td>
        <td><input type="button"  value="加入购物车" onClick='addRow("精工手表","399.00")' ></td>
        <td><input type="button"  value="加入购物车" onClick='addRow("600M路由器","129.00")' ></td>
        <td><input type="button"  value="加入购物车" onClick='addRow("PC旅行箱 24寸","299.00")' ></td>
      </tr>
    </table><br>
    <h3> 购物车管理</h3>
    <table cellpadding="0" cellspacing="0"  id="order">
      <tr class="title">
        <td width="68"><input type="checkbox" name="all" id="chkAll">全选</td>
        <td width="186">商品名称</td>
        <td width="104">数量</td>
        <td width="75">单价</td>
        <td width="83">小计</td>
        <td width="82">操作</td>
      </tr>
      <tr id="row0">
        <td><input type="checkbox"></td>
        <td height="36">防滑真皮休闲鞋</td>
        <td><input type="button"  value="-" class="min" ><input  type="text" size="3" maxlength="2" value="1" ><input type="button"  value="+" class="add" >
        </td>
        <td>&yen;100.50</td>
        <td>&yen;100.50</td>
        <td><input  type="button" value="删除" onclick='delRow("0")' /></td>
      </tr>
      <tr id="trLast">
        <td colspan="3" style="text-align:right">已选择<span id="jiansu" >0</span>件商品</td>
        <td  style="text-align:right">总价:</td>
        <td  id="sum" style="text-align:left">&yen;0.00</td>
        <td  id="jie" class="jie">去结算</td>
      </tr>
    </table>
    </body>
    </html>
```

练　习

一、选择题

1. 在 jQuery 中，如果想要从 DOM 中删除所有匹配的元素，下面正确的是(　　)。

A. delete()　　B. empty()　　C. remove()　　D. removeAll()

2. 在 jQuery 中，想要找到所有元素的同辈元素，下面(　　)可以实现。

A. nextAll([expr])　　B. siblings([expr])

C. next()　　D. find([expr])

3. 下面选项中(　　)是用来将新节点追加到指定元素的末尾的。

A. insertAfter()　　B. append()　　C. appendTo()　　D. after()

4. 在 jQuery 中，如果想要获取当前窗口的宽度值，下面选项中(　　)是可以直接实现该功能的。

A. width()　　B. width(val)　　C. width　　D. innerWidth()

5. 在 jQuery 中指定一个类样式，如果存在就执行删除功能。如果不存在就执行添加功能。下面(　　)是可以直接完成该功能的。

A. removeClass()　　B. deleteClass()

C. toggleClass(class)　　D. addClass()

6. 在页面中有一个<ul>元素，代码如下：

```
<ul>
<li title='苹果'>苹果</li>
<li title='橘子'>橘子</li>
<li title='菠萝'>菠萝</li></ul>
```

下面对节点的操作说法不正确的是(　　)。

A. var $li = $("<li title='香蕉'>香蕉</li>");是创建节点

B. $("ul").append($("<li title='香蕉'>香蕉</li>"));是给<ul>追加节点

C. $("ul li:eq(1)").remove();是删除<ul>下"橘子"那个节点

D. 以上说法都不对

7. 页面中有一个<select>标签，代码如下：

```
<select id = "sel">
<option value = "0">请选择</option >
<option value = "1">选项一</option >
<option value = "2">选项二</option>
<option value = "3">选项三</option>
<option value = "4">选项四</option>
</select >
```

使“选项四”选中的正确写法是(　　)。

A. $("#sel").val("选项四")

B. $("#sel").val("4")

C. $("#sel>option:eq(4)").checked

D. $(" # sel option:eq(4)").attr("selected")

8. 页面中有一个性别单选按钮，请设置“男”为选中状态。代码如下：

```
<input type = "radio" name = "sex">男
<input type = v "radio" name = "sex">女
```

正确的代码是(   )。

A. $("sex[0]").attr("checked",true)

B. $("#sex[0]).attr("checked",true)

C. $("[name=sex]: radio").attr("checked" ,true)

D. $(":radio[name=sex] :eq(0)").attr("checked",true)

9. <a href = "xxx.jpg" title="省长出席…">新闻</a>代码中,可以获取<a>元素title的属性值的是(   )。

A. $("a").attr("title").val()

B. $("# a").attr("title")

C. $("a").attr("title")

D. $("a").attr("title").value

10. <p>元素最初代码如下:

```
<p class="myClass" title="你最喜欢的运动">你最喜欢的运动是什么? </p>
```

要想使<p>元素的样式在 myClass 基础上再应用 high 样式,即变为如下代码。

```
<p class ="myClass high" title="你最喜欢的运动"> 你最喜欢的运动是什么? </p>
```

下面(   )方法可以实现。

A. $("p").attr("class").val("high")

B. $("p").attr("class","high")

C. $("p").addClass("high")

D. $("p").removeClass("high")

二、操作题

1. 动态增加节点,如图 8-22 所示。

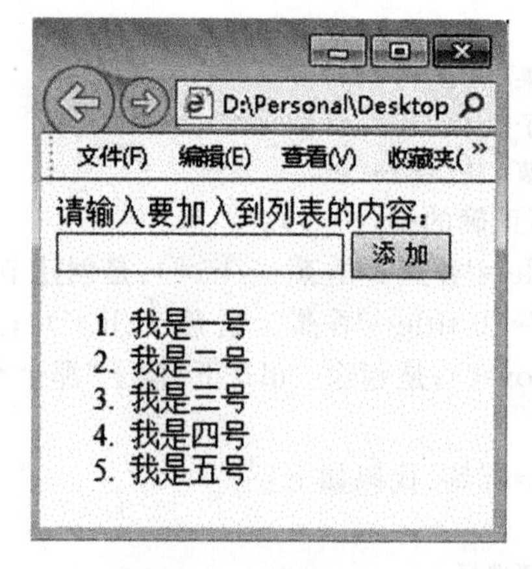

图 8-22 动态增加节点

2. 实现简单的购物车管理。

项目9 jQuery动画设计

学习目标

◇ 掌握 show()、hide()使用方法
◇ 掌握 animate()自定义动画方法
◇ 理解动画队列和回调函数
◇ 学会使用 stop()方法

对于 Web 设计来说，动画形式主要包括位置变化、形状变化和显示变化等几种。位置变化主要通过元素的坐标值来控制。对于网页元素来说，形状变化主要是大小变化，这种形式主要依靠宽和高进行控制。而显示变化主要通过显示和隐藏属性进行控制，或者通过透明度进行控制。

在 JavaScript 开发中，动画效果会让操作者有更好的体验。通过 jQuery，用户不仅能够轻松地为页面操作添加简单的动画效果，甚至能创建更精致的动画。jQuery 动画效果能使一个元素逐渐滑入视野而不是突然出现，带给用户的是一种动态的美感。另外，当页面发生变化时，通过动画效果吸引用户的注意力，会显著增强页面的视觉效果。在本项目中，将介绍 jQuery 动画设计。

任务 9.1 问题答案的隐藏与显示

任务描述

网站上经常要回答用户一些问题，如果要充分利用页面空间，可以将问题的答案隐藏，当用户将鼠标移到相关的问题上时，显示答案，当鼠标移出时，还原，如图 9-1 和图 9-2 所示。

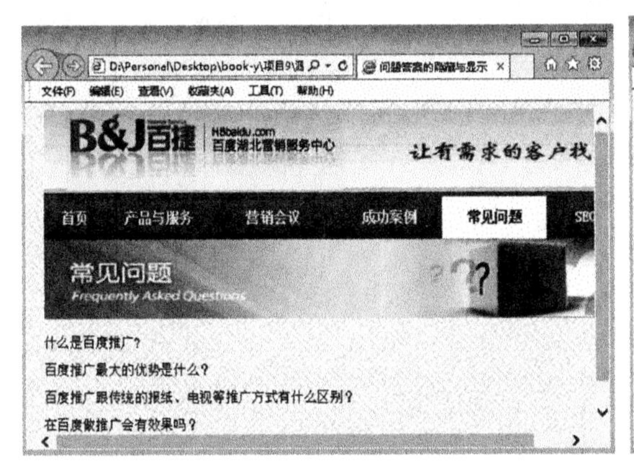

图 9-1　问题答案的隐藏

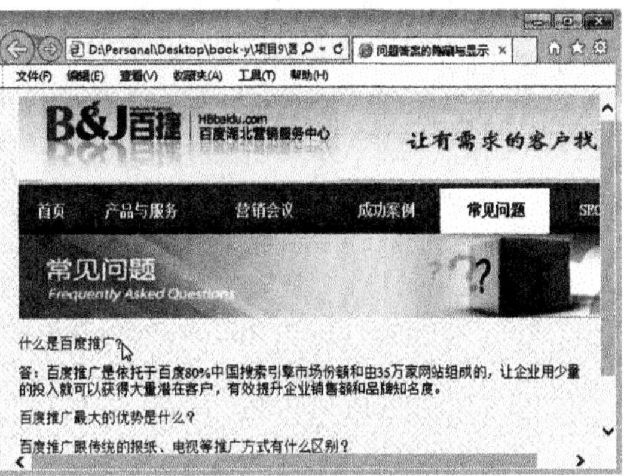

图 9-2　问题答案的显示

任务分析

(1)静态页面设计。问题与答案可用列表来实现。

(2)设计问题的 hover 事件。

(3)显示答案时,可以使用动画来展现。

知识梳理

对于动画来说,显示和隐藏是最基本的效果之一。本节简单介绍 jQuery 的显示和隐藏动画。

9.1.1 show()和 hide()动画

在 jQuery 中,使用 show()方法可以显示元素,使用 hide()方法可以隐藏元素。如果把 show()和 hide()方法配合起来,就可以设计最基本的显隐动画。语法格式:

```
jqObj.show([speed], [callback])
jqObj.hide([speed], [callback])
```

说明:

jqObj 表示是 jQuery 对象。

参数 speed 表示一个字符串或者数字,决定动画将运行持续的时间。

参数 callback 表示在动画完成时执行的函数,称为回调函数。

1. 简单的显示和隐藏

基本的 hide()和 show()方法不带任何参数,其作用就是立即隐藏或显示匹配的元素(集合),不带任何动画效果。可以把它们看成类似用 css()方法设置元素的 display 属性,改变元素的显示与隐藏。

图 9-3 简单的显示和隐藏

例 9-1 简单的显示和隐藏 p 元素,如图 9-3 所示。

关键代码:

```
<script>
$(function() {
  $("input:first").click(function() {
    $("p").hide(); //隐藏
    });
  $("input:last").click(function() {
    $("p").show(); //显示
    });
});
</script>
```

2. 控制显示速度

当在 show()或 hide()中指定一个速度参数时，就会产生动画效果，即效果会在一个特定的时间段内发生。例如，hide('speed')方法会同时减少元素的高度、宽度和透明度，直至这 3 个属性的值都达到 0，与此同时，会为该元素应用 CSS 规则 display:none。而 show('speed')方法则会从上到下增大元素的高度，从左到右增大元素的宽度，同时从 0 到 1 增加元素的透明度，直至其内容完全可见。speed 常用的参数如表 9-1 所示。

表 9-1 speed 常用的参数

参数	描述
speed	可选。规定显示效果的速度。可取的值： 毫秒(如 1000) slow (600 毫秒) normal(400 毫秒) fast(200 毫秒)

例 9-2 控制速度，显示、隐藏 p 元素。

在例 9-1 的基础上增加了速度参数，关键代码：

```
<script>
$(function() {
  $("input:first").click(function() {
     $("p").hide(600);//等价于$("p").hide("slow")
     });
  $("input:last").click(function() {
     $("p").show("slow"); //显示
    });
});
</script>
```

9.1.2 slideDown()和 slideUp()

显隐滑动效果可通过 slideDown()和 slideUp()来实现，它们模拟了 PPT 中类似幻灯片的卷帘效果。

jQuery 定义的两个滑动方法分别是向下滑动和向上滑动，相当于缓慢舒展和缓慢收缩元素对象。如果能灵活使用 slideDown()和 slideUp()方法，可以设计很多奇妙、动感的滑动效果。语法格式：

```
slideDown([duration], [callback])
slideUp([duration], [callback])
```

说明：

参数 duration 为一个字符串或者数字，用来定义动画运行时间。

参数 callback 表示在动画完成时执行的函数。

slideDown()和 slideUp()方法将给匹配元素定义滑动显示或者滑动隐藏的动画效果，这主要通过改变高度的值来实现。其中 slideDown()方法是向页面的下面部分滑下去，而 slideUp

()方法是从页面的下面部分滑上来。一旦高度达到 0，display 样式属性将被设置为 none，以确保该元素不再影响页面布局。

slideDown()和 slideUp()方法的持续时间是以毫秒为单位的，数值越大，动画越慢。字符串 fast 和 slow 分别代表 200 和 600 毫秒的延时。如果提供任何其他字符串，或者 duration 参数省略，那么默认使用 400 毫秒的延时。

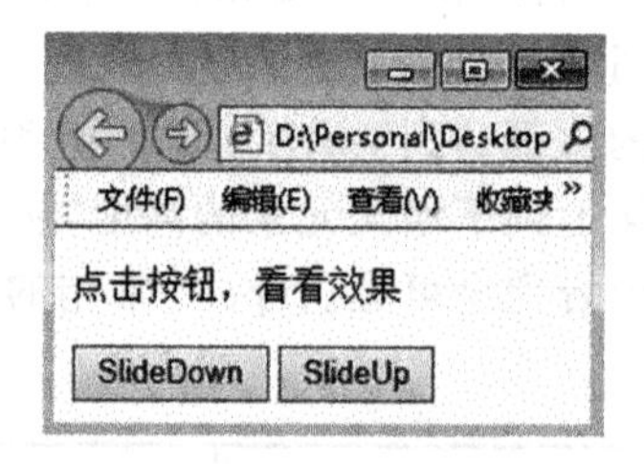

图 9-4 实现图片的卷帘效果

例 9-3 用 slideDown()和 slideUp()方法实现图片的卷帘效果，如图 9-4 所示。

关键代码：

```
<style>
div{
display:none;}
</style>
<script src="js/jquery-3.2.1.js" ></script>
<script >
$(function() {
   $("input:eq(0)").click(function() {
      $("div").slideDown(1000);
      });
   $("input:eq(1)").click(function() {
     $("div").slideUp(1000);
     });
});
</script>
<body>
<p> 点击按钮,看看效果</p>
<input type="button" value="SlideDown">
<input type="button" value="SlideUp"><br>
<div> < img src="images/1.jpg"></div>
</body>
```

9.1.3 渐变效果

jQuery 为元素渐隐和渐显定义了 3 个方法：fadeIn()、fadeOut()和 fadeTo()。

fadeIn()和 fadeOut 是两个实用的方法，动画效果类似褪色。fadeTo() 方法将被选元素的透明度逐渐地改变为指定的值(值介于 0 与 1 之间)。语法格式：

```
fadeIn([duration], [callback])
fadeOut([duration], [callback])
```

fadeOut()方法通过匹配元素的透明度做动画效果。一旦透明度达到 0，display 样式属性将被设置为 none，以确保该元素不再影响页面布局。fadeOut()和 fadeIn()方法的延时时间是以毫秒为单位的，数值越大，动画越慢。

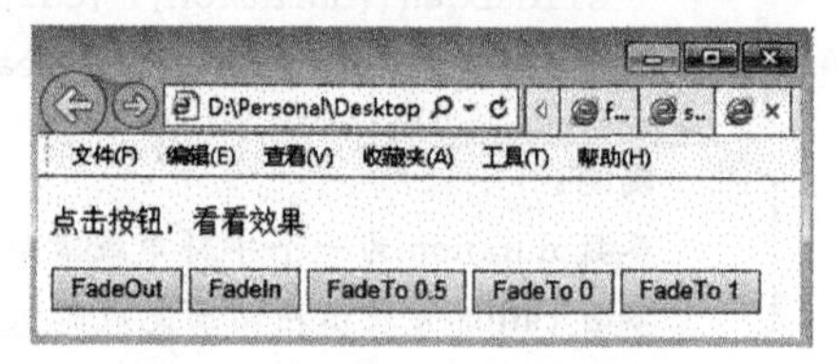

图 9-5 实现图片的渐变效果

例 9-4 实现图片的渐变效果，如图 9-5 所示。

关键代码：

```
<style>
img{
display:none;}
</style>
<script src="js/jquery-3.2.1.js" ></script>
<script >
$(function() {
  $("input:eq(0)").click(function() {
     $("img").fadeOut(1000);
  });
     $("input:eq(1)").click(function() {
  $("img").fadeIn(1000);
  });
     $("input:eq(2)").click(function() {
  $("img").fadeTo(1000, 0.5);
  });
     $("input:eq(3)").click(function() {
  $("img").fadeTo(1000, 0);
  });
     $("input:eq(4)").click(function() {
  $("img").fadeTo(1000, 1);
  });
});
</script>
<body>
<p> 点击按钮,看看效果</p>
<input type="button" value="FadeOut">
<input type="button" value="FadeIn">
<input type="button" value="FadeTo 0.5">
<input type="button" value="FadeTo 0">
  <input type="button" value="FadeTo 1">
<br>
<img src="images/1.jpg">
</body>
```

9.1.4 slideToggle()和 fadeToggle()

1. slideToggle()

slideToggle()方法通过使用滑动效果(高度变化)来切换元素的可见状态。

如果被选元素是可见的,则隐藏这些元素;如果被选元素是隐藏的,则显示元素。

jQuery 中的 slideToggle()方法可以在 slideDown()与 slideUp() 方法之间进行切换。如果元素已向下滑动,则 slideToggle() 可向上滑动它们。如果元素已向上滑动,则 slideToggle() 可使之向下滑动。

2. fadeToggle()

fadeToggle()函数用于切换所有匹配的元素,并带有淡入/淡出的过渡动画效果。

jQuery 中的 fadeToggle()方法可以在 fadeIn() 与 fadeOut() 方法之间进行切换。

如果元素已淡出,则 fadeToggle() 会向元素添加淡入效果。如果元素已淡入,则 fadeToggle() 会向元素添加淡出效果。

例 9-5 用 slideToggle()和 fadeToggle()实现动画，如图 9-6 所示。

图 9-6 用 slideToggle()和 fadeToggle()实现动画

关键代码：

```
<style>
img{
    display:none;}
</style>
<script src="js/jquery-3.2.1.js" ></script>
<script >
$(function() {
   $("input:eq(0)").click(function() {
        $("img").slideToggle(1000);
   });
   $("input:eq(1)").click(function() {
        $("img").fadeToggle(1000);
   });
});
</script>
</head>
<body>
<p> 点击按钮，看看效果< /p>
<input type="button" value="slideToggle">
<input type="button" value="fadeToggle">
<br>
<img src="images/1.jpg">
</body>
```

9.1.5 任务实现

(1)静态页面设计。问题与答案可用列表来实现。
(2)设计问题的 hover 事件。
(3)显示答案时，可以使用动画来展现。
参考代码：

```
<!DOCTYPE html>
<html>
<head>
<meta  charset="utf-8" />
<title> 问题答案的隐藏与显示</title>
<script  src="js/jquery-3.2.1.js"></script>
<style>
div{
```

```
        margin:0 auto;
        padding:0;
        width:600px;
    }
    body {
        font-size:11pt;
        background:url(images/bg.gif) ;
    }
    p,dt{
        width:660px;
        height:30px;
        color:#00F;
    }
    p {
        margin-top:10px;
        font-size:13pt;
        text-align:center;
    }
    dd {
        height:46px;
        display:none;
        padding:0;
        margin:0;
    }
    </style>
    <script >
    $(function() {
       $('dl dt').hover(
           function() { $(this).next().slideDown('slow');},
           function() { $(this).next().slideUp('slow');});
    })
    </script>
    </head>
    <body>
    <div><img src="images/e1.jpg" width="660" height="229"></div>
    <div id="box">
      <dl>
      <dt> 什么是百度推广？</dt>
        <dd> 答：百度推广是依托于百度 80% 中国搜索引擎市场份额和由 35 万家网站组成的，让企业
用少量的投入就可以获得大量潜在客户，有效提升企业销售额和品牌知名度。
      </dd>
      <dt> 百度推广最大的优势是什么？</dt>
        <dd> 答：百度推广覆盖 95% 中国互联网用户，可以帮助企业有效覆盖潜在客户；对企业潜在客
户进行精准投放，支持按时间投放、按地域投放，统计数据清晰全面，效果一目了然。
      </dd>
      <dt> 百度推广跟传统的报纸、电视等推广方式有什么区别？</dt>
        <dd> 答：中国互联网用户数量突破 4.5亿，百度占据中国搜索引擎 80%以上市场份额，百度推
广对企业潜在客户的覆盖能力较之传统报纸、电视广告有显著的比较优势。
      </dd>
      <dt> 在百度做推广会有效果吗？</dt>
        <dd> 答：目前超过 50 万家企业选择百度推广并获得良好推广效果的实例，充分证明了搜索引
擎营销的优越性和实用性。更多成功案例，请点击访问"成功案例 "栏目。
      </dd>
```

```
    </dl>
  </div>
  </body>
  </html>
```

9.1.6 能力提升:卷帘动画效果菜单

卷帘动画效果菜单,当鼠标移到主菜单上时,子菜单以动画形式展开,当鼠标离开时,子菜单以动画形式收起来。

(1)静态页面设计。可参考项目5的任务5.1的能力提升。

(2)给主菜单添加 hover 事件。

(3)通过 slideDown()、slideUp()实现卷帘效果。

参考代码:

```
<!DOCTYPE html >
<html>
<head>
<meta  charset="utf-8" />
<title> 主页-下拉菜单</title>
<style>
#logo{
      margin:0 auto; /*居中*/
    padding:0; /*清除默认内边距*/
      width:980px;/*设置宽度*/
      }
#menu {
    width:980px;/*设置宽度*/
    height:36px;/*设置高度*/
    margin:0 auto; /*居中显示*/
    background-color:#ddd;}
ul {
    margin:0; /*清除外边距*/
    padding:0; /*清除内边距*/
    }
#nav li {/*<定义菜单列表项显示效果>*/
    float: left; /*左对齐*/
    width: 116px;/*设置列表项的宽度*/
    height: 36px;/*设置列表项的高度*/
    line-height: 36px; /*垂直居中*/
    text-align: center; /*水平居中*/
    margin: 0 3px; /*菜单间距*/
    position:relative;
    list-style:none;   /*清除默认列表样式*/
  }
#nav a {
     width:116px;
    heigh: 36px;
    display:block;
    font-size: 16px;
    background-image: url(images/nav_bg.gif);
    font-weight: bold;
    text-decoration:none;
    color:#000;
```

```
}
#nav a:hover {
    background-image: url(images/lava.gif);
    color:#00f;
}
#nav li ul { /*设置子菜单*/
  display:none; /*默认不显示*/
  position:absolute; /*设置定位方式*/
  top:30px;
  left:-3px;
  margin-top:1px;
  width:116px;
}
#nav li ul a{font-size: 13px; }
a img{border:none;}
</style>
<script  src="js/jquery-3.2.1.js"></script>
</head>
<body>
<div id="logo"><img src= "images/top.jpg" /></div>
<div id="menu">
<ul id="nav">
  <li><a href="http://www.baidyy.com">首页</a></li>
  <li><a href="#"> 服务项目 <img src="images/arrow.gif" ></a>
    <ul>
      <li><a href= "#">百度推广</a></li>
      <li><a href= "#">网盟推广</a></li>
      <li><a href= "#">品牌推广</a></li>
      <li><a href= "#">企业 400 电话</a></li>
      <li><a href="#"> 百度精准营销</a></li>
     </ul>
   </li>
  <li><a href="#">营销会议 <img src="images/arrow.gif"  ></a>
    <ul>
      <li><a href="#">大会介绍</a></li>
      <li><a href="#">大会嘉宾</a></li>
      <li><a href="#">大会议程</a></li>
      <li><a href="#">信息发布</a></li>
     </ul>
    </li>
  <li ><a href="#">成功案例 <img src="images/arrow.gif"  ></a>
     <ul>
      <li><a href="#">武汉赛德</a></li>
      <li><a href="#">野山拓展</a></li>
      <li><a href="#">天使传情</a></li>
      <li><a href="#">华大旅行社</a></li>
     </ul>
    </li>
    <li ><a href="#">常见问题 <img src="images/arrow.gif" ></a>
     <ul>
      <li><a href="#">什么是百度推广</a></li>
      <li><a href="#">百度推广优势</a></li>
      <li><a href="#">百度推广费用</a></li>
```

```
        <li><a href="#">百度推广售后</a></li>
       </ul>
      </li>
      <li><a href="#">SEO优化</a></li>
      <li><a href="#">在线申请</a></li>
      <li><a href="#">联系我们</a></li>
    </ul>
</div>
<script>
$(function(){
   $("#nav>li").hover(function(){
      $(this).find('ul').slideDown(600);//向下滑出显示子菜单
      },function(){
         $(this).find('ul').stop(true,false).slideUp(600);
      });
});
</script>
</body>
</html>
```

任务 9.2 动画效果图片轮播

任务描述

(1)图片左右滑动切换,与图片对应的数字一起切换,如图 9-7 所示。

(2)默认状态时,自动切换,并带有滑动动画。

(3)单击数字时,切换到数字对应的图片,并自动切换。

图 9-7　动画效果图片轮播

任务分析

(1)静态页面设计,提供 4 张图片,一排紧挨着显示。

(2)每隔一个固定的时间,图片会自动滚动,可以用定时器实现。

(3)右下方有数字指示器,用来提示显示到第几张图片;也可以单击它,进行图片的切换。

知识梳理

9.2.1 自定义动画

animate()方法用于执行一个基于CSS属性的自定义动画。该方法的关键就在于指定动画的形式以及动画结果样式属性的对象。语法格式：

```
$ (selector).animate({params},speed,callback);
```

必需的 params 参数，定义形成动画的 CSS 属性。

可选的 speed 参数，规定效果的时长。它可以取以下值："slow"、"fast"或毫秒。

可选的 callback 参数，是动画完成后所执行的函数名称，即回调函数。

1. 简单动画

例 9-6 animate() 方法的简单应用。单击"开始动画"按钮，把 div 元素向右移动，直到 left 属性等于 200 像素为止，如图 9-8 所示。

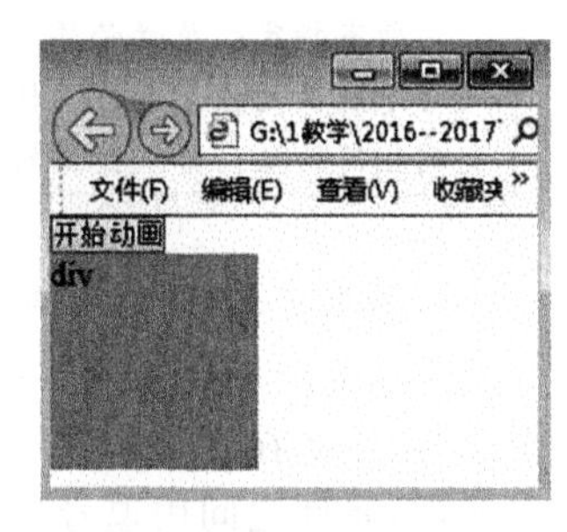

图 9-8　动画开始前

如需要对位置进行操作，使 div 元素能够自由移动，应先把元素的 CSS 的 position 属性设置为 relative、fixed 或 absolute。参考代码如下。

CSS 部分：

```
div{
    background:#98bf21;
    height:100px;
    width:100px;
    position:absolute;
}
```

jQuery 代码：

```
$("button").click(function(){
  $("div").animate({left:'200px'});
});
```

单击"开始动画"按钮，div 开始运动，直到 div 的 left 属性等于 200 像素为止，如图 9-9 所示。

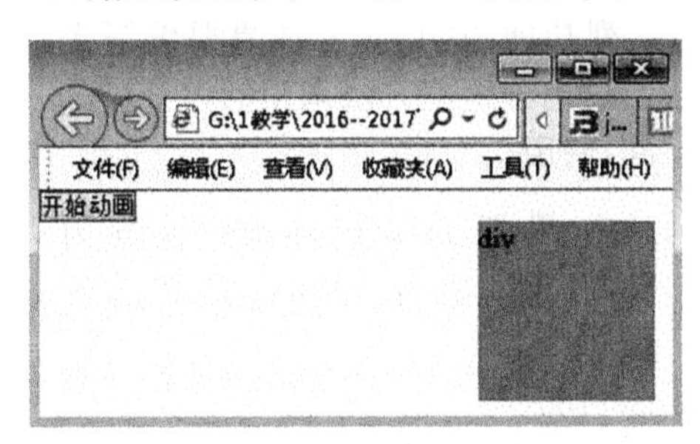

图 9-9　动画结束

2. 累加累减动画

在简单自定义动画中，每次开始运动都必须是初始位置或初始状态。如果想通过当前位置或当前状态进行动画，jQuery 提供了自定义动画的累加、累减。例如在例 9-6 中，单击一次按钮，动画完成后，再次单击按钮时，div 并没有动。但此时，单击按钮同样会触发单击事件，但事件中的参数 left:'200px'，已经实现，因此，div 就不会再动了。如果再单击按钮时，要使图片再次向右移动 200px，这就是一个累加动画。

在 jQuery 中，可以通过在属性值前面指定“+=”或“-=”来让元素做相对运动。将例 9-6 中代码{left:'200px'}改为{left:'+=200px'}：

```
$("button").click(function(){
  $("div").animate({left:'+=200px'});
});
```

每次单击按钮时，都会使图片再次向右移动 200px，这就是一个累加动画。使用“-=”，就是一个累减动画。

注意：

所有指定的属性必须用驼峰形式，比如用 marginLeft 代替 margin-left，而且要用大括号{ }括起来。而每个属性的值表示这个样式属性到多少时动画结束。如果是一个数值，样式属性就会从当前的值渐变到指定的值。如果使用的是“hide”“show”这样的字符串值，则会为该属性调用默认的动画形式。

3. 同时执行多个动画

一个 CSS 变化就是一个动画效果。上面的例子是一个很简单的动画。如果想同时执行多个动画，比如在元素向右滑动的同时，放大元素高度，则在 animate()的参数的大括号中，设置多个属性，属性之间用逗号分隔。

例 9-7 同时执行多个动画，向右滑动与高度变大是同时发生的。

参考代码：

```
$("button").click(function(){
    $("div").animate({
            left:'200px',    //用逗号隔开各个属性
            height:'150px',
            },500);
    });
```

执行单击后的结果，如图 9-10 所示。

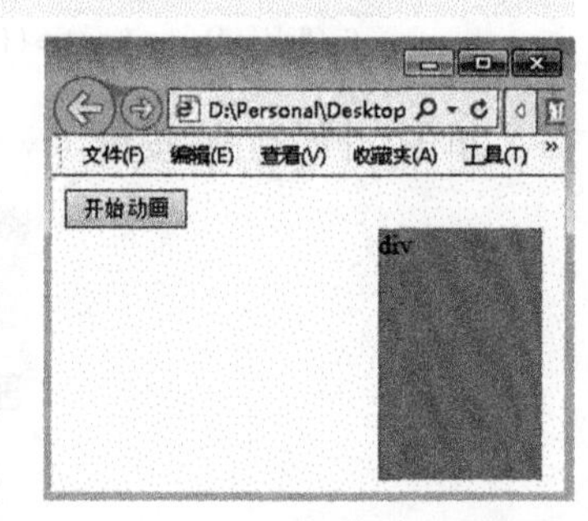

图 9-10 同时执行多个动画

4. 动画队列

jQuery 提供针对动画的队列功能，这意味着如果要编写多个 animate() 调用，jQuery 会创建包含这些方法调用的“内部”队列，然后逐一运行这些 animate()调用。

例 9-8 将 div 的 left 设置为 200px，top 设置为 150px，opacity 设置为 0.5，height 设置为 200px，宽度设置为 150px。

```
$("button").click(function(){
    $("div").animate({left:'200px'},"slow")
    $("div").animate({top:'150px'})
    $("div").animate({opacity:'0.5'},"slow")
    $("div").animate({height:'200px'})
    $("div").animate({width:'150px'});
});
```

因为这些动画效果都是对同一个对象操作的，在同一个对象的基础上，可以使用链式调用，也可以实现列队动画。链式调用格式如下：

```
$("button").click(function(){
    $("div").animate({left:'200px'},"slow")
            .animate({top:'150px'})
            .animate({opacity:'0.5'},"slow")
            .animate({height:'200px'})
            .animate({width:'150px'});
});
```

注意：在同一个元素的基础上，可以依次实现列队动画 。但是，如果有多个元素，则不能实现列队动画，多个元素之间的动画是同步的。例如：

```
$(".button").click(function () {
  $("#box").animate({ width: '300px' }, 1000);
  $("#di").animate({ height: '200px' }, 1000);
  $("#box").animate({ opacity: '0.5' }, 1000);
  $("#di").animate({ fontSize: '150px' }, 1000);
  })
```

代码中的第一条和第三条是＃box 列队动画。

代码中的第二条和第四条是＃di 列队动画。

代码中的第一条和第二条是＃box 和＃di 同步动画。

代码中的第三条和第四条是＃box 和＃di 同步动画。

5. 综合动画

要完成更复杂的动画效果，可以将自定义动画与预定义动画相结合。

例 9-9 让 div 改变水平与垂直坐标，然后改变宽度，最后向上滑动隐藏。

实现代码：

```
$("button").click(function(){
   $("div").animate({left:'200px',top:'200px'})
       .animate({width:'150px'},'slow')
       .slideUp(3000);
   });
```

6. 回调函数

回调函数 callback，是指在当前动画 100％ 完成之后执行的函数。比如，要想在 animate()执行完之后才进行某个操作，如修改边框，直接在这个方法后面用 css()方法进行操作是不行的，必须在它的回调函数中进行。如果这样写：

```
$("button").click(function(){
   $("div").animate({left:"200px",top:"200px"})
       .animate({opacity:"0.5"})
       .animate({width:"150px"},"slow")
       .css("border","5px solid red");
   });
```

单击按钮，css()方法会被立即执行，而不会等待动画执行之后。如果希望在执行动画之后，再执行 css()方法，就需要用回调函数来实现。

例 9-10 回调函数应用。在执行动画之后，再执行 css()方法。

参考代码：

```
$("button").click(function(){
   $("div").animate({left:"200px",top:"200px"})
```

```
            .animate({opacity:"0.5"})
            .animate({width:"150px"},"slow",function(){
              $("div").css("border","5px solid red")});
        });
```

最后一个 animate()的第三个参数，就是回调函数。也就是在最后一个 animate()执行完成后，调用回调函数，执行 css()方法，改变边框样式。

jQuery 的回调函数适用于 jQuery 所有动画效果的方法。

9.2.2 停止动画

jQuery 定义了 stop()方法，该方法可以随时停止所有在指定元素上正在运行的动画。语法格式：

```
stop([clearQueue],[jumpToEnd])
```

参数 clearQueue 是一个布尔值，指示是否取消队列动画。默认值为 false。

参数 jumpToEnd 是一个布尔值，指示当前动画是否立即完成。默认值为 false。

当一个元素调用 stop()方法之后，当前正在运行的动画(如果有)立即停止。

stop()方法的两个参数，有以下几种应用。

(1)stop()不带参数，即两个参数都为 false，表示不清空动画队列，不将正在执行的动画跳转到末状态。也就是停止当前动画，保持当前状态，瞬间停止。

(2)stop(true,false)，表示清空动画队列，但不将正在执行的动画跳转到末状态。也就是停止所有动画，保持当前状态，瞬间停止。

(3)stop(false, true)，表示不清空动画队列，但将正在执行的动画跳转到末状态。也就是停止当前动画，跳转到当前动画的末状态，然后进入队列的下一个动画。

(4)stop(true, true)，表示清空动画队列，并将正在执行的动画跳转到末状态。也就是停止当前动画，跳转到当前动画的末状态，然后进入队列的下一个动画。

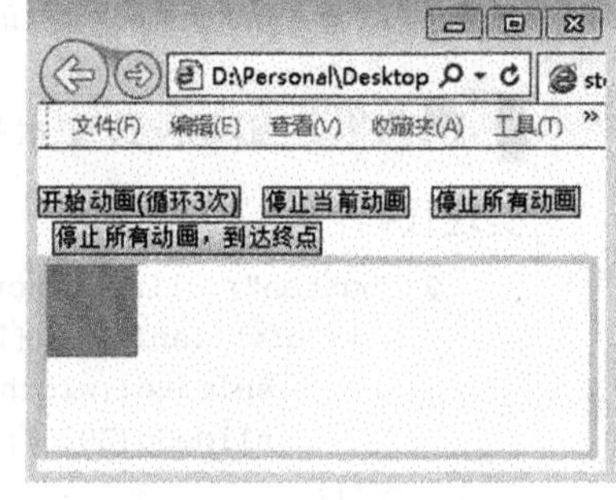

图 9-11 stop()方法应用

例 9-11 stop()方法应用。如图 9-11 所示，有四个按钮，实现各按钮的功能。

```
<!DOCTYPE html>
<html>
<head>
<meta  charset="utf-8" />
<title> stop应用</title>
<script src="js/jquery-3.2.1.js"></script>
<style>
*{
    margin:0;
    padding:0;}
.wrap {
position: relative;
height: 100px;
width: 300px;
border:5px solid #FCF;
}
.wrap div {
position: absolute;
```

```
left: 0;top: 0;
height: 50px;
width: 50px;
background: #FA0;
}
</style>
</head>
<body><br>
<input type="button" id="btn0" value="开始动画(循环3次)">
<input type="button" id="btn1" value="停止当前动画">
<input type="button" id="btn2" value="停止所有动画">
<input type="button" id="btn3" value="停止所有动画,到达终点">
<div class="wrap">
<div></div>
</div>
<script>
$("#btn0").click(function () {
   for (var i =0; i <3; i++) {
        $(".wrap div").animate({left: '250px',}, 'slow')
                .animate({left: '0px',}, 'slow');
            }
});
function moveX(){
$('.wrap div').animate({'left':'250px'},1000)
                .animate({'left':'0px'},1000);
};
$('#btn1').click(function(){
$('.wrap div').stop(); //停止当前动画,沿路返回起点,若是返回过程中再单击,会暂停在路中
})
$('#btn2').click(function(){
$('.wrap div').stop(true);
//停止所有动画,去的路程中单击停止会直接到达终点,若是返回过程中再单击,会暂停在路中
})

$('#btn3').click(function(){
$('.wrap div').stop(true,true);
//停止所有动画 ,去的路程中单击停止会直接到达终点,若是返回过程中再单击,会停止到起点
})
</script>
</body>
</html>
```

9.2.3 任务实现

(1)将除了第一张以外的图片全部隐藏,通过CSS来实现。

(2)为4个按钮添加单击事件,单击相应的按钮,用自定义动画方法显示图片。

(3)设置定时器,2秒切换图片,用自定义的autoScroll()实现。

参考代码:

```
<!DOCTYPE html>
<html>
<head>
<meta  charset="utf-8" />
```

```
<title>jQuery左右滑动切换</title>
<style>
*{
  padding:0;
  margin:0;
}
li{
  list-style:none;
  float:left;
  }
body{
      background:#ecfaff;
      }
.play{
      width:470px;
      height:314px;
      overflow:hidden;
      position:relative;
      margin:10px auto;
      }
.play ol{
      position:absolute;
      right:5px;
      bottom:5px;
      z-index:10;
      }
.play ol li{
      margin-right:3px;
      cursor:pointer;
      background:#fcf2cf;
      border:1px solid #f47500;
      padding:2px 6px;
      color:#d94b01;
      font-size:12px;
      }
.play ol li.active{
      padding:3px 8px;
      font-weight:bold;
      color:#ffffff;
      background:#ffb442;
}
.play ul{
      position:absolute;
      top:0;left:0;
      z-index:1;
      }
.play ul li{
      width:470px;
      height:314px;
}
.play ul img{
      width:470px;
      height:314px;
```

```
        border:none;
        }
    </style>
    <script src="js/jquery-3.2.1.js"></script>
    <script>
    $(function(){
      var now =0, count =4;//内部图片数量
      var oUl =$("#play ul").css("width",4* 470);  //ul li 总宽度
      var aBtn =$("#play ol li");
      aBtn.each(function(index){//按钮单击事件
          $(this).click(function(){
              clearInterval(timer);
              autoP(index);
              timer=setInterval(autoScroll,2000);
          });
      });
      function autoP(index){//图片循环事件
          now =index;
          aBtn.removeClass("active");
          aBtn.eq(index).addClass("active");
          oUl.stop(true,false).animate({"left":- 470 *now},500);
      }
      function autoScroll(){//自动轮播
          now< count-1? now++:now=0;
          autoP(now);
      };
      var timer=setInterval(autoScroll, 2000);
    });
    </script>
    </head>
    <body>
    <div class="play" id="play">
        <ol>
        <li class="active">1</li>
        <li>2</li>
        <li>3</li>
        <li>4</li>
        </ol>
          <ul>
          <li><a href="#"><img src="images/1.jpg" alt="广告一" /></a></li>
          <li><a href="#"><img src="images/2.jpg" alt="广告二" /></a></li>
          <li><a href="#"><img src="images/3.jpg" alt="广告三" /></a></li>
          <li><a href="#"><img src="images/4.jpg" alt="广告四" /></a></li>
          </ul>
    </div>
    </body>
    </html>
```

9.2.4 能力提升:仿千图网图文切换动画效果

在一些网站上,可以看到在展示图片的时候,用鼠标轻轻滑入图片可以看到该图片的文字介绍信息。其实用 jQuery 的 animate()函数就可以实现这样一个动画过程,如图 9-12 所示。

鼠标滑入图片显示图片介绍的文字，如图 9-13 所示。

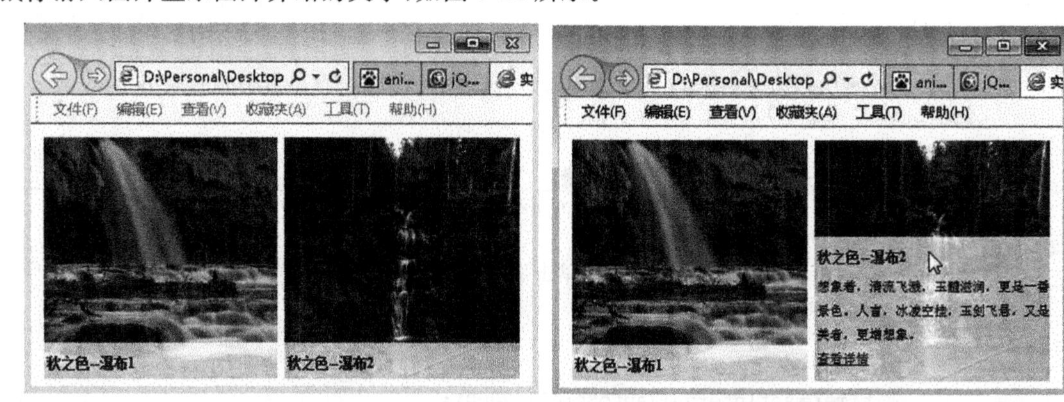

图 9-12 默认状态 **图 9-13 鼠标滑入图片显示图片介绍的文字**

分析：

(1)用一个类为 box 的 div 放置一张图片，以及一个需要覆盖的类为 cover 的 div，类为cover 的 div 里面放置图片的介绍信息。如果有多张图片，可将上述结构复制多个，排列成一组图片。

(2)需要用 CSS 将. box 排成行，并且要将. cover 覆盖层隐藏一部分，当鼠标滑上去时通过调用 jQuery 动画才显示出来。

(3)值得注意的是，隐藏. cover 使用了 position:absolute 绝对定位，将覆盖层. cover 只显示标题部分，只需设置 top:170px，因为这个. box 的高度是 200px，而标题 h3 的高度为 30px，相减得之。

(4)先将覆盖层的透明度设置为 0. 8，然后当鼠标滑入图片时，使用 hover 函数来调用 animate动画。

参考代码：

```
<!DOCTYPE html>
<html >
<head>
<meta  charset="utf-8" />
<title> 实现图文切换动画效果</title>
<style>
.box{
  margin:3px;
  position:relative;
  float:left;
  width: 200px;
  height:200px;
  overflow:hidden;
}
.box img{
  width: 200px;
  height:200px;
}
.box h3{
      line-height:30px;
      font-size:12px;
      color:#00f;
      margin:0;
      padding:0;}
.box p{
```

```
            line-height:20px;
            margin:0;
            padding:0;
            font-size:11px;}
        .cover{
            position:absolute;
            background:#fff;
            height:120px;
            width:100%;
          padding:2px;
            top:170px; }
    </style>
    <script src="js/jquery-3.2.1.js"></script>
    <script>
    $(function(){
      $(".cover").css("opacity",0.8);
      $(".box").mouseover(function(){
        $(this).find(".cover").stop().animate({top:"80px"},200);
      });
      $(".box").mouseout(function(){
        $(this).find(".cover").stop().animate({top:"170px"},200);
      });
    });
    </script>
    </head>
    <body>
    <div class="box">
      <img src="images/2.jpg" alt="photo" />
      <div class="cover">
        <h3>秋之色--瀑布1</h3>
        <p>彩色的瀑布,蓝色的整块岩石,这是瀑布的石床。想象着,清流飞溅,玉髓滋润,更是一番
景色,以图记之。</p>
        <p><a href="#">查看详情</a></p>
      </div>
    </div>
    <div class="box">
      <img src="images/3.jpg" alt="photo" />
      <div class="cover">
        <h3>秋之色--瀑布2</h3>
        <p>想象着,清流飞溅,玉髓滋润,更是一番景色。人言,冰凌空挂,玉剑飞悬,又是美者,更增
想象。</p>
        <p><a href="#">查看详情</a></p>
      </div>
    </div>
    </body>
    </html>
```

总　结

jQuery中的动画是实现良好交互效果的核心部分,合理使用和设计动画能够使用户交互更加人性化、界面更加友好。本项目以两个任务来贯穿动画的知识点:先从最简单的动画方法开始,用带参数和不带参数两种方法来实现动画效果;接着介绍了显示与隐藏动画的方法;最后

介绍了最重要的一种自定义动画方法,即 animate()方法。使用这种方法,不仅能实现前面的动画,还可以自定义动画。

(1)show()和 hide()方法,通过改变元素的高度、宽度、坐标和透明度实现显示与隐藏。

(2)fadeIn()和 fadeOut()方法通过控制透明度的变化实现显示与隐藏。

(3)slideUp()和 slideDown()方法通过控制高度的变化实现显示与隐藏。

(4)animate()方法可自定义动画,用来定义 CSS 用于动画效果的属性,如位置(left 或 top 属性)、高度(height)、宽度(width)、透明度(opacity)等。

实　训

实训 9.1　用 slideToggle()和 fadeToggle()方法实现图片的显示与隐藏动画效果

实训目的:

掌握 slideToggle()和 fadeToggle()方法实现图片的显示与隐藏动画的方法。

实训要求:

如图 9-14 所示,开始时图片不显示,用两个按钮分别通过 slideToggle()和 fadeToggle()方法实现图片的显示与隐藏动画。

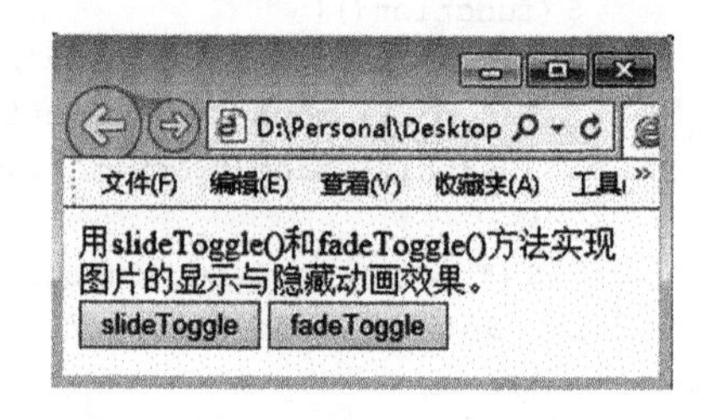

图 9-14　slideToggle()和 fadeToggle()方法使用效果

实现思路:

参考代码:

```
<!DOCTYPE html>
<html>
<head>
<meta  charset="utf-8" />
<title>FadeToggle</title>
<style>
img{
    display:none;}
</style>
<script src="js/jquery-3.2.1.js" ></script>
<script >
$(function() {
   $("input:eq(0)").click(function() {
         $("img").slideToggle(1000);
   });
   $("input:eq(1)").click(function() {
         $ ("img").fadeToggle(1000);
   });
});
</script>
</head>
<body> 用 slideToggle()和 fadeToggle()方法实现图片的显示与隐藏动画效果。
<input type="button" value="slideToggle">
<input type="button" value="fadeToggle">
<br><img src="images/1.jpg"
</body>
</html>
```

实训 9.2 自定义动画

实训目的：

掌握 jQuery 自定义动画 animate()的使用方法。

实训要求：

用按钮实现图 9-15 所示的要求，动画完成后，弹出提示信息框，如图 9-16 所示。

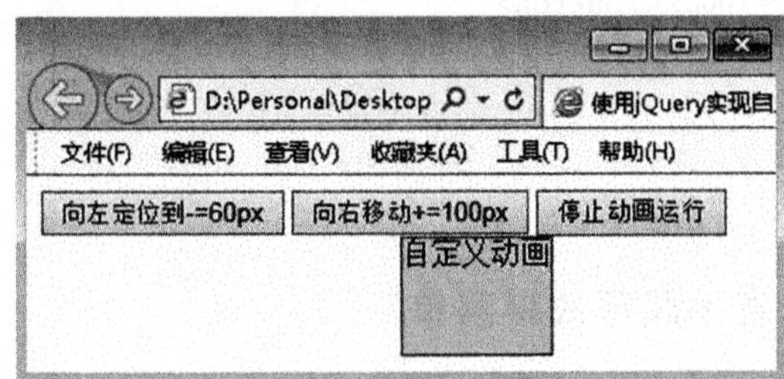

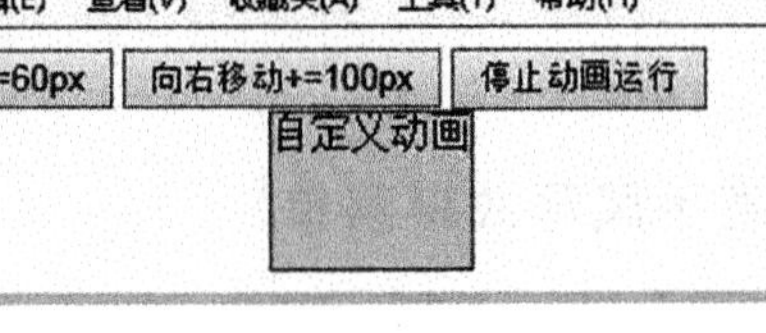

图 9-15 要实现的动画

来自网页的消息

左移动画完成

确定

图 9-16 动画完成后，弹出提示信息框

实现思路：

(1)用自定义动画 animate()来实现动画。

(2)用 stop()来停止动画。

(3)用回调函数来实现弹出提示信息框。

参考代码：

```
<!doctype html>
<html>
<head>
<meta charset="utf-8">
<title> 使用 jQuery 实现自定义动画效果</title>
<style>
div{
position:absolute;
border:solid 1px red;
left:200px;
height:60px;
width:80px;
background:#FC9;
}
</style>
<script src="js/jquery-3.2.1.js"></script>
<script>
/* 可以给一个对象添加多个动画效果，可以放到队列当中去（默认就是），有两种方法可以使用，一种是链接语法，一种是单独添加*/
$(document).ready(function(e) {
    $(".toRight").click(function(){
        $("div").animate({left:"+=100px"},1500,function(){alert("右移动画完成")});
    });
    $(".toLeft").click(function(){
        $("div").animate({left:"-=60px"},1500,function(){alert("左移动画完成")});
    });
    $(".stopA").click(function(){
```

```
                $("div").stop(true,true);
            });
        });
        </script>
        </head>
        <body>
        <button class="toLeft">向左定位到-=60px</button>
        <button class="toRight">向右移动+=100px</button>
        <button class="stopA">停止动画运行</button>
        <br/>
        <div>自定义动画</div>
        </body>
        </html>
```

实训 9.3　垂直手风琴效果菜单

实训目的：

掌握 jQuery 的 slideDown()、slideUp()的使用方法。

实训要求：

垂直手风琴效果菜单，如图 9-17 所示，当鼠标滑到主菜单上时，显示子菜单，如图 9-18 所示。鼠标移出时，隐藏子菜单。

图9-17　垂直手风琴效果菜单

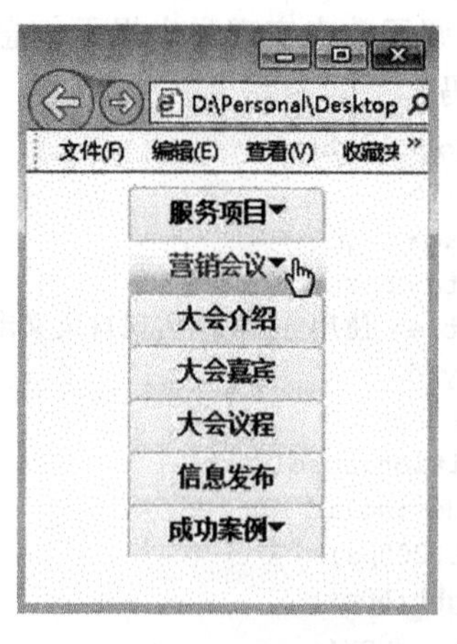

图 9-18　显示子菜单

实现思路：

(1)静态页面设计。在主菜单的 li 中加入一新列表，作为子菜单。默认状态下，子菜单是隐藏的。

静态页面的参考代码：

```
        <!DOCTYPE html>
        <html>
        <head>
        <meta charset="utf-8">
        <title>手风琴效果动画菜单</title>
        <script src="js/jquery-3.2.1.js"></script>
        <style type="text/css">
        ul,li{
            margin: 0 auto;
            padding: 0;
            list-style: none;
```

```
    cursor: pointer;
    line-height: 30px;
    text-align: center;
    background-color: lightblue;
    }
ul{width: 116px;}
li{display: none;}
a {
   width:116px;
   height: 36px;
   display:block;
   font-size: 16px;
   font-weight: bold;
   text-decoration:none;
   color:# 000;
   }
li a{font-size: 14px;}
ul li{
    background-color: skyblue;
    display: block;
    background-image: url(images/nav_bg.gif);
    }
a:hover {
    background-image: url(images/lava.gif);
    color:#600;
}
li ul {
    display:none;}
li ul a{
    color:#00F;}
</style>
</head>
<body>
    <ul id="nav">
      <li><a href="#">服务项目<img src="images/arrow.gif" ></a>
        <ul>
          <li><a href="#">百度推广</a></li>
          <li><a href="#">网盟推广</a></li>
          <li><a href="#">品牌推广</a></li>
          <li><a href="#">企业 400 电话</a></li>
          <li> <a href="#">精准营销</a></li>
          </ul>
        </li>
      <li><a href="#">营销会议<img src="images/arrow.gif" ></a>
       <ul>
      <li><a href="#">大会介绍</a></li>
      <li><a href="#">大会嘉宾</a></li>
      <li><a href="#">大会议程</a></li>
      <li><a href="#">信息发布</a></li>
       </ul>
       </li>
       <li><a href="#">成功案例<img src="images/arrow.gif" ></a>
         <ul>
```

```
                <li><a href="#">武汉赛德</a></li>
                <li><a href="#">野山拓展</a></li>
                <li><a href="#">天使传情</a></li>
                <li><a href="#">华大旅行社</a></li>
              </ul>
            </li>
        </ul>
    </body>
    </html>
```

(2)jQuery 部分参考代码：

```
<script>
$(function(){
      $("#nav >li").mouseover(function(){
      $(this).find('img').attr("src","images/arrow1.gif")
          $(this).find('ul').stop(true,false).slideDown(600);
//鼠标滑入时找到当前的 ul,向下滑出时显示子菜单
    });
  $("# nav >li").mouseout(function(){
        $(this).find('img').attr("src","images/arrow.gif")
      $(this).find('ul').stop(true,false).slideUp(600);
    });
});
</script>
```

练　习

一、选择题

1. fadeIn()和 fadeout()动画方法通过(　　)的变化实现显示与隐藏。

A. 透明度　　B. 高度　　C. 宽度　　D. 内、外边距

2. show()和 hide()两个动画方法通过(　　)的变化实现显示与隐藏。

A. 透明度　　B. 宽度和高度

C. 内、外边距　　D. 宽度、高度、透明度和内、外边距

3. \$("div"). animate({width:'250px',height:'300px'},2000)的动画执行顺序是(　　)。

A. div 的宽度先变为 250px,2000ms 之后高度变为 300px

B. div 的高度先变为 300px,2000ms 之后宽度变为 250px

C. 2000ms 之后高度和宽度同时变化

D. 二者在 2000ms 之内同时变化

4. \$("div"). animate({width:'+ = 250px'})和 \$("div"). animate({with:'250px'}) 语句的区别主要在于“ + = ”,关于“ + =”说法正确的是(　　)。

A. 两个语句的功能完全相同,“ + = ”有没有是一个意思

B. 加上“ + = ”表示宽度每次在原有基础上再减少 250px

C. 加上“ + = ”表示宽度每次在原有基础上再加宽 250px

D. 以上说法都不对

5. 在一个表单中,用 600ms 缓慢地将段落滑上,可用(　　)来实现。

A. \$ ("p"). animate({height; '0px,'} ,600)

B. \$("p"). slideUp("slow")

C. \$("p"). slideUp("600")

D. 以上代码都可以实现

6. $("p").animate({left:"500px"},3000).animate({height:"500px"},3000)语句中的动画执行先后顺序是(　　)。

A. 位置上先在原有基础上向左或向右移动 500px,然后高度变为 500px

B. 位置上先把 left 变为 500px,然后高度变为 500px

C. 二者同时执行

D. 高度先变为 500px,之后位置上在原有基础上向左或向右移动 500px

7. 关于下面代码中动画执行顺序的说法正确的是(　　)。

```
$("p").animate({left:"500px"},3000)
        .animate({height:"500px"}, 3000)
        .css("border", "5px solid blue")
```

A. 三者同时执行

B. 位置上先把 left 变为 500px,然后高度变为 500px,最后 p 的边框变为"5px solid blue"

C. 位置上先把 left 变为 500px,然后 p 的边框变为"5px solid blue",最后高度变为 500px

D. css()方法并不会加入动画队列,所以首先 p 的边框变为"5px solid blue",然后位置上把 left 变为 500px,最后高度变为 500px

8. $("p").hide()执行等价于下面(　　)语句。

A. $("p").css({width:"0",height:"0"})

B. $("p").css("visibility","hidden")

C. $("p").css("display", "none")

D. $("p").css("width=0")

9. stop()方法的功能是停止匹配元素正在进行的动画,它的参数可设置为(　　)。

A. stop (true, false)和 stop(false, true)

B. stop(true,true)和 stop(false,false)

C. stop()

D. 以上都对

10. slideToggle()方法的作用是(　　)。

A. 通过高度变化切换匹配元素的可见性

B. 通过透明度变化切换匹配元素的可见性

C. 通过宽度变化切换匹配元素的可见性

D. 通过高度变化让匹配元素隐藏

二、操作题

1. 完成图 9-19 所示的动画操作。

2. 用 slideToggle()和 fadeToggle()方法实现图片的显示与隐藏动画效果。

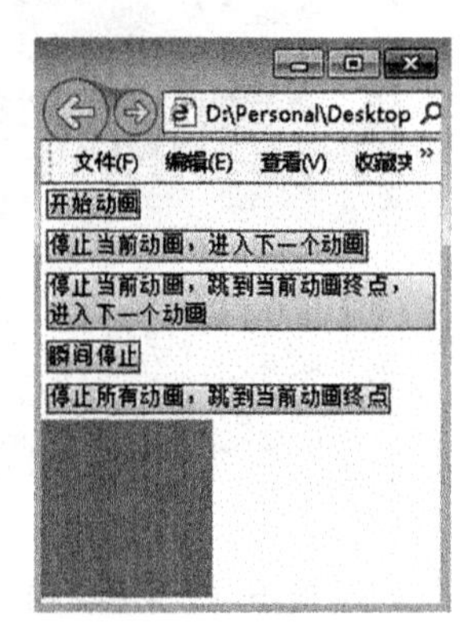

图 9-19　要完成的动画操作

项目10 jQuery插件应用

◇ 了解 jQuery 插件
◇ 学会使用 EasyZoom 图片放大插件
◇ 学会使用 EasySlider 图片滑动插件

插件(plug-in)是一种遵循一定规范的应用程序接口编写出来的程序。其只能运行在程序规定的系统平台下(可能同时支持多个平台),而不能脱离指定的平台单独运行。因为插件需要调用原纯净系统提供的函数库或者数据。很多软件都有插件,插件有无数种。jQuery 是 JavaScript 的一个框架,是封装的 JavaScript 的一些常用函数,基于 jQuery 的一些扩展函数。也就是把经常用的函数通过 jQuery 提供的接口进行封装,就变成了基于 jQuery 的插件了。jQuery 插件非常多,下面主要介绍 EasyZoom 图片放大插件和 EasySlider 图片滑动插件。

任务 10.1 使用 EasyZoom 图片放大插件

任务描述

使用 EasyZoom 图片放大插件实现图片放大。鼠标划过时,大图出现放大镜图片,可拖动到放大区域查看图片细节。未放大前,如图 10-1 所示。放大效果如图 10-2 所示。

图 10-1 未放大图片

图 10-2 放大效果

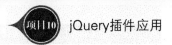

任务分析

(1)使用 EasyZoom 图片放大插件实现图片放大,需要下载 EasyZoom 插件。

(2)利用插件,做相应的设置。

知识梳理

10.1.1 EasyZoom

EasyZoom 是一个优雅、高度优化的 jQuery 插件,支持图像缩放和平移,EasyZoom 还支持具有触摸功能的设备,并且能调整它的 CSS。EasyZoom 可以帮助设计者快速开发图片缩放预览效果,如果有非常大的图片,但是只有有限的页面空间来展示的话,这个 jQuery 插件非常有用。

10.1.2 可用参数

EasyZoom 可用参数如表 10-1 所示。

表 10-1　EasyZoom 可用参数

参　　数	说　　明
loadingNotice	加载图片时的提示文字。Default: "Loading image"
errorNotice	加载出错的提示文字。Default: "The image could not be loaded"
preventClicks	阻止在图片上的单击事件。Default: true
onShow,onHide	回调函数
easyzoom--adjacent	CSS 参数,放大图片出现在侧面
easyzoom--Overlay	CSS 参数,在原图上放大

10.1.3 任务实现

(1)下载 EasyZoom 插件。从网上下载 EasyZoom 插件。

(2)页面引入 EasyZoom 插件。在页面中引入 jQuery 、easyzoom.js 和 easyzoom.css 文件。

```
<script src="js/jquery-3.2.1.js"></script>
<script src="js/easyzoom.js"></script>
<link rel="stylesheet" href="css/easyzoom.css" />
```

(3)创建页面 HTML 结构。EasyZoom 不需要特别的 HTML 结构,只需要一个 div,给它一个 class(为 easyzoom)。然后在 div 中放置一个 a 元素用来指向大图,a 中放置 img,作为小图。如:

```
<div class="easyzoom easyzoom--adjacent">
  <a href="images/b1.jpg">
 <img src="images/s1.jpg" width="300" height="300" />
   </a>
</div>
```

说明：

<div class="easyzoom easyzoom--adjacent">：easyzoom 是插件必需的类名，easyzoom--adjacent 用于设置放大图片出现的位置，它表示为侧边出现。如果是 easyzoom--Overlay，则表示在原图上放大。b1.jpg 是大图，s1.jpg 是小图。

(4)使用 EasyZoom 插件进行初始化：

```
<script>
    var $ easyzoom =$ ('.easyzoom').easyZoom();
</script>
```

参考代码：

```
<!DOCTYPE html>
<html>
<head>
  <meta charset="utf-8" />
  <title>EasyZoom,右边显示放大图</title>
  <link rel="stylesheet" href="css/easyzoom.css" />
</head>
<body>
    <div class="easyzoom easyzoom--adjacent">
        <a href="images/b1.jpg">
        <img src="images/s1.jpg" alt=""  width="300" height="300" />
        </a>
    </div>
<script src="js/jquery-3.2.1.js"></script>
<script src="js/easyzoom.js"></script>
<script>
  var $easyzoom =$ ('.easyzoom').easyZoom();
</script>
</body>
</html>
```

10.1.4 能力提升：仿淘宝图片放大镜特效

如图 10-3 所示，鼠标移到小图标上时，上面的图片更换为相应的图片。鼠标移到上面的图片上时，显示放大镜效果，如图 10-4 所示。

图 10-3 仿淘宝图片放大镜

图 10-4 放大镜效果

实现方法：

(1)下载 imagezoom 插件。从网上下载 imagezoom 插件。

(2)引入 jQuery 和 imagezoom 插件：

```
<script src="js/jquery-3.2.1.js"></script>
<script src="js/jquery.imagezoom.min.js"></script>
```

imagezoom 插件用于放大图片，小图标的 CSS 需要自定义。

(3)图片放大的 HTML 结构：

```
<div class="iconMid">
  <a href="images/1.jpg"><img src="images/1.jpg" alt="电商" rel="images/1.jpg"
class="imagezoom" /></a>
</div>
```

(4)图片放大的 jQuery 代码：

```
$(".imagezoom").imagezoom();
```

(5)小图标的 HTML 结构：

```
<ul class="icon" >
    <li class="iconSelected"><div class="iconLi"><a href="#"><img src="images/1.
jpg"></a></div></li>
    <li><div class="iconLi"><a href="#"><img  src="images/2.jpg"></a></div>
</li>
    <li><div class="iconLi"><a href="#"><img src="images/3.jpg"></a></div>
</li>
    <li><div class="iconLi"><a href="#"><img src="images/4.jpg"></a></div>
</li>
    <li><div class="iconLi"><a href="#"><img src="images/5.jpg"></a></div>
</li>
    <li><div class="iconLi"><a href="#"><img  src="images/6.jpg"> </a></div>
</li>
</ul>
```

(6)小图标的 jQuery 代码。设置小图标的 mouseover 事件：

```
$(".icon li a").mouseover(function(){
      $(this).parents("li").addClass("iconSelected").siblings().
removeClass("iconSelected");
    $(".imagezoom").attr('src',$(this).find("img").attr("src"));
    $(".imagezoom").attr('rel',$(this).find("img").attr("src"));
      });
```

参考代码：

```
<!DOCTYPE html>
<html>
<head>
<meta  charset="utf-8" />
<title>仿淘宝产品图片放大镜</title>
<style>
div,ul,li{
      padding:0;
      margin:0;
      }
#box img{border:0;}
#box{
      width:300px;
}
```

```
    .iconMid a{
          display:table-cell;
          }
    .icon{
          margin:4px 0;
          overflow:hidden;
          }
    .icon li{
          list-style:none;
          float:left;
          height:42px;
          margin:0 6px 0 0;
          overflow:hidden;
          padding:1px;
          }
    .iconMid img{
          height:300px;
          width:300px;
          }
    .iconLi,.icon img{
          height:40px;
          width:40px;
          }
    .icon.iconSelected{
          background:none repeat  #C30008;
          height:40px;
          padding:2px;
          }
    .icon.iconSelected div{
          border:medium none;
          }
    .icon li div{
          border:1px solid #CDCDCD;
          }
    div.zoomDiv{
          z-index:99;
          position:absolute;
          top:0px;
          left:0px;
          display:none;
          overflow:hidden;
          }
    div.zoomMask{
          position:absolute;
          background:url("images/mask.png");
          cursor:move;z-index:1;
          }</style>
    <script src="js/jquery-3.2.1.js"></script>
    <script src="js/jquery.imagezoom.min.js"></script>
    </head>
    <body>
    <div id="box">
          <div class="midPic iconMid">
```

```
            <a href="images/b01.jpg"><img src="images/m01.jpg" alt="电商" rel="ima-
ges/b01.jpg" class="imagezoom" /></a>
        </div>
        <ul class="icon" id="iconList">
         <li class="iconSelected"><div class="midPic iconLi"><a href="#"><img src=
"images/s01.jpg" mid="images/m01.jpg" big="images/b01.jpg"> </a></div></li>
    <li><div class="midPic iconLi"><a href="#"><img  src="images/s02.jpg" mid=
"images/m02.jpg" big="images/b02.jpg"></a></div></li>
         <li><div class="midPic iconLi"><a href="#"><img src="images/s03.jpg" mid=
"images/m03.jpg" big="images/b03.jpg"></a></div></li>
         <li><div class="midPic iconLi"><a href="#"><img src="images/s04.jpg" mid=
"images/m04.jpg" big="images/b04.jpg"></a></div></li>
         <li><div class="midPic iconLi"><a href="#"><img src="images/s05.jpg" mid=
"images/m05.jpg" big="images/b05.jpg"></a></div></li>
         < li><div class="midPic iconLi"><a href="# "><img  src="images/s02.jpg" mid
="images/m02.jpg" big="images/b02.jpg"></a></div></li>
       </ul>
    </div>
    <script>
        $(function(){
        $(".imagezoom").imagezoom();
        $("#iconList li a").mouseover(function(){
         $(this).parents("li").addClass("iconSelected").siblings().removeClass
("iconSelected");
        $(".imagezoom").attr('src',$(this).find("img").attr("mid"));
        $(".imagezoom").attr('rel',$(this).find("img").attr("big"));
        });
    });
    </script>
    </body>
    </html>
```

任务 10.2 EasySlider轮播图片插件应用

任务描述

使用 EasySlider 插件实现图片播放效果，如图 10-5 所示。

(1)自动播放。

(2)数字提示。

(3)单击数字，能切换到相应的图片。

图 10-5 图片播放效果

任务分析

(1)下载 EasySlider 插件。
(2)引入 jQuery 和 EasySlider 插件的两个文件。
(3)根据要求进行相关设置。

知识梳理

10.2.1 EasySlider 插件

EasySlider 是一款轻量级、简单易用的响应式 jQuery 轮播图片插件。它可以根据窗口的大小来动态修改轮播图片的尺寸。它压缩后的版本仅 5KB 大小,简单实用。

10.2.2 EasySlider 的功能

EasySlider 的功能主要有自动滚动、连续滚动、支持手动切换、可隐藏切换按钮、支持垂直滚动、兼容一个页面的多个滚动。

10.2.3 常用参数

EasySlider 插件的可用配置参数如表 10-2 所示。

表 10-2 EasySlider 插件的可用配置参数

参 数	默 认 值	描 述
auto	false	自动播放
continuous	false	连续播放
pause	2000	自动滚动时,滚动间隔时间的毫秒数
slideSpeed	500	轮播图片切换的过渡时间,单位毫秒
paginationSpacing	"15px"	分页圆点标记的间隙
paginationDiameter	"12px"	分页圆点的直径
paginationPositionFromBottom	"20px"	分页圆点到轮播图片底部的距离
slidesClass	". slides"	轮播图片的 class 名称
controlsClass	". controls"	左右控制按钮的 class 名称
paginationClass	". pagination"	分页圆点导航按钮的 class 名称
number	false	是否显示导航数字
controlsShow	true	上一页、下一页按钮是否显示
vertical	false	是否垂直滚动
prevText		上一页
lastText		下一页

10.2.4 任务实现

(1)下载 EasySlider 插件。EasySlider 插件包含两个文件:easySlider. js 和 style. css。
(2)在页面中引入文件。引入 easySlider. js 文件和样式文件 style. css,以及 jQuery 文件。

```
<link rel="stylesheet" type="text/css" href="css/style.css">
<script  src="js/jquery-3.2.1.js"></script>
<script  src="js/easySlider1.7.js"></script>
```

(3)HTML 结构。该轮播图片的 HTML 结构如下：

```
    <div id="slider">
      <ul>
        <li><a href="#"><img src="images/01.jpg" /></a></li>
        <li><a href="#"><img src= "images/02.jpg" /></a></li>
        <li><a href="#"><img src= "images/03.jpg" /></a></li>
        <li><a href="#"><img src= "images/04.jpg" /></a></li>
        <li><a href="#"><img src= "images/05.jpg" /></a></li>
        </ul>
</div>
```

(4)初始化插件。在页面 DOM 元素加载完毕之后，可以通过 easySlider()方法来初始化该轮播图片插件。

```
$(function(){
      $("#slider").easySlider({
           auto: true,//自动播放
           continuous: true,//循环播放
           numeric: true,// 显示导航数字
           });
      });
```

CSS 部分保持默认时的效果如图 10-6 所示。

图 10-6　CSS 部分保持默认时的效果

(5)CSS 部分。还要设置导航数字的 CSS。将以下 CSS 保存为 screen. css，并将<link rel="stylesheet" type="text/css" href="css/style. css">中的 style. css 换成 screen. css。

screen. css 文件内容：

```
#slider ul, #slider li{
  margin:0;
  padding:0;
  list-style:none;
  }
#slider li{
  width:300px;
  height:200px;
```

```
  overflow:hidden;
  }
/* numeric controls */
ol#controls{
      margin:1em 0;
      padding:0;
      height:22px;
      }
ol#controls li{
      margin:0 6px 0 0;
      padding:0;
      float:left;
      list-style:none;
      height:22px;
      line-height:22px;
      }
ol#controls li a{
      float:left;
      height:22px;
      line-height:22px;
      border:1px solid #ccc;
      background:#DAF3F8;
      color:#555;
      padding:0 6px;
      text-decoration:none;
      }
ol#controls li.current a{
      background:#5DC9E1;
      color:#fff;
      }
ol#controls li a:focus {outline:none;}
```

参考代码：

```
<!DOCTYPE html>
<html>
<head>
<title> Easy Slider jQuery Plugin Demo</title>
<meta charset="UTF-8" />
<link href="css/screen.css" rel="stylesheet" />
<script  src="js/jquery-3.2.1.js"></script>
<script  src="js/easySlider1.7.js"></script>
<script >
$(function(){
    $("#slider").easySlider({
        auto: true,
        continuous: true,
        numeric: true,
    });
});
</script>
</head>
<body>
  <div id="slider">
```

```
        <ul>
          <li><a href="#"><img src="images/01.jpg" /></a></li>
          <li><a href="#"><img src="images/02.jpg" /></a></li>
          <li><a href="#"><img src="images/03.jpg" /></a></li>
          <li><a href="#"><img src="images/04.jpg" /></a></li>
          <li><a href="#"><img src="images/05.jpg" /></a></li>
          </ul>
        </div>
    </body>
    </html>
```

10.2.5 能力提升，仿京东图片切换特效

如图 10-7 所示，图片自动滚动，导航小圆圈随着图片滚动而自动切换。鼠标移到小圆圈上时，上面的图片更换为相应的图片。鼠标移到上面的图片上时，显示前进和后退按钮，如图 10-8所示，单击按钮可进行图片切换，鼠标离开后，按钮消失。

图 10-7 仿京东图片切换效果

图 10-8 显示前进和后退按钮

实现方法：

(1)下载 unslider 插件。从网上下载 unslider 插件。

(2)引入 jQuery 和 unslider 插件：

```
    <script src="js/jquery-3.2.1.js"></script>
    <script src="js/unslider.min.js"></script>
```

(3)HTML 结构。HTML 结构分为两部分，上面的 ul 是图片部分，下面的 a 是前进和后退按钮。

```
    <div class="banner" id="box">
    <ul>
      <li><img  src="images/01.jpg"></li>
      <li><img  src="images/02.jpg"></li>
      <li><img  src="images/03.jpg"></li>
      <li><img  src="images/04.jpg"></li>
      <li><img  src="images/05.jpg"></li>
    </ul>
      <a id="prev" href="javascript:void(0);"><img  class="arrow" id="al"  src=
"images/arrowl.png"></a>
      <a id="next" href="javascript:void(0);"><img  class="arrow" id="ar" src=
"images/arrowr.png"></a>
    </div>
```

(4)CSS 部分。CSS 文件需要自定义：

```
<style>
ul, ol { padding: 0;}
.banner li { list-style: none; }
.banner ul li { float: left; }
#box {
  width:600px;
  height:300px;
  margin:0 auto;
  position: relative;
  overflow: auto;
  text-align: center;}
#box.dots {
  position: absolute;
  left: 0;
  right: 0;
  bottom: 15px;}
#box.dots li
{      display: inline-block;
      width: 10px;
      height: 10px;
      margin: 0 4px;
      text-indent: -999em;
      border: 2px solid #fff;
      border-radius: 6px;
      cursor: pointer;
      opacity: 0.4;
}
#box.dots li.active
{      background: #f00;
      opacity: 1;
      border: 2px solid #f00;
}
#box.arrow {
  position: absolute;
  width:20px;
  height:36px;
  display:none;
  top: 136px;}
#box #al { left: 12px;}
#box #ar { right: 12px;}
#box li img{
  width:600px;
  height:300px;}
</style>
```

其中，.dots 是用于设置导航小圆圈的。

(5)jQuery 代码。

①实现自动切换，并显示导航小圆圈：

```
var unslider =$ ('#box').unslider({
          dots: true
        });
```

②前进和后退按钮单击事件：

```
var data =unslider.data('unslider');
      $('#box a').click(function() {
        data[this.id]();
});
```

③前进和后退按钮显示与隐藏：

```
$("li img,.arrow").hover(function(){$(".arrow").show();},
         function(){$(".arrow ").hide();})
```

参考代码：

```
<!DOCTYPE HTML>
<html>
<head>
<meta charset="utf-8">
<title>jQuery仿京东图片轮播</title>
<style>
ul, ol { padding: 0;}
.banner li { list-style: none; }
.banner ul li { float: left; }
#box {
  width:600px;
  height:300px;
  margin:0 auto;
  position: relative;
  overflow: auto;
  text-align: center;}
#box.dots {
  position: absolute;
  left: 0;
  right: 0;
  bottom: 15px;}
#box.dots li
{       display: inline-block;
       width: 10px;
       height: 10px;
       margin: 0 4px;
       text-indent: -999em;
       border: 2px solid #fff;
       border-radius: 6px;
       cursor: pointer;
       opacity: 0.4;
}
#box.dots li.active
{       background: #f00;
       opacity: 1;
       border: 2px solid #f00;
}
#box.arrow {
  position: absolute;
  width:20px;
  height:36px;
  display:none;
```

```
  top: 136px;}
#box #al { left: 12px;}
#box #ar { right: 12px;}
#box li img{
  width:600px;
  height:300px;}
</style>
<script src="js/jquery-3.2.1.js"></script>
<script src="js/unslider.min.js"></script></head>
<body>
<div class="banner" id="box">
<ul>
  <li><img  src="images/01.jpg"></li>
  <li><img  src="images/02.jpg"></li>
  <li><img  src="images/03.jpg"></li>
  <li><img  src="images/04.jpg"></li>
  <li><img  src="images/05.jpg"></li>
</ul>
  <a id="prev" href="javascript:void(0);"><img  class="arrow" id="al"  src=
"images/arrowl.png"></a>
  <a id="next" href="javascript:void(0);"><img  class="arrow" id="ar" src=
"images/arrowr.png"></a>
</div>
<script>
$(function(e) {
    var unslider =$('#box').unslider({
            dots: true
        });
    var data =unslider.data('unslider');
    $('#box a').click(function() {
        data[this.id]();
    });
    $("li img,.arrow").hover(function(){$(".arrow").show();},
       function(){$(".arrow ").hide();})
});
</script>
</body>
</html>
```

说明：

插件的原代码中设置的是单击导航小圆圈时切换图片，但是很多网站用 mouseover 事件来实现导航小圆圈切换图片。如果要用 mouseover 事件来实现导航小圆圈切换，需要修改一处代码，方法如下：

用 Dreamweaver 打开 unslider.min.js，在“编辑”菜单中打开“查找和替换”，在“查找和替换”框中输入 click，单击“查找一下个”，当定位到图 10-9 所示的位置时，将 click 替换为 mouseover，即将鼠标单击事件换成鼠标移入事件，其他的不要做任何修改，保存文件即可。

```
.find(".dot").click(function(){n.move(e(this).index())})}});
```

图 10-9 定位 click

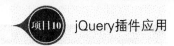

总　结

本项目主要介绍了 jQuery 插件的概念，重点介绍了使用 EasyZoom 图片放大插件和使用 EasySlider 图片滑动插件的方法，还介绍了 imageszoom、unslider 插件的应用。

实　训

实训 10.1　jqzoom 插件的使用

实训目的：

(1)认识 jQuery 插件。

(2)掌握 jQuery 的 jqzoom 插件的应用方法。

实训要求：

完成图 10-10 所示的图片放大效果。

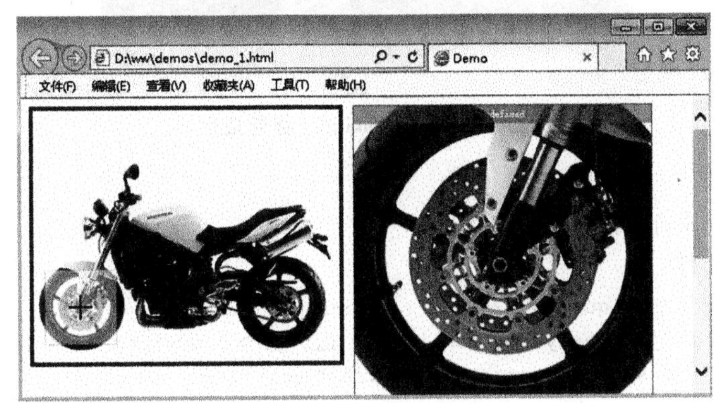

图 10-10　图片放大效果

实现思路：

(1)下载 jqzoom 插件。

(2)引入相关文件。

(3)HTML 结构：

```
<div  id="content" style=" height:500px;width:500px;" >
    <a href="imgProd/triumph_big1.jpg" class="jqzoom"  >
      <img src="imgProd/triumph_small1.jpg"    style="border: 4px solid #666;">
       </a>
</div>
```

(4)jQuery 代码：

```
$(function() {
      $('.jqzoom').jqzoom({
            // zoomType:'standard',
      });


});
```

实训 10.2　excoloSlider 插件的使用方法

实训目的：

(1)认识 jQuery 插件。

(2)掌握 jQuery 的 excoloSlider 插件的应用方法。

实训要求：

完成图 10-11 所示的图片放大效果。

图 10-11　excoloSlider 插件应用

实现思路：

(1)下载 excoloSlider 插件。

(2)引入相关文件：

```
<script src="js/jquery-3.2.1.js"></script>
<script src="js/jquery.excoloSlider-1.0.5.js"></script>
<link href="css/jquery.excoloSlider.css" rel="stylesheet" />
```

(3)THML 结构：

```
<div class="grid">
    <div id="sliderA" class="slider">
        <img src="images/image1.jpg" />
        <img src="images/image2.jpg" />
        <img src="images/image3.jpg" />
        <img src="images/image4.jpg" />
        <img src="images/image5.jpg" />
        <img src="images/image6.jpg" />
        <img src="images/image7.jpg" />
        <img src="images/image8.jpg" />
    </div>
< /div>
```

(4)jQuery 代码：

```
$(function () {
        $("#sliderA").excoloSlider();
    });
```

练　习

操作题

下载几个 jQuery 插件，学习其使用方法。

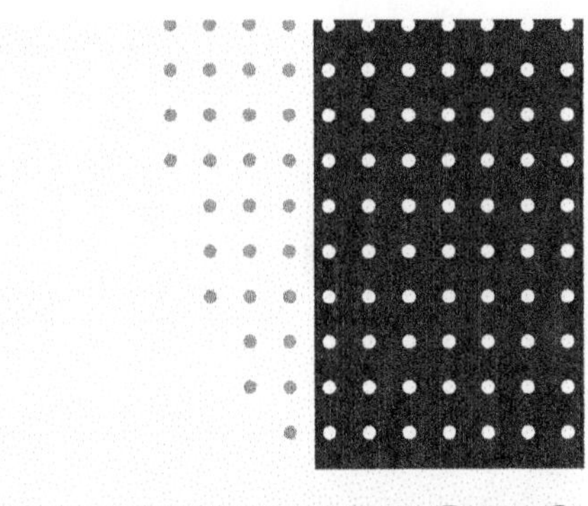

REFERENCES 参考文献

[1] 李雨亭,吕婕,王泽璘. JavaScript+jQuery 程序开发实用教程 [M]. 北京:清华大学出版社,2016.

[2] 吕太之,鲍建成,夏平平. JavaScript 与 jQuery 程序设计[M]. 北京:清华大学出版社,2016.

[3] 卢淑萍,樊红珍. JavaScript 与 jQuery 实战教程[M]. 北京:清华大学出版社 2015.

[4] 刘玉红. JavaScript+jQuery 动态网页设计案例课堂[M]. 北京:清华大学出版社,2015.

[5] 〔美〕Dori Smith, Tom Negrino. JavaScript 基础教程[M]. 9 版. 陈建瓯,等,译. 北京:人民邮电出版社,2015.

[6] 〔加〕Stoyan Stefanov,〔印〕Kumar Chetan Sharma. JavaScript 面向对象编程指南[M]. 2 版. 陆禹淳,凌杰,译. 北京:人民邮电出版社,2015.

[7] 袁江. jQuery 开发从入门到精通[M]. 北京:清华大学出版社,2013.

[8] 程乐,张趁香,刘万辉. JavaScript 程序设计案例教程[M]. 北京:机械工业出版社,2013.

[9] 〔美〕David Flanagan. JavaScript 权威指南 [M]. 6 版. 淘宝前端团队,译. 北京:机械工业出版社,2012.

[10] 〔美〕Steve Suehring. JavaScript 从入门到精通[M]. 2 版. 梁春艳,译. 北京:清华大学出版社,2012.